高等学校信息工程类专业"十三五"规划教材

现代通信技术与网络应用

(第三版)

张宝富　张曙光　田华　编著

李玉权　主审

内 容 简 介

本书全面系统地讲述了现代通信的基本原理、通信新技术和通信网络的应用,内容包括通信系统模型、通信网络的概念与结构组成、数字通信与数据通信的基本原理、移动智能通信终端、程控数字交换与软交换、大容量光纤传输与长距离卫星传送、传统的电话网络、高速无线与宽带光纤接入网络、计算机网络与物联网以及下一代通信网络等。

本书内容的选取兼顾了正广泛使用的通信技术和通信技术的最新进展,所选内容具有代表性和稳定性,便于理解在此基础上发展起来的各种新技术。

本书是现代通信技术的基础性教材,也是普及性读物,可作为高等院校电子工程、通信工程、广播电视及相关专业的教材,同时也适合作为技术培训教材以及广大科技人员的自学用书。

图书在版编目(CIP)数据

现代通信技术与网络应用/张宝富,张曙光,田华编著. 3 版.
—西安:西安电了科技大学出版社,2017.1(2018.11 重印)
高等学校信息工程类专业"十三五"规划教材
ISBN 978-7-5606-4197-3

Ⅰ. ① 现… Ⅱ. ① 张… ② 张… ③ 田… Ⅲ. ① 通信技术—高等学校—教材
② 计算机通信网—高等学校—教材 Ⅳ. ① TN91 ② TP393

中国版本图书馆 CIP 数据核字(2016)第 325801 号

策 划 马乐惠
责任编辑 马乐惠
出版发行 西安电子科技大学出版社(西安市太白南路 2 号)
电 话 (029)88242885 88201467 邮 编 710071
网 址 www.xduph.com 电子邮箱 xdupfxb001@163.com
经 销 新华书店
印刷单位 陕西利达印务有限责任公司
版 次 2017 年 1 月第 3 版 2018 年 11 月第 6 次印刷
开 本 787 毫米×1092 毫米 1/16 印 张 19
字 数 447 千字
印 数 20 001～23 000 册
定 价 40.00 元

ISBN 978-7-5606-4197-3/TN
XDUP 4489003-6
如有印装问题可调换
本社图书封面为激光防伪覆膜,谨防盗版。

高等学校计算机、信息工程类专业
规划教材编审专家委员会

主　任：杨　震（南京邮电大学校长、教授）
副主任：张德民（重庆邮电大学通信与信息工程学院前院长、教授）
　　　　韩俊刚（西安邮电学院计算机学院前院长、教授）

计算机组

组　长：韩俊刚（兼）
成　员：（按姓氏笔画排列）
　　　　王小民（深圳大学信息工程学院教授）
　　　　王小华（杭州电子科技大学计算机学院教授）
　　　　孙力娟（南京邮电大学计算机学院院长、教授）
　　　　李秉智（重庆邮电大学计算机学院教授）
　　　　孟庆昌（北京信息科技大学教授）
　　　　周　娅（桂林电子科技大学计算机学院教授）
　　　　张长海（吉林大学计算机科学与技术学院教授）

信息工程组

组　长：张德民（兼）
成　员：（按姓氏笔画排列）
　　　　王　晖（深圳大学信息工程学院教授）
　　　　胡建萍（杭州电子科技大学信息工程学院教授）
　　　　徐　祎（解放军电子工程学院教授）
　　　　唐　宁（桂林电子科技大学通信与信息工程学院教授）
　　　　章坚武（杭州电子科技大学通信学院副院长、教授）
　　　　康　健（吉林大学通信工程学院教授）
　　　　蒋国平（南京邮电大学副校长、教授）

前　言

本书自 2004 年出版以来，已在全国许多高等院校与培训机构使用。本次改版吸收了选用本书的老师和同学通过各种方式提供的许多宝贵意见。为了适应时代的需要，及时反映当下主流的通信技术及其最新的研究成果，修订时修改了部分章节并增加了相应的内容。修订后本书内容共分 9 章，具体安排如下：

第 1 章：概述，介绍现代通信系统模型、数字与数据通信的基本原理、多路复用与多址通信技术以及通信网络的概念。

第 2 章：现代通信终端，介绍电话机、平板电脑、智能手机及移动智能终端。

第 3 章：现代传输技术，介绍光纤通信、移动通信、数字微波与 VSAT 卫星通信的基本原理与关键技术。

第 4 章：现代交换技术，介绍数字程控交换、移动交换、软交换与光交换的基本原理及交换机的组成结构。

第 5 章：电话通信网，介绍传统电话网络的结构、电话网编号、公共信令网与数字同步网。

第 6 章：移动通信网，介绍 GSM/CDMA 网络、LTE/4G/5G 移动通信网。

第 7 章：数据与计算机通信网，介绍 DDN 数据网、帧中继网络、IP 网络及物联网。

第 8 章：宽带接入网，重点介绍铜缆的 ADSL 接入、宽带光纤接入(Cable MODEM 和 PON)、高速无线接入(Wi-Fi、WiMAX、RFID/NFC、UWB、FSO/SHF、ROF 等)。

本次修订主要集中在现代通信终端、移动通信、无线接入网、现代交换技术等方面。修订工作得到了多位专家教授的大力支持，在此表示诚挚的谢意。全书由张宝富负责统稿。

由于作者水平有限，书中难免有错误和不当之处，欢迎读者批评指正。

作者电子邮箱：zhangbaofu@163.com。

编　者

2016 年 10 月

第一版前言

光纤通信的出现使大容量的信息传输成为可能；移动卫星通信使得通信具有了个性化特征；通信技术与计算机技术的融合，更使得通信具有了智能化的特点。通信与计算机技术的蓬勃发展以及架构于其上的宽带综合业务数字网 ISDN 的迅速崛起，都标志着现代通信正成为信息网络的平台和信息产业的重要支柱。

本书共分为 9 章。第 1 章概述，介绍了现代通信的概念、通信系统模型、网络概念及组成。第 2 章现代通信终端，介绍了电话、传真、图像终端、多媒体终端等现代通信终端的基本原理。第 3 章现代传输技术，介绍了光纤通信、移动通信、数字微波中继通信、卫星通信的基本原理及主要的关键技术。第 4 章现代交换技术，介绍了交换的基本原理及主要的交换方式。第 5～8 章介绍了现代通信网络的应用情况，包括电话通信网、移动通信网、数据和计算机通信网和宽带接入网。第 9 章介绍了现代通信网络的发展。

本书的写作特点是：力求按照循序渐进的原则，将现代通信的基本概念、所需的技术基础、各种通信技术手段以及通信网络应用等内容，融成一个有机的整体，避免将各种通信技术手段进行罗列。教材中安排了如模拟信号的数字化、数字复接、数字传输体制、数据传输、数据通信协议等内容，这些内容在原理课中并非重点，但对于后面的通信技术来说又是必备的。这样的安排可使现代通信原理与现代通信技术之间衔接得更好，便于教学和读者自学。

本书的第 1、2、8 章由张宝富编写，第 4、5、7、9 章由张曙光编写，第 3、6 章由田华编写。在编写的同时，编者得到了诸多专家的指导，也听取了多位教师的建设性意见以及学生提供的反馈意见，在此向他们表示诚挚的感谢。

由于本书涉及的内容是跨专业的，写作难度大，书中难免存在不足之处，请读者多提宝贵意见。E-mail: zhangbaofu@163.com。

编　者
2003 年 11 月

目　录

第 1 章 概 述

　　自古以来，通信就是人们的基本需求之一。从三千多年前人们利用烽火台的烟光传递信息，到 1876 年贝尔(Alexander Graham Bell)发明了电话，从 1895 年马可尼(Guglielmo Marconi)成功进行无线电波传输信号实验，到1970 年光纤通信的出现，无不验证了这一点。目前，现代通信正处于电通信(如无线、微波、卫星等)和光通信(如大气光通信、光纤通信等)共存的格局，虽然通信的实现方法和具体的电路形式千差万别，但它们所涉及的通信的基本原理(如通信系统模型、通信的容量、通信的质量(有效性和可靠性)、数字化传输、多路通信、通信网络的基本组成等)是相对稳定的。对这些基本概念的理解可帮助读者快速理解任何可能产生的通信新技术。本章对它们进行了广泛而深入的讨论，为了简化，略去了复杂的数学推导，但尽可能地列出了必需的公式。

1.1　通信的基本概念

　　人类社会进入信息时代以来，人们之间相互传递和交换信息日益频繁，这不仅改变了人类的生产和生活方式，而且对全球的政治、经济、军事领域都产生了强烈的冲击。现代通信作为信息传递和交换的手段，已成为信息时代社会发展和经济活动的生命线。它克服了时间和空间的限制，使得大容量、远距离的信息传递和交换成为可能。

　　本书中的通信是指以电的形式来传递和交换信息的方式，即利用有线电、无线电、光或其他电磁能量对符号、文字、信号、图像、声音或任何性质的信息进行传递或交换。

　　完成信息的传递和交换要通过一套设备。将一个用户的信息传递到另一个用户所需的全部设施称为一个通信系统。

1.1.1　通信系统模型

　　点与点之间的通信是通信的最基本形式，其模型可用图 1.1 表示。

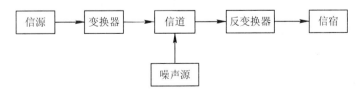

图 1.1　点到点通信系统模型

　　点到点的通信系统模型包括信源、变换器、信道、噪声源、反变换器和信宿等六个部分。

(1) 信源是指发出信息的信息源。在人与人之间通信的情况下，信源是指发出信息的人；在机器与机器之间通信的情况下，信源是指发出信息的机器，如计算机或其他机器。不同的信源构成不同形式的通信系统，如对应话音形式信源的是电话通信系统，对应数据形式信源的是数据通信系统等。

(2) 变换器的功能是把信源发出的信息变换成适合在信道上传输的信号。一般分几步完成：首先把非电信号变成电信号，然后对电信号进行变换和处理，使它适合信道传输。在现代通信系统中，为满足不同的需求，需要进行不同的变换和处理，如调制、模/数转换、加密、纠错等。

(3) 信道是信号传输媒介的总称。不同的信源形式对应的变换处理方式不同，与之对应的信道形式也不同。从大的类别来分，传输信道的类型有两种，一种是电磁信号在自由空间中传输，这种信道叫做无线信道；另一种是电磁信号被约束在某种传输线上传输，这种信道叫做有线信道。

(4) 反变换器的功能是实现变换器的逆变换。因为变换器把不同形式的信息变换和处理成适合在信道传输的信号，通常这种信号不能为信息接收者直接接收，需要用反变换器把从信道上接收的信号变换为接收者可以接收的信息。

(5) 信宿是信息传送的终点，也就是信息接收者。它可以与信源相对应，构成人—人通信或机—机通信；也可以与信源不一致，构成人—机通信或机—人通信。

(6) 噪声源不是人为实现的实体，而是在实际通信系统中客观存在的，在模型中将它集中表示。实际上，干扰噪声可能是在信源处就混入了，也可能是从构成变换器的电子设备中引入的。传输信道中的电磁感应以及接收端的各种设备中也都可能引入干扰。

1.1.2　电磁频谱

通信系统中所采用的电磁能量，其信号的频谱如图 1.2 所示。

频率范围的划分如下：

(1) 话音频率 VF(Voice Frequencies)：300～3000 Hz 范围内的信号，包含通常与人类话音相关的频率。标准电话信道带宽为 300～3000 Hz，统称话音频率或话音频带信道。

(2) 甚低频 VLF(Very Low Frequencies)：3～30 kHz 范围内的信号，它包括人类听觉范围的高端。VLF 用于某些特殊的政府或军事系统，比如潜艇通信。

(3) 低频 LF(Low Frequencies)：30～300 kHz 范围内的信号，主要用于船舶和航空导航。

(4) 中频 MF(Medium Frequencies)：300 kHz～3 MHz 范围内的信号，主要用于商业 AM 无线电广播(535～1605 kHz)。

(5) 高频 HF(High Frequencies)：3～30 MHz 范围内的信号，常称为短波(Short Wave)。大多数双向无线电通信使用这个范围。业余无线电和民用波段(CB)无线电也使用 HF 范围内的信号。

(6) 甚高频 VHF(Very High Frequencies)：30～300 MHz 范围内的信号，常用于移动通信、船舶和航空通信、商业 FM 广播(88～108 MHz)及频道 2～13(54～216 MHz)的商业电视广播。

(7) 特高频 UHF(Ultra High Frequencies)：300 MHz～3 GHz 范围内的信号，由商业电视广播频道 14～83、陆地移动通信业务、蜂窝电话、某些雷达和导航系统、微波及卫星无线电系统所使用。一般说来，1 GHz 以上的频率被认为是微波频率，它包含 UHF 范围的高端。

(8) 超高频 SHF(Super High Frequencies)：3～30 GHz 范围内的信号，主要包括用于微波及卫星无线电通信系统的频率。

(9) 极高频 EHF(Extremely High Frequencies)：30～300 GHz 范围内的信号，除了十分复杂、昂贵及特殊的应用外，很少用于无线电通信。极高频亦称毫米波。

(10) 红外(Infrared)：红外频率是 0.3～300 THz 范围内的信号，通常不认为是无线电波。红外归入电磁辐射，通常与热有关系。红外信号常用于制导系统、电子摄影及天文学。

(11) 可见光(Visible Light)：落入人眼视觉范围(0.3～1 PHz)内的电磁频率。

(12) 紫外线：1～3 PHz 范围内的信号，这一频率的信号很少用于通信。

习惯将红外、可见光、紫外线等称为光频区域，对应的电磁波称为光波，光波通信系统已成为通信系统的一种主要传输技术。

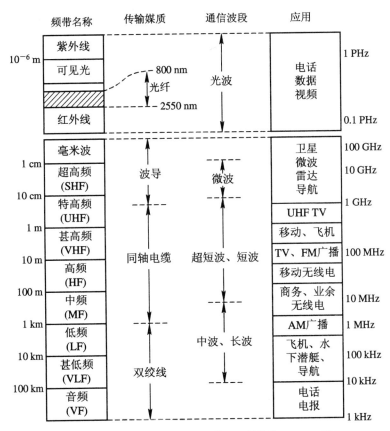

吉赫兹(GHz)：10^9 Hz；太赫兹(THz)：10^{12} Hz；拍赫兹(PHz)：10^{15} Hz

图 1.2　通信系统中的电磁频谱

1.1.3　通信信道与通信容量

通信信道是通信系统的重要组成部分，是信号的传输媒体或线路，并可以分为有线信道和无线信道。有线信道的电磁能量被约束在某种传输线上传输，包括平行导体传输线、同轴电缆传输线、微带传输线(简称微带线)、波导传输线(简称波导)、光纤传输线(简称光纤)等。无线信道有地波、空间波、天波等。

1. 有线信道

传输线包括金属传输线或电缆传输线，分为平衡式和非平衡式两类。有线信道采用双线平衡线时，两个导体承载电流，其中一个导体承载发出的信号，另一个承载返回的信号，这类传输称为差分或平衡信号传输。平衡线对的优点是大部分感应的噪声，常为共模电压信号，在两条线上相等，在负载端抵消。共模信号被抵消习惯称为共模抑制(CMR)，其抑制程度由共模抑制比(CMRR)来衡量，数值为 40~70 dB。

有线信道采用非平衡传输线时，一根电线是地电位，另一根电线是信号电位，这种传输称为单端传输或非平衡信号传输。采用非平衡信号传输，地线可以作为其他信号传输线的参考。在这种情况下，信号传输到什么地方，地线也必须连接到那里。由于电线上有阻抗、电感和电容，在地线任意两点之间有一较小的电位差，因此，地线不是理想的参考点，而且还会引入噪声。标准的两导体同轴电缆是非平衡线，屏蔽线通常连接到地。

明线电缆是双线并行导体，如图 1.3(a)所示。它仅仅由两根并行线组成，中间由空气隔离。间隔相等的绝缘衬垫可以保证两导体的距离恒定，两导体的距离通常在 2~6 英寸(1 英寸 = 2.54 cm)之间。在传输 TEM 波的两导体周围，绝缘体仅仅是空气。这类传输线的优点是结构简单。因为没有屏蔽，所以明线传输线辐射损耗高并且易受噪声的影响，这些是明线传输线最大的缺点。因此，明线传输通常在平衡模式下工作。

双线电缆是另一种双线平行导体传输线，如图 1.3(b)所示。双线电缆通常称为带状电缆。除了两导体间的衬垫用连续固定绝缘体取代以外，双线电缆与明线传输线本质上极为相似，电视传输用的双线电缆两导体间的距离是 5~16 英寸。通常，绝缘体的材料是特氟龙和聚乙烯。

双绞线电缆是由两根绝缘的导体扭绞在一起而形成的。通常以对为单位，并把它作为电缆的内核，根据用途不同，其芯线要覆以不同的护套。相邻的线对要以不同的节距(扭绞长度)进行扭绞，以减少由于相互感应而形成的干扰。双绞线电缆的主要常数是电参数(阻抗、感抗、电容和电导率)，它们随物理环境，如温度、湿度和机械压力以及制造工艺误差等因素的变化而变化。双绞线电缆如图 1.3(c)所示。

屏蔽电缆对是在平行双线导体传输线外包上导电的金属编织物构成的。编织物要连接到地，起屏蔽作用，以减少辐射损耗和干扰，金属编织物可以避免信号辐射出去，也可以阻止电磁干扰到达内部的信号导体。屏蔽的平行线对如图 1.3(d)所示，它包括两个由固体绝缘体分隔的平行导体。整个结构是包裹在编织导管中，然后再覆盖保护的塑料外套。

同轴电缆。平行导体传输线适合用于低频段，因为在高频段，它们的辐射损耗和绝缘损耗很大。因此，同轴导体被广泛地用于高频段，以减少损耗并隔绝传输线路。基本的同轴电缆包括一个中心导体，周围是与中心导体同心的外部导体。在相对高的频段上，同轴电缆的外导体可提供极好的屏蔽以防止外部干扰。然而在低频应用中，屏蔽的作用并不有效。同样，同轴电缆的外导体一般是接地的，这限制了它只能用于非平衡应用。

　　实际上同轴电缆有两种形式：空气填充型和固态柔韧型。

　　图 1.3(e)给出了空气填充型同轴电缆的结构示意。可以看到，中心导体被一同心的管状外部导体包裹，绝缘体是空气。外部导体由间隔器与中心导体物理隔离。间隔器由耐热玻璃、聚苯乙烯和其他一些绝缘体组成。图 1.3(f)给出的是固态柔韧型同轴电缆，外部导体是柔韧的编织物，并与中心导体同轴，绝缘体是固态绝缘聚乙烯材料，以保证内外导体的电隔离。内导体是柔韧的铜线，可以是实心的也可以是空心的。空气填充型同轴电缆造价相对昂贵，为减少损耗，空气绝缘体必须对湿度有严格限制。固态柔韧型同轴电缆损耗较低并且易于制造、安装和维护。两种同轴电缆都可以防止外部辐射，自身辐射少且比平行线的工作频段高。同轴电缆的主要缺点是价格昂贵且只能用于非平衡模式。

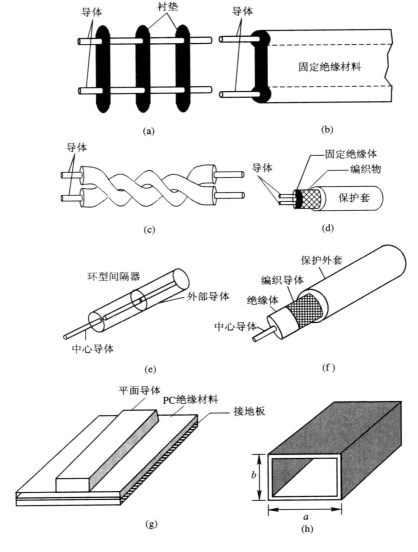

图 1.3　通信中的常用传输媒质

(a) 明线电缆；(b) 双线电缆；(c) 双绞线电缆；(d) 屏蔽电缆对；

(e) 空气填充型同轴电缆；(f) 固态柔韧型同轴电缆；(g) 微带线；(h) 矩形波导

(3) 地面损耗随地形、地貌的不同会发生明显变化。

地波传播的优点如下:

(1) 地波传播可提供足够大的功率,可用于世界上任何两地之间的长距离通信。

(2) 大气条件的改变对地波传播基本上不产生影响。

2) 天波

一般天波(Sky Wave)是指在某一方向上相对于地球仰起一个很大的角度来辐射的电磁波。天波是朝着天空辐射并凭借电离层反射或折射回地面的。正是由于这个原因,天波传播的这种形式有时也称为电离层传播。电离层位于地球上空约 50~400 km(30~250 英里)空间区域内。电离层是地球大气层最上面的一部分,因吸收了大量的太阳辐射的能量,使空气中的分子电离而产生自由电子。无线电波进入到电离层后,电离层中的自由电子就会因受到电磁波中电场的作用力而产生振动。振动的电子会减少电流的流动,这相当于介电常数的降低。介电常数的减小可以增加传播速度,并且使电磁波从电子的高密度区域向低密度区域发生弯折(也就是增大了折射)。离地球越远,电离作用就越强,因此,在大气层的高层区域,分子电离的比例要比大气层的低层区域高很多,而电离的密度越高,折射率就越小。另外,由于电离层的非均匀结构以及它的温度和密度都是变量,一般将电离层进行分层分析。电离层通常分为 D、E、F 三层,如图 1.6 所示。从图中可以看出,电离层的分层在同一天的不同时间有不同的高度和不同的电离密度。电离密度在一年中随着季节呈周期性波动,并且这种周期性的变化还随着太阳黑子活动以大约 11 年为一个周期发生着变化。在太阳光最强的时期电离层的密度最大(在夏天的中午时段)。

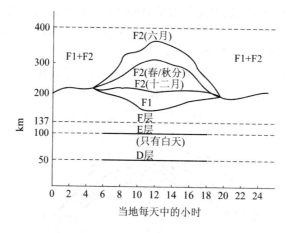

图 1.6 电离层的分导层

D 层是电离层的最底层,距地球表面大约 50~100 km。由于离太阳的距离最远,电离的程度最弱,因此电离层的 D 层对无线电波的传播方向影响最小。然而,D 层中的离子对电磁能量有明显的吸收作用。在 D 层中的电离程度取决于朝向太阳时在地平线上的海拔高度,所以在日落之后电离消失。电离层的 D 层主要对 VLF 波和 LF 波有反射作用,对 MF 波和 HF 波会产生吸收现象。

E 层距地球表面大约 100~140 km。由于它是由两名科学家首先发现的,因此电离层的 E 层有时也称为肯内利—亥维赛层(Kennelly-Heaviside)。正午时,E 层在距地面大约 70 英里处出现最大密度。与 D 层一样,在日落之后 E 层电离几乎全部消失。电离层的 E 层有助于 MF 表面波的传播，并对 HF 波有部分反射。由于 E 层上层部分的电离的出现和消失不可预料，有时需要单独考虑它，并将其称为不规则的 E 层。太阳耀斑(Solar Flare)和太阳黑子的活动性(Sunspot Activity)引起了不规则 E 层的出现。不规则 E 层很薄，却有很高的电离密度。出现不规则 E 层时，远距离的无线电传播在该处通常会出现异常。

F 层实际上是由 F1 和 F2 两层组成的。在白天，F1 层位于距地球表面约 140～250 km 的上空；F2 层在冬季距地球表面约 140～300 km，而在夏季距地球表面约 250～230 km。在夜晚 F1 层和 F2 层合为一层。某些 HF 波在 F1 层会被吸收及衰减，尽管大部分的 HF 波可传播到 F2 层，但在该处它们都将被折射回地面。

3) 空间波

空间波包括直射波和地面反射波(如图 1.4 所示)。直射波(Direct Wave)在发射天线与接收天线之间以直线传播。以直射波传播的空间波(包括穿越电离层到达外层空间)一般称为视距(LOS，Line of Sight)传输。因此，空间波的传播受到地球表面曲率的限制。地面反射波(Ground Reflected Wave)是在发射机和接收机之间靠地球表面对波的反射进行传播的。

从图 1.4 中可以看出，接收天线处的电场强度取决于两个天线之间的距离(距离越长，衰减越大)，以及直射波与地面反射波在接收天线处的相位是否同相(同相干涉增强，反相干涉相消)。

地球表面的曲率使空间波的传播呈现水平线，一般称为无线电地平线(Radio Horizon)。由于大气的折射，在普通标准大气下，无线电地平线的延伸超过光学地平线(Optical Horizon)的延伸。无线电地平线的延伸几乎是光学地平线延伸的 4/3。由对流层引起的折射会随着对流层的密度、温度、水蒸气的含量以及相对传导率的改变而改变。加高地球表面上铁塔的高度使发射天线或接收天线(或两者)的高度提升，或将天线架设在高大建筑物或山顶上，这样可以有效地延长无线电地平线的长度。

长波适合地波传播方式，短波适合天波传播方式，微波、毫米波适合空间波传输方式。

3. 信息容量

信息容量是在给定时间内，通过一个通信系统可传输的信息的一种度量。信息论(Information Theory)可用来确定通信系统的信息容量(Information Capacity)。1920 年贝尔电话实验室的哈特莱(R.Hartley)推导出了带宽、传输时间和信息容量之间的关系。哈特莱定律简单地说明，带宽愈宽，传输时间愈长，能够通过该系统传送的信息就愈多。数学上，哈特莱定律表达如下：

$$I = B \cdot t$$

其中，I 为所传的信息，B 为系统带宽(Hz)，t 为传输时间(s)。上式说明单位时间所传的信息即信息容量 $C = I / t$ (b/s)是系统带宽的线性函数。如果通信信道的带宽加倍，可以传送的信息容量也加倍。

那么如果增大带宽 B，能否使 $C \to \infty$？这实际上是不可能的，香农公式回答了这一问题。1948 年，香农(C.E.Shannon)论述了通信信道的信息容量与带宽和信噪比的关系。数学上，香农信息容量极限表述为

$$C = B \, \text{lb} \left(1 + \frac{S}{N} \right)$$

其中，C 为信息容量(b/s)，B 为带宽(Hz)，S/N 为信号与噪声的功率之比，简称信噪比(无单位)。

可见，C 是信道带宽和信噪比的函数，B 增大的同时 N 也增大，S/N 减小，C 是有限的。

对于信噪比为 1000(30 dB)、带宽为 2.7 kHz 的标准话音频带通信信道，信息容量的香农极限为 2700 lb(1+1000)=26.9 kb/s。

1.1.4　基带与频带传输

正如图 1.1 所表明的那样，通信系统中变换器的目的是将原始电信号变换成适合信道传输的信号，反变换在接收端将收到的信号还原成原始电信号，通常将变换器和反变换器称为调制器和解调器。经过调制后的信号称为已调信号或频带信号，它应有两个基本特征：一是携带有信息，二是适合在信道中传输。相对于已调信号，调制前和解调后的原始电信号通常具有频率很低的频谱分量，因而被称为基带信号。

所谓基带传输，是指不经过调制而直接将原始基带信号送到信道上进行传输的一种方式。与基带传输相对应的是频带传输。所谓频带传输，是指原始电信号在发送端先经过调制后，再送到信道上传输，接收端则要进行相应解调才能恢复出原来的基带信号。

调制是通过改变一个更高频率信号的某些特征物理量或参数(如幅度、频率、相位等)的过程。这一高频信号常称为载波，它一般由载波振荡器(如振荡电路、激光器等)产生。图 1.7 是频带通信系统的简化框图，它显示了调制信号、高频载波及已调波间的关系。信息信号与载波在调制器中组合产生已调波。信息可以是模拟或数字形式，调制器可以完成模拟调制或数字调制。调制过程常伴有频率转换，将一个频率或频带变换到频谱上的另一个位置的过程称为频率转换(一般信息信号在发射机中从低频上变频到高频，而在接收机中则从高频下变频为低频)。频率转换是电子系统的一个复杂的部分，因为信息信号在通过信道传送时频率要上下变换许多次。已调信号通过发送机发送经传输后到达接收机，在接收机中被放大、下变频，然后解调以恢复原始的信源信号。

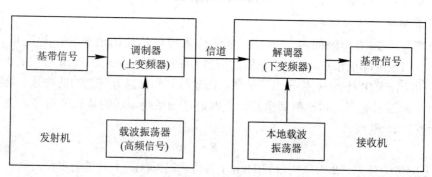

图 1.7　频带传输系统简化框图

1.1.5　单工与双工传输

通信系统可以设计成只在一个方向上传输，或者在两个方向上但一次只能沿一个方向传输，或者同时在两个方向上传输，这些都称为传输方式。传输方式有四种：单工、半双工、全双工及全/全双工。

(1) 单工(SX)。利用单工操作，传输只能在一个方向上进行。单工系统有时称为单向的、只接收或只发送的系统。一个位置可以是一台发射机或一台接收机，但不能既是发射端又是接收端。商业电台或电视广播是单工传输的一个例子，电台总是发射端而用户总是接收端。

(2) 半双工(HDX)。利用半双工操作，传输可以在两个方向上进行，但不能两个方向同时进行。半双工系统有时称为双向交替。一个位置可以是一台发射机或一台接收机，但在同一时间内只能使用两者中的一种。使用按讲开关(PTT)控制发射机的双向无线电系统，如民用波段和警察波段电台是半双工传输的例子。

(3) 全双工(FDX)。利用全双工操作，传输可以同时在两个方向上进行。全双工系统有时称为同时双向、双工或双向线路。一个位置可以同时发送和接收，但是正在发送的站也必须是正在接收的站。标准的电话系统就是全双工传输的例子。

(4) 全/全双工(F/FDX)。利用全/全双工操作，可以同时发送和接收，但不必是在相同的两个位置间进行(即一个站可以发送到另一个站，并同时从第三个站接收)。数据通信电路几乎毫无例外地使用全/全双工传输。

1.1.6　模拟与数字通信

根据信道中传送信号的类型，通常分为模拟通信系统和数字通信系统两类。前者在信道中传送模拟信号，而后者在信道中传送数字信号。对于数字通信，根据信源发出的信号的类型大致可以分成数据通信和模拟信号数字化传输两大类。前者的典型例子是计算机通信，后者是数字电话通信。当前通信系统设计的目标是综合语声、数据、可视信号的传输，所以我们把两者统称为"数字通信"。图 1.8 所示是数字通信的简化传输原理方框图。

图 1.8　数字通信简化框图

数字通信具有下列特点：
(1) 抗干扰性强，噪声不积累。
(2) 便于处理、加密、存储和交换信息。
(3) 由于数字通信设备中大部分电路都采用的是数字逻辑电路，因此可用大规模和超大规模集成电路实现，设备便于集成化和微型化，功耗也较低。
(4) 由于采用的是数字传输方式，因此可以实现传输和交换的综合，电话业务和非电话业务都可以实现数字化，以便组成综合业务数字网(ISDN)。
(5) 占用信道频带宽，一个数字话音数码率 $f_B = 64$ kb/s，而一个模拟话路所占频带宽度(4 kHz)是它的 1/16，这是数字通信的一个缺点。但随着技术的发展，采用其他编码方式和频带压缩技术，可以减少数字信号带宽。另一方面，随着大容量微波、卫星和光缆信道的利用(其信道频带宽度达千兆赫兹以上)，数字信道占用频带较宽的矛盾会逐步缩小。

1.1.7　通信系统性能与噪声

1. 通信系统性能
在设计或评估通信系统时，往往要涉及通信系统的主要性能指标，否则就无法衡量其质量的优劣。性能指标也称质量指标，它们是针对整个系统综合提出或规定的。

通信系统的性能指标涉及其有效性、可靠性、适应性、标准性、经济性及维护使用等。但是从信息传输的角度来看，通信的有效性与可靠性将是主要的矛盾所在。这里所说的有效性主要是指消息传输的"速度"问题，而可靠性主要是指消息传输的"质量"问题。显然，这是两个相互矛盾的问题，这对矛盾通常只能依据实际要求取得相对的统一。例如，在满足一定可靠性指标的情况下，尽量提高消息的传输速度；或者在维持一定有效性的情况下，使消息传输质量尽可能地提高。

对于模拟通信系统来说，消息传输速度主要取决于消息所含的信息量和对连续消息(即信息源)的处理。处理的目的在于使单位时间内传送更多的消息。从信息论观点来说，消息传输速度可用单位时间内传送的信息量来衡量。模拟通信中还有一个重要的性能指标，即均方误差。它是衡量发送的模拟信号与接收端复制的模拟信号之间误差程度的质量指标。均方误差越小，说明复制的信号越逼真。在实际的模拟通信中，通常用信噪比(S/N)这一指标来衡量传输质量，信噪比的含义是接收端输出的信号平均功率与噪声平均功率之比。故可以认为在模拟通信中均方误差的大小最终将完全取决于 S/N。如果在相同的条件下，某个系统的输出信噪比最高，则称该系统通信质量最好，或称该系统抗信道噪声(或干扰)的能力最强。

在数字通信系统里，主要的性能指标有传输速率、差错率和频带利用率等，具体含义见 1.2.1 节。

2. 通信系统中的噪声

通信系统中噪声可分为两大类：相关的和不相关的。相关噪声是在信号出现时存在；不相关噪声无论信号是否出现，都随时存在。

1) 不相关噪声

不相关噪声的存在与信号是否出现无关。不相关噪声可进一步划分成两类：外部噪声和内部噪声。

(1) 外部噪声是器件或电路的外部产生的噪声。外部噪声的三个主要来源是：大气噪声、宇宙噪声、人为噪声和干扰。

● 大气噪声。大气噪声是地球大气层中自然出现的静电干扰，如闪电等。静电干扰经常以脉冲形式出现，能量散布在一个较宽的频率范围内，但这种能量的大小反比于它的频率。因此，在 30 MHz 以上的频率，大气噪声相对不太明显。

● 宇宙噪声。宇宙噪声由源自地球大气层以外的电信号组成，因此有时称为深空噪声。宇宙噪声起源于银河系、河外星系以及太阳。宇宙噪声又分为两大类：太阳噪声和宇宙。太阳噪声直接由太阳的热量产生，包括强度相对恒定的辐射强度噪声和太阳黑子活动引起的不规则强度噪声，其强度服从一个周期形式，每 11 年重复一次。宇宙噪声源在整个河外星系是不断散发的，由于它比太阳离我们更远，因此噪声强度相对较小。宇宙噪声经常称为黑体噪声，均匀分布在整个天空。

● 人为噪声和干扰。人为噪声就是指人类活动产生的噪声。人为噪声的主要来源是产生火花的机器，如电动机中的整流子、汽车点火系统、交流发电设备和切换设备等。人为噪声实质上是脉冲式的噪声，包含通过空间以无线电波方式传播的噪声。人为噪声在人口较密集的大城市和工业区最为强烈，有时称为工业噪声。干扰是外部噪声的一种形式。大多数干扰在一个源的谐波和交叉分量落入邻近信息的频带时出现。例如，某电台发射的信号在 27～28 MHz 范围内，它们的二次谐波频率(54～56 MHz)落入分配给 VHF 电视(尤其是 13 频道)的频带内，如果电台发射信号并产生一个高幅度的二次谐波分量，它就会干扰其他人的电视接收。

(2) 内部噪声是设备或电路内部产生的电气干扰。内部噪声的三种主要类型是：散粒噪声、渡越时间噪声和热噪声。

● 散粒噪声。散粒噪声是由半导体器件中的载流子(空穴和电子)在电子器件(如二极管、场效应晶体管或双极晶体管)的输出电极上的随机到达而引起的。散粒噪声首先是在真空管放大器的阳极电流中发现的，并在 1918 年由肖特基(W.Schonky)在数学上进行了描述。载流子(对交流和直流两者而言)并非连续、稳定地流动，它们迁移的距离由于运动的随机路径而变化。散粒噪声是随机变化的，且被叠加在任何出现的信号上。散粒噪声有时称为晶体管噪声，并与热噪声相叠加。

● 渡越时间噪声。渡越时间噪声是载流子在通过一个器件的流动过程中(如从晶体管的发射极到集电极)所产生的。当载流子通过一个器件传播所花的时间与信号周期可比拟时，该噪声便很明显。晶体管中的渡越时间噪声由载流子迁移率、偏置电压和晶体管结构所确定。载流子从发射极迁移到集电极要经受发射极时延、基极渡越时延、集电极复合时延和传播时延。如果渡越时延在高频率上过量，该器件可能会叠加上比放大信号更多的噪声。

● 热噪声。热噪声与导体中的电子由于热骚动而出现的迅速、随机的运动有关。这个随机运动被英国植物学家布朗(Robert Brown)首先注意到。布朗首先在花粉颗粒中发现了粒子运动的现象。1927 年，贝尔电话实验室的约翰逊(J. B. Johnson)首先认识到电子的随机运动。导体中的电子载有一个单位的负电荷，并且一个电子的均方速度与绝对温度成正比。结果，由分子碰撞飞出的每一个电子便构成一个短电流脉冲，在该导体的电阻分量上产生一个小电压。由于这种类型的电子运动是完全随机的，且在所有方向上，因此由这种运动产生的平均直流电压为 0 V，但是这种随机运动确实产生了一个交流成分。其中，最主要的一种与温度有关，称为热噪声。热噪声是可以预测的，可以出现在所有的器件上。这就是为什么热噪声在所有的噪声源中最为重要的原因。

2) 相关噪声

相关噪声是与信号有关(相关)的噪声，电路中没有输入信号时就不会出现相关噪声，简单地说就是无信号就无噪声。相关噪声是由非线性放大产生的，并包括谐波失真和互调失真，它们是非线性失真的两种形式。非线性失真也会由信号通过非线性器件(如二极管)时产生。相关噪声是内部噪声的一种形式。

● 谐波失真是通过非线性放大(混合)产生的不想要的信号谐波。谐波是原始输入信号的整数倍。原始信号是一次谐波并称之为基频。原始信号频率的两倍称之为二次谐波，三倍称之为三次谐波，等等。相应有各种程度的谐波失真：二次谐波失真是二次谐波频率的有效幅度与基频有效幅度的比值，三次谐波失真是三次谐波频率的有效幅度与基频有效幅度的比值，依次类推，总的谐波失真是高次谐波组合的有效幅度与基频有效幅度之比。

● 互调失真是两个或多个信号在一个非线性器件(如大信号放大器)中放大时产生的不想要的和频与差频。这里强调的是"不想要的"，因为在通信电路中经常需要混合两个或多个信号并产生和频与差频。和频与差频被称为交叉分量，当谐波和基频在一个非线性器件中混合时即产生交叉分量。

1.2 数 字 通 信

1.2.1 基本概念

一个完整的数字通信系统可以用图1.9所示的框图表示。

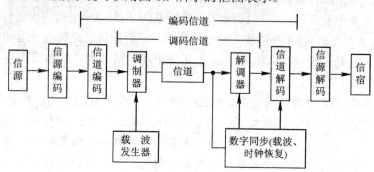

图 1.9 数字通信系统框图

信源可以是数据终端，如纸带读出机、电传机或存储在磁带或磁盘上的数据，这些称为数字信源。

信源编码包含模拟信号的数字化和信源压缩编码两个范畴。模拟信号的数字化，主要有脉码调制(PCM)、增量调制(ΔM)等方式，这种变换提高了通信质量，其代价是传输频带扩大。信源压缩编码，是对信源进行处理，去除或减少冗余度，或者把能量集中起来缩窄占据频带，从而提高通信的有效性。这些编码方法包括预测编码、变换编码等。

信道编码也称为差错控制技术。信源编码提高了效率，但当出现传输误码时，会使误码增值(扩散)，带来严重的质量损伤。为了提高传输的可靠性，在传输中采用了差错控制技术，即把可控制的冗余加入数字序列，从而得到高的传输可靠性，减少误码的影响。信道编码有重传反馈(ARQ)、线性分组码、循环码、卷积码等。

经过编码的数字序列所占据的频带是从直流或低频开始的，称为基带信号。基带信号可直接在有线信道(如双绞线、同轴电缆)中传输，称作基带传输。但是大多数的信道(如无线微波信道、载波信道等)是带通信道。为了有效地利用频带资源，使离散信源与连续信道匹配，把经过编码的基带数字信号经过载波调制，搬移到信道上适当的频带，产生对应于输入离散符号的模拟信号，在信道中传输。这种工作是由调制器完成的。调制方式主要包括幅移键控(ASK)、频移键控(FSK)、相移键控(PSK)等。选择调制方式的依据，或者说衡量优劣的标准是带宽利用率、功率效率、误码率及设备的复杂性。

信道即传输媒介，可以是有线媒介、无线媒介或它们的组合。不论哪种传输媒介均可构成数字信道、模拟信道或混合信道。数字信道传输数字信号(包括经 A/D 变换后的数字信号)，模拟信道传输模拟信号(包括数字信号经过 Modem 变成的模拟信号)。

实际的传输信道通常是不够理想的，信号在传输中可能混进噪声和干扰，使收到的数字序列变形，出现符号间干扰甚至差错。虽然信道选定之后其固有特性已确定，但可以根据传输要求设计发送和接收滤波器进行信道的均衡，以改变系统的传输特性。减少或消除符号间干扰，以得到对数字序列的最佳判决，这就是波形设计问题。

解调是指在系统的接收端处理受信道特性限制和噪声串扰的信号波形，并把每个波形还原为代表原传输数字信号。解调器能处理接收波形并判定传输码元是 1 还是 0。当传输 M 进制且信息中无冗余时，解调器必须在任一给定时刻判定出所传输的 M 个波形中的哪一个，这种判决为"硬判决"。

此外，同步技术是数字通信的重要方面，没有同步，数字通信就无法进行。传输系统中载波同步、时钟同步、位同步、字同步(码组同步)和帧同步(群同步)是必不可少的，在数字通信网中还有网同步。同步技术根据传输要求有不同的实现方案，而同步性能也直接影响到通信的质量。

从数字信号传输的角度来看，数字通信系统的主要性能指标为信息传输速率、码元传输速率(符号速率)、频带利用率等。

1. 信息传输速率

信息传输速率通常是以每秒所传输的信息量多少来衡量的。信息论中已定义信源发生信息量的度量单位是"比特"(bit)。一个二进制码元所含的信息量是一个"比特"，即一个"1"或一个"0"就是一个比特。

在多进制中(设为 M 进制)，每个码元的信息量为 I_M，则 I_M 为

$$I_M = \text{lb } M \quad (M \text{ 为进制数})$$

2. 码元(符号)传输速率

码元(符号)传输速率是指单位时间(s)内传输的码元数目，其单位为波特(Bd, Baud)。这里的码元可以是二进制的，也可以是多进制的，一般用 R_B 来表示。信息传输速率和码元传输速率的关系为

$$R_b = R_B \text{ lb} M$$

式中，R_b 表示信息传输速率，M 为进制数。

如果码元传输速率为 600 Bd，则在二进制时，信息传输速率为 600 b/s；在四进制时，信息传输速率则为 1200 b/s。对于二进制，由于 $\text{lb} M = 1$，在数值上波特率和比特率是相等的，但其意义是不同的。

3. 频带利用率

频带利用率是指单位频带内的传输速率。传输的速率愈高，所占用的信道频带愈宽。通常用 η 来表示数字信道频带的利用情况，即频带利用率为

$$\eta = \frac{\text{传输速率}}{\text{频带宽度}}$$

当传输速率是码元传输速率时，其单位为波特/赫兹(Bd/Hz)；当传输速率是信息传输速率时，其单位为比特/秒/赫兹(b/s/Hz)。

4. 误码率

数字信号在信道传输过程中，由于信道本身有关参数的影响和噪声干扰，以致在接收端判决再生后的码元可能出现错误，这叫误码。误码的多少用误码率来衡量，一般用 P_e 来表示。

$$P_e = \lim_{N \to \infty} \frac{\text{发生误码个数}(n)}{\text{传输总码元数}(N)}$$

这个指标是统计结果的平均值，所以这里指的是平均误码率。显然，误码率愈小，通信的质量就愈高。

1.2.2 信源的数字化与编码

数字通信系统中，原始的信息可以是数字形式，也可以是模拟形式。如果是模拟形式，传输之前必须首先转换成数字脉冲，而在接收端再将数字信号转换为模拟信号。将模拟信源波形变换成数字信号的过程称为信源数字化或信源编码。通信中的电话、图像(传真、电视等)业务，其信源就是在时间上和幅度上均为连续量的模拟信号，要实现数字化的传输和交换，首先要把模拟信号变换成数字信号。电话信号的数字化叫做话音或话音编码，图像信号的数字化称为图像编码，两者虽然各有其特点，但基本原理是一致的。这里以话音信号编码为例介绍，这些方法同样适用于图像编码。

1. 脉冲编码调制(PCM)

脉冲编码调制就是把时间连续、取值连续的模拟信号变换成时间离散、取值离散的数字信号，这个过程包括抽样、量化、编码三个阶段。

1) 抽样

要把话音信号转换为数字信号，首先要在时间上对话音信号进行离散化处理，这一处理过程是由抽样来完成的，如图 1.10 所示。

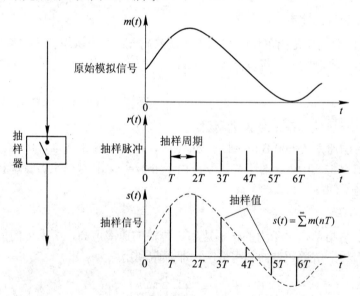

图 1.10　话音信号抽样过程

所谓抽样，就是每隔一定时间 T，抽取话音信号 $m(t)$ 的一个瞬时幅度值(样值)，从而得到一系列样值信号，即样值序列信号 $S(t) = S(nT)$ 或称为脉幅调制(PAM)信号。

T 是关键参数，它的大小是由抽样定理来决定的。

根据奈奎斯特抽样定理：一个频带限于 f_m 赫兹的连续信号 $m(t)$ 可以唯一地用时间上每隔时间 $T(\leqslant 1/2f_m)$ s 的抽样值序列来确定，即抽样频率 $f_s \geqslant 2f_m$。

当采用理想的单位冲激脉冲序列作为抽样脉冲时，其抽样脉冲 $r(t)$ 是单位冲激脉冲序列；其抽样值是抽样时刻 $m(t)$ 的瞬时值 $m(nT)$，如图 1.11 所示。同时，可看出理想抽样信号

$S(t)$ 的频谱 $S(f)$ 与原信号 $m(t)$ 的频谱 $M(f)$ 之间的关系，即抽样后的信号频谱是由无限多个分布在 f_s 各次谐波左右边带组成的，而其中位于 $n=0$ 处的频谱，就是话音信号频谱 $M(f)$ 本身(只差一个系数 $1/\pi$)。

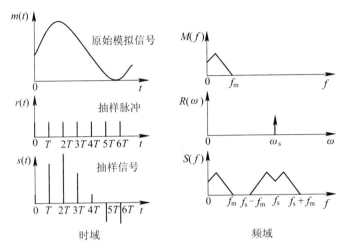

图 1.11　抽样及抽样后的样值频谱

设原始信号频带限制在 $0 \sim f_m$ 之间，在接收端只要用一个低通滤波器把原始信号频带滤出，就可获得原始信号的重建，如图 1.12 所示。

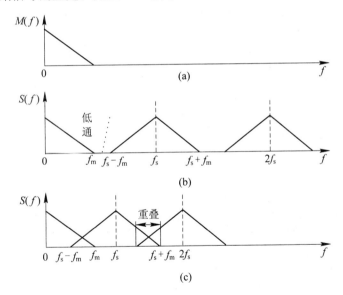

图 1.12　抽样频率对原信号频谱的影响

(a) 信号频谱；(b) $f_s > 2f_m$ 时抽样信号的频谱；(c) $f_s < 2f_m$ 时抽样信号的频谱

要获得原始信号的重建，必须使 f_m 与 $f_s - f_m$ 之间有一定宽度的防卫带。若抽样频率 $f_s < 2f_m$，则以 f_s 为抽样频率的下边带($f_s - f_m$)将与原始话音信号的频带发生重叠而产生折叠噪声，如图 1.12 所示。由于不可能实现理想低通(理想滤波)，因此这种折叠噪声在原始信号频带内无法消除。为了避免折叠噪声，对频带为 $0 \sim f_m$ Hz 内信号的抽样频率 f_s 应留有一定的防卫带，即 $f_s > 2f_m$。

如话音信号的最高频率限制在 3400 Hz，即 $f_m = 3400$ Hz，为了防止产生折叠噪声，取 $f_s > 2f_m$，这里按 ITU-T 规定，话音信号的抽样频率 $f_s = 8000$ Hz，抽样周期 $R = 1/8000 = 125$ μs，这样就留出了 $8000 - 2 \times 3400 = 1200$ Hz 的防卫带。

2) 量化

抽样后的信号是脉幅调制信号(PAM)，它虽然在时间上是离散的，但它的幅值还是连续的模拟信号。要把它变成数字信号，必须对抽样信号进行幅度的离散化处理。所谓量化，就是将抽样后幅值为连续的信号变换为幅值为有限个离散值的过程。

量化分为均匀量化和非均匀量化。

(1) 均匀量化。

用等间隔 Δ(Δ 称为量化间隔)去度量样值信号称为均匀量化，量化器输出 v 与其输入 u 之间的关系如图 1.13 所示。图中信号的幅度范围被限制在 $-U \sim +U$ 之间(U 为过载电压)，样值的绝对值超过过载电压 U 的区域称为过载区，未超过 U 的区域称为量化区；此间的离散值称为量化值或量化级数(用 Δ 量化间隔去度量样值 $-U \sim +U$ 之间所得到的数值)，用 N 来表示：

$$N = \frac{2U}{\Delta}$$

如果 N 用二进制码位数 L 来表示，此量化值 $N = 2^L$，若 $N = 8$，则码位数 $L = 3$。由于量化值与原样值一般不相等，因此两者之间会产生误差，此误差称为量化误差。

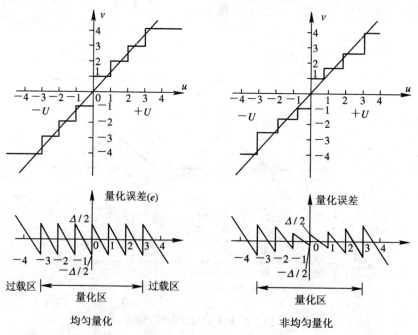

图 1.13　均匀量化与非均匀量化的量化误差

在通信中，对信号失真的情况一般用信噪比来表示。在数字通信中，失真噪声主要是由量化所带来的，也叫量化噪声，这种信噪比一般称为量化信噪比。

在通信中，根据电话传输标准的要求，长途通信经过了 3～4 次音频转接后仍应有好的话音质量。根据话音信号统计结果，对通信系统提出的要求是：在信号动态范围 40 dB 条件下，信噪比不应低于 26 dB。

为了在如此宽的动态范围内保证信噪比的要求，编码位数 L 应满足 $L \geqslant 11$，因此需要的量化级数多达 $N = 2^{11} = 2048$，这样不仅使设备复杂，而且比特率过高，以致降低信道利用率。如果减少编码位数，量化信噪比又能满足要求，解决这一矛盾可采用非均匀量化方法。

(2) 非均匀量化。

当采用均匀量化时，量化间隔是固定值，它不随信号幅度的变化而变化。故大信号时量化信噪比大，小信号时量化信噪比小，如图 1.13 所示。这就会带来信噪比不均匀，造成话音严重失真以致无法实现通信的问题。解决这一问题的有效办法是采用非均匀量化。非均匀量化的方法是压扩量化，信号通过压扩放大之后再进行均匀量化。

非均匀量化的特点是：信号幅度小时，量化间隔小，其量化误差也小；信号幅度大时，量化间隔大，其量化误差也大，如图 1.13 所示。采用非均匀量化后可做到在不增大量化级数 N 的条件下，使信号在较宽的动态范围内达到所需的指标要求。其实质是提高了小信号的信噪比，降低了大信号的信噪比，使信噪比在较宽的动态范围内均匀。

要实现非均匀量化，就要使输入信号经量化器后得到非均匀量化的量化值。那么这个量化器要具有理想的对数压缩曲线才能实现上述目的。由于理想的对数曲线不通过坐标原点，而话音信号是双极性的，要求压缩曲线通过原点，并且对原点是对称形式的，因此对数压缩律不能直接用于话音信号的编码，需对其进行修正。目前主要有两种压缩律即 A 律和 μ 律，我国采用 A 律，美国、加拿大、日本等国采用 μ 律。

为了实现数字化，还要对量化值进行编码处理，在设备中量化和编码是同时进行的。要进行编码就要求量化间隔能成为简单的整数倍关系。在二进制编码中，这种关系为 2^n 倍，其中 n 为整数。对于这一要求，直接采用 A 律或 μ 律的压扩曲线是做不到的(连续压扩特性，需无穷多个量化级)。若采用若干段折线组成的非均匀压扩特性曲线就能实现，但要求折线的压扩特性要近似 A 律或 μ 律。

A 律 13 折线压扩特性 A = 87.6。13 折线压扩特性(A = 87.6)是 CCITT 建议在数字通信设备中使用的，如图 1.14 所示。

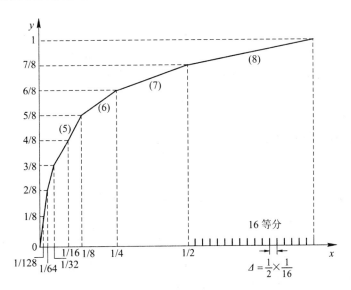

图 1.14　13 折线压扩特性

由图 1.14 中折线可看出，在 x 轴 0~1(归一化的输入信号值)范围内的 1/2、1/4、1/8、1/16、1/32、1/64、1/128 处将其分段；在 y 轴 0~1(归一化量化输出值)范围内均匀分为 8 个段，其分段点是 7/8、6/8、5/8、4/8、3/8、2/8、1/8。将 x 轴、y 轴相对应分段线在 x-y 平面上相交点连线就是各段的折线。图中只画出了幅度为正时的压扩曲线。正负幅值的折线均有 8 个段落共 16 个段，其中 1、2 段斜率相同(1/16)并通过原点，则正、负的 4 段为一条直线段，剩下正、负两边还有 6 段直线。这样正、负值的压扩特性由 $2 \times 6 + 1 = 13$ 个直线段组成，故称 13 折线。

为了减小量化失真，还要在每个量化段内等分为 16 个量化间隔，则总量化级数为

$$N = 2(\text{正、负极性}) \times 8(\text{段落}) \times 16(\text{段落等分}) = 256 \text{级}$$

A 律 13 折线的第 1、2 段量化间隔相等，其量化间隔也最小，设以 16 等分中的每一等分为量化间隔 Δ(归一化值)，则过载电平 U 的归一化值为

$$U = \Delta \cdot \frac{1}{\frac{1}{128} \times \frac{1}{16}} = \Delta \cdot \frac{1}{\frac{1}{2048}} = 2048\Delta$$

13 折线各量化段的量化间隔用 Δ_i 来表示，Δ_i 与最小量化间隔 Δ 之间的关系是按 2 的倍数递增的，其归一化值如表 1.1 所列。

表 1.1   13 折线量化段电平(归一化值)

量化段序号	1	2	3	4	5	6	7	8
量化段电平范围	0~16	~ 32	~ 64	~ 128	~ 256	~ 512	~ 1024	~ 2048
起始电平 $I_{Bi}(\Delta)$	0	16	32	64	128	256	512	1024
量化间隔 Δ_i	Δ	Δ	2Δ	4Δ	8Δ	16Δ	32Δ	64Δ

以上是每段按 16 等分量化而得到的，并以最小段(第一段)为最小量化间隔 Δ，且此单位为归一化值的单位。

3) 编码

话音信号变为数字信号的过程是经抽样、量化后还必须变为数码流，这个变为数码流的过程叫编码。前面已讲过，我们是按 13 折线($A = 87.6$)量化规律进行编码的。A 律与 13 折线通常采用量化级数 $N = 256$(每个段再 16 等分)，即每个样值信号经量化后编成 8 位码，由 8 位码组成一个码字来近似表示。

(1) 编码的码型。在话音信号编码中(信源编码)通常采用三种码型：一般二进码(自然二进码)、循环码(格雷码)和折叠二进码。在数字通信中按 A 律和 13 折线规律进行量化编码时一般采用折叠二进码。它与普通二进码的区别在于，幅值为负的幅度码是由幅值为正的幅度码(上半部)对折而成的，因此得名为折叠码。

(2) 编码位安排。我国数字通信设备(PCM30/32 路基群)话音信号变为数字信号即 A/D 变换，是按 CCITT 建议采用 13 折线($A = 87.6$)规律进行量化的，每个样值信号均编 8 位码。

A 律与 13 折线的非均匀量化段是奇对称的上、下 8 个量化段，如图 1.14 所示，每个量化段又被均匀等分为 16 个量化级。如采用折叠二进制码进行编码，其码字的安排是：码位为 8 位，分别用 a_1、a_2、a_3、a_4、a_5、a_6、a_7、a_8 来表示；a_1 表示极性码($a_1 = 1$ 表示正极性，$a_1 = 0$ 表示负极性)；a_2、a_3、a_4 3 位码为段落码，表示 8 个非均匀量化段；a_5、a_6、

a_7、a_8 4 位码为段内码，表示每段均匀分为 16 等分的均匀量化段。

(3) 逐次反馈编码。量化的目的是为了编码，即把样值信号(PAM 信号)变换为二进制码序列。用得最多的是逐次反馈比较编码方法。下面举例介绍这种编码方法。

假设输入样值 PAM 信号 $I_s = 444\Delta$ 按 A 律和 13 折线编 8 位码，步骤如下：

① 首先决定极性码为 a_1。

第一次比较：比较判定值为 0，则

$$I_s = 444\Delta > 0 \,(\text{信号为正}) \qquad a_1 = \text{"1"}$$

以下是幅度编码 $a_2 \sim a_8$。

因为信号的极性已由 a_1 确定，现只对样值信号的绝对值 $|I_s|$ 或 $|U_s|$ 进行幅度编码(编 7 位码)，所以叫幅度编码，它由 3 位段落码和 4 位段内码组成。

② 段落码的编码：$a_2 \sim a_4$。

如图 1.14 所示，A 律和 13 折线有 8 段(正半部分)$2^3 = 8$，则用 3 位码来表示。

第二次比较：a_2 码表示样值信号幅度在 8 段中的哪 4 段内，以第 5 段起始电平为对分点。因此，a_2 码的判定值应是第 5 段的起始电平 $I_{B5} = 128\Delta$，即这时判定值 $I_g = 128\Delta$，则

$$I_s = 444\Delta > 128\Delta \qquad a_2 = \text{"1"}(\text{信号在上 4 段，即 5}\sim\text{8 段})$$

第三次比较：a_3 码表示信号幅度在 4 段中的哪 2 段内，例中应以第 7 段的起始电平 $I_{B7} = 512\Delta$ 为对分点。a_3 码的判定值 $I_g = 512\Delta$，则

$$|I_s| = 444\Delta < 512\Delta \qquad a_3 = \text{"0"}(\text{信号在上 4 段中下 2 段，即 5、6 段})$$

第四次比较：a_4 码表示样值信号幅度在 2 段中的哪一段内，例中应以第 6 段的起始电平 $I_{B6} = 256\Delta$ 为对分点。a_4 码的判定值 $I_g = 256\Delta$，则

$$|I_s| = 444\Delta > 256\Delta \qquad a_4 = \text{"1"}(\text{信号在 2 段中的上 1 段，即第 6 段})$$

幅度码经以上二、三、四次比较，所得段落码 $a_2a_3a_4$ 码为 "101"，信号在第 6 段，起始电平 $I_{B6} = 256\Delta$，第 6 段的量化间隔 $\Delta_6 = 16\Delta$(即第 6 段平均 16 等份其每等份是第 1 段 16 等份的 16 倍)。

③ 段内码的编码为 $a_5 \sim a_8$。

段内码表示每段均匀等分 16 等份(16 个量化级 $2^4 = 16$)要编 4 位码(a_5、a_6、a_7、a_8)。段内码判定值的提供，可用下式表示(每一量化段的起始电平为 I_{Bi}，判定值为 I_g)：

$$\left.\begin{array}{ll} a_5 \text{码} & I_g = I_{Bi} + 8\Delta_i \\ a_6 \text{码} & I_g = I_{Bi} + 8\Delta_i \cdot a_5 + 4\Delta_i \\ a_7 \text{码} & I_g = I_{Bi} + 8\Delta_i \cdot a_5 + 4\Delta_i \cdot a_6 + 2\Delta_i \\ a_8 \text{码} & I_g = I_{Bi} + 8\Delta_i \cdot a_5 + 4\Delta_i \cdot a_6 + 2\Delta_i \cdot a_7 + \Delta_i \end{array}\right\}$$

从以上公式看出，编下一位码一定要在上一位码已确定的情况下进行。从 8、4、2、1 来分析，是符合折叠对分规律的，即首先确定样值信号在 16 等分的哪里进行 8 等分后再依次确定在哪里进行 4 等分、2 等分、1 等分。下面用例子来说明。

第五次比较：a_5 码表示信号在本段内 16 等分中哪 8 等分内，就应以此段第 8 等分为分界点，其判定值这里应为 $I_{B6} = 256\Delta$，$\Delta_6 = 16\Delta$，则

$$I_g = I_{B6} + 8\Delta_6 = 256 + 8 \times 16 = 384\Delta$$

$$|I_s| = 444\varDelta > 384\varDelta \qquad a_5 = \text{"}1\text{"}\ (\text{第 6 段的上 8 等分})$$

第六次比较： a_6 码表示信号在上 8 等分中哪 4 等分内，应以此等分为分界点，其判定值这里应为

$$I_g = I_{B6} + 8\varDelta_6 \cdot a_5 + 4\varDelta_6 = 256 + 8\times16\times1 + 4\times16 = 448\varDelta$$

$$|I_s| = 444\varDelta < 448\varDelta \qquad a_6 = \text{"}0\text{"}\ (\text{上 8 等分的下 4 等分，即 9、10、11、12 等分})$$

第七次比较： a_7 码表示信号在上 4 等分中哪 2 等分内，应以此为分界点，其判定值在这里应为

$$I_g = I_{B6} + 8\varDelta_6 \cdot a_5 + 8\varDelta_6 \cdot a_6 + 2\varDelta_6 = 256 + 8\times16\times1 + 4\times16\times0 + 2\times16 = 416\varDelta$$

$$|I_s| = 444\varDelta > 416\varDelta \qquad a_7 = \text{"}1\text{"}\ (\text{下 4 等分中的上 2 等分，即 11、12 等分})$$

第八次比较： a_8 码表示信号在上 2 等分中哪 1 等分内，应以此为分界点，其判定值在这里应为

$$I_g = I_{B6} + 8\varDelta_6 \cdot a_5 + 4\varDelta_6 \cdot a_6 + 2\varDelta_6 \cdot a_7 + \varDelta_6 = 256 + 8\times16\times1 + 4\times16\times0 + 2\times16\times1 + 16 = 432\varDelta$$

$$|I_s| = 444\varDelta > 432\varDelta \qquad a_8 = \text{"}1\text{"}\ (\text{上 2 等分中的上 1 等分，即此段的 12 等分内})$$

结果幅度编码的码字为{1011011}，表示此信号幅度的大小在第 6 段中 16 等分的第 12 等分内。

因此 $444\varDelta$ 最后的 8 位编码为{11011011}。

由上例可明显看出，段落码的编码规律和段内码的编码规律虽然都是采用对分法，但前者的判定值提供的方法是特殊的，是以段的起始电平为判定值。这是由于此 8 等分是非均匀量化段，其各段斜率不等，为非线性的，因此，对段落的编码是非线性编码。对段内码的编码，判定值的提供方法是完全符合 8、4、2、1 这种折叠规律的。这是因为段内量化表示段内均匀等分，所以段内编码是按线性编码规律编码的。但按 A 律 13 折线编出的 8 位码仍然叫做非线性编码，编出的 8 位码是非线性码。

2．差值脉冲编码(DPCM)

话音信号的相邻样值之间存在很大的相关性，即话音信号相邻样值之间的关系比较密切，相邻样值之差值一般不会很大。因此，样值差值的动态范围要比样值本身的动态范围小，这就有可能采用对样值的差值进行编码，以实现通信的可能性。这种方法将减少码字位数，以提高信道的通信容量。

如图 1.15 样值与差值序列的关系所示，将样值序列图 1.15(a) 变换成差值序列图 1.15(b)，然后对差值序列进行编码。在接收端对接收到的编码信号进行解码，恢复成差值序列，如图 1.15(c)所示，最后对恢复后的差值序列进行累加处理，就可恢复出样值序列，即 PAM 信号。由此可见，这种以瞬时抽样值之差进行编码调制也可以实现的数字通信，称为

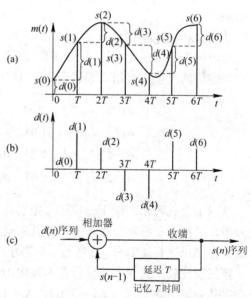

图 1.15　样值与差值序列的关系

(a) 样值序列；(b) 差值序列；(c) 样值序列的恢复

差值脉码调制。

差值脉码调制有多种方式，对差值编 1 位码，称为 DM 或 ΔM(增量调制)；对差值编多位码，称为 DPCM 编码调制。为了减少量化误差，其抽样周期要小于 PCM 中的抽样周期，即抽样频率应大于 8 kHz。为了提高信噪比或降低数码带宽，还有多种编码方式，如自适应脉码调制 ADPCM 等。

3. 其他编码

话音编码技术通常分为波形编码、声源编码和混合编码三类。以上详细讨论的编码方法都被广泛采用，属于波形编码。按编码后传输所需的数据速率来分，又可以分为高速率(32 kb/s 以上)、中高速率(16～32 kb/s)、中速率(4.8～16 kb/s)、低速率(1.2～4.8 kb/s)及极低速率(1.2 kb/s 以下)等五大类。

(1) 波形编码。波形编码是将时间域信号波形直接变换成数字代码，其目的是尽可能精确地再现原来的话音波形。其基本原理是在时间轴上对模拟话音信号按照一定的速率来抽样，然后将幅度样本分层量化，并使用代码来表示。解码就是将收到的数字序列经过解码和滤波恢复到原模拟信号波形。波形编码具有低复杂度、低延时的特点，脉冲编码调制(PCM)以及增量调制(ΔM)和它们的各种改进型(如 ADPCM)均属于波形编码技术。对于比特速率较高的编码信号(16～64 kb/s)，波形编码技术能够提供相当好的话音质量，对于低速话音编码信号(16 kb/s 以下)，波形编码的话音质量显著下降。因而，波形编码在对信号带宽要求不太严的通信中得到应用(如有线通信)，而对于频率资源相当紧张的无线通信和移动通信来说，这种编码方式显然不适合。

(2) 声源编码。声源编码又称为参量编码，它是指对信源信号在频率域或其他正交变换域提取特征参量，并把这种特征参量变换成数字代码进行传输。其反过程为解码，即将收到的数字序列变换后恢复成特征参量，再依据此特征参量和话音产生发端话音信号。这种编码技术可实现低速率话音编码，比特速率可压缩至 2～4.8 kb/s。线性预测编码 LPC 及其各种改进型都属于参量编码技术，这种编码技术的缺点是话音质量较差，对噪声较为敏感，不适合在公用移动通信网等对话音质量要求较高的场合使用。

(3) 混合编码。混合编码是一种近几年提出的新的话音编码技术，它是由波形编码和参量编码相结合而得到的，以达到波形编码的高质量和参量编码的低速率的优点。混合编码数字话音信号中包括若干话音特征参量，又包括部分波形编码信息，它可将比特率压缩到 4～16 kb/s，其中在 8～16 kb/s 内能够达到良好的话音质量和自然度，因而这种编码技术最适合数字移动通信环境。

混合编码能得到较低的比特速率和较好的话音质量，而复杂度也较高。在众多的低速率压缩编码中，比如子带编码 SBC、残余激励线性预测编码 RELP、自适应比特分配的自适应预测编码 SBC-AB、规则激励长时线性预测编码 RPE-LTP、多脉冲激励线性预测编码等都属混合编码。

在数字通信发展的推动之下，话音编码技术的研究开发非常迅速，提出了许多编码方案。无论哪一种方案其研究的目标主要有两点：第一是降低话音编码速率，第二是提高话音质量。前者的目的是针对话音质量好但速率高的波形编码，后者的目的是针对速率低但话音质量却较差的声源编码。由此可见，目前研制的符合发展目标的编码技术均为混合编码方案。

1.2.3 数字复接

光纤通信、数字微波(卫星)通信以及数字程控交换技术的发展,推动了数字通信的发展,迫切地需要把各种低速率的数字信号变换成高速率数字信号,以便合理地利用光纤、微波等宽带传输信道,满足经济发展的需要。

参与复接的信号称为支路信号,复接后的信号称为合路或群路信号。从合路的数字信号中把各支路的数字信号一一分开则称为分接。

由同一主振器提供时钟的各个数字信号叫做同源信号,同源信号的数字复接称为同步复接。由不同时钟源产生的数字信号称为异源信号,异源信号的数字复接称为异步复接。

对于数码率完全相同或相互成整数倍的数字信号,可以用较简单的方法实现同步复接。而对于异源信号,如果各自的数码率都可以在标称值上下有些偏差,即所谓的准同步(Plesiochronous)信号。对于准同步信号的复接,称准同步复接。用简单的方法(如或门)复接,合成信号会出现重叠和错位现象,如图1.16所示,从而丢失信息。图1.16给出了两路信号A、B复接产生合路信号C时形成的错位与重叠丢失信号的情况。因此,异步复接的前提条件是,必须先使异源数字信号的瞬时数码率达到一致,即同步。可见,对异步信号的复接必须使各支路的数字信号速率相同(同步化),且要保持固定的相位关系。

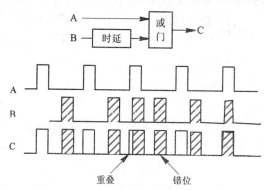

图 1.16 异源信号复接产生的错位与重叠

异步数字信号同步化的方法很多,主要有滑动存储、比特调整(码速调整)和指针处理等。准同步数字复接中应用最多的是比特调整技术。比特调整又称为码速调整,一般有正码速调整、负码速调整和正零负码速调整三种,其中正码速调整应用较普遍。每一个参与复接的数码流都必须经过一个码速调整装置,把标称数码率相同而瞬时数码率不同的数码流调整到同一较高的数码率,然后再进行复接。

码速调整装置的主体是缓冲存储器,还有一些必要的控制电路,输入时钟频率即为输入支路的数码率 f_L,其输出时钟频率即为复接支路时钟的频率 f_m。正码速调整技术中,输出频率 f_m 大于输入频率 f_L,即所谓的正码速调整。

由于欧洲和北美的电话体制不同,因而也存在两种复接方式,我国采用了欧洲的体制,这里主要给出这种体制。首先将 32 个 64 kb/s 的数字信号通过复接成一个 2.048 Mb/s 的信号,简称为 2M 信号或一次群信号,这是第一次复接 DS1,对应的设备称为 PCM 基群。然后 4 个 2M 信号复接成一个 8M 的二次群信号,其标称速率为 8.448 Mb/s,这是第二次复接,对应的设备称为二次群设备。依次类推,4 个 8M 信号复接成一个 34M 的三次群信号……这种数字复接体制如图 1.17 所示,也称为准同步数字复接体制 PDH (Plesiochronous Digital Hierarchy)。随着数字速率的进一步提高,这种复接体制暴露出越来越多的缺点。

20 世纪 80 年代,一种新的标准体制出现了,并很快被业务提供商所采用。这就是同步数字体制 SDH,它更加适合高速光纤微波等线路传输。SDH(Sychronous Digital Hierarchy)

在光纤传输链路上承载数字同步 STM-N(N = 1，4，16，…)信号，这些同步信号在从 STM-1(155.520 Mb/s)～STM-16(2.48832 Gb/s)或更高的标准速率范围内传输，其速率等级如表 1.2 所示。最基本的 STM-1 信号承载在一个 125 μs 的帧结构上。

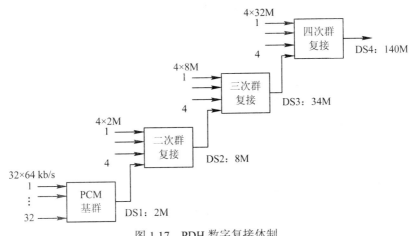

图 1.17　PDH 数字复接体制

表 1.2　SDH 的标称速率

SONET OC 等级	ITU-T SDH 等级	线路速率(Mb/s)	简　称
OC-1		51.84	
OC-3	STM-1	155.520	155 M
OC-12	STM-4	622.08	622 M
OC-24		1244.16	
OC-48	STM-16	2488.32	2.5 G
OC-192	STM-64	9953.28	10.0 G

1.2.4　数字信号基带传输

数字信号基带传输是指在通信系统中进行数字脉冲的直接传输。由于所有的信道实际上都是有限带宽媒介，因此数字脉冲经过传输后其脉冲波形会发生畸变(失真)，即窄脉冲的宽度展宽了。图 1.18 给出了典型的带限信道在窄脉冲输入情况下的输出波形。由图可知，脉冲之间会产生相互影响，这是数字通信系统误码的主要原因。

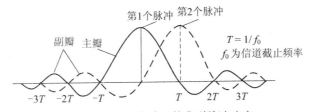

图 1.18　带限滤波器的典型脉冲响应

解决这个问题的方法通常是采用均衡滤波器来对信道进行均衡，因而它的波形好坏直接影响数字脉冲的识别判决。在选择均衡方式时应考虑以下几个方面：① 必须做到使码间干扰最小；② 具有较好的抗串话和抗干扰能力；③ 均衡电路简单，易于实现。

根据以上条件，现暂不考虑信道噪声干扰的影响，仅从码间干扰的角度来研究最佳基带传输的特性。

如图 1.18 所示，假如数字信号码流经均衡后在识别点的均衡波形 $R(t)$ 在抽样判决时刻不存在重叠分量，那么就能避免码间干扰，因此，无码间干扰的条件是

$$R(nT) = \begin{cases} 1 & \text{归一化值(本码判决时刻)} \\ 0 & n \neq 0\text{的整数(非本码判决时刻)} \end{cases}$$

这就是说，$R(t)$ 除在 $t = 0$(本码判决时刻)时不为零外，在非本码判决时刻均为零，从而消除了码间干扰。如果在非本码判决时刻 $R(t) \neq 0$，那么就形成了码间干扰。这种无码间干扰的条件称为奈奎斯特第一准则。

要实现无码间干扰，理想的均衡滤波器的滤波特性应是升余弦的，但要设计出这样的滤波曲线很难办到，不但电路很复杂，而且高频增益相当高，极易引起自激振荡，同时还会引起高频串杂音，使信噪比降低。从实现难易和信噪比两点来考虑，在实际中应多采用近似升余弦波的有理函数均衡波。

单个脉冲有理函数均衡波在各邻码判决点处有码间干扰，此时可适当调整参数，使码间干扰减小，以达到指标要求。

均衡波形产生码间干扰的情况，通常用眼图来衡量。所谓眼图，是一种利用示波器来观察有理函数均衡波产生码间干扰的图形。当用示波器观察时，示波器采用外同步，扫描周期必须取为 T(码元周期)或 T 的整数倍。一旦信码经均衡放大后，就在荧光屏上出现了一个或多个均衡波形。由于示波器重复扫描的结果，使多个波形重叠在一起，这时，在荧光屏上显示出类似人眼的图形，故称为眼图。它是一种简便、直观、有效衡量码间干扰的方法。

由于码间干扰，眼图张开程度就会减小，将眼图幅度 A 恶化为幅度 E，这相当于信噪比降低。眼图的信噪比恶化量用 $\Delta(S/N)$ 表示，眼图张开度用 E/A 表示，即

$$\Delta(S/N) = 20 \lg \frac{A}{E}$$

在数字通信中要尽量设法使 $\Delta(S/N)$ 减小，这是中继传输中的一个重要问题。

1.2.5　数字编码与差错控制

为了提高通信系统的可靠性，数字信息在发送之前，在信息码元中添加一些冗余码元(也称监督码元或校验码元)，用来供接收端纠正或检出信息在传输过程中受各种干扰、噪声或衰落而造成的误码，这就是信道编码。信道编码的目的是降低所需要的接收信噪比 SNR，或者在给定的能够达到的接收信噪比下降低错误概率。为了达到这个目标，在同一时间内，除传送信息码元外还要传送监督码元，所以传输速率要提高，也就是要花费更大的带宽。

最简单的纠错码就是重复信息的比特。假设有一个比特 I 想发送并得到差错保护，那么可以简单地将这个比特重复三次(假如 I 为 1，即发送 111)，即使在发送过程中万一所发送的某个比特错为 0，通过大数判决也能正确地还原出发送端为 1。也就是说，假如接收到的三个比特大多数为 1，则接收机就做出 1 的判断。这个码字就被当作一个(3，1)码。(n, k)

就是一个长度为 k 的数字信息序列。人为地按一定规则加进冗余信息后形成编码序列 n，以构成一个码字 C(信道编码)。

根据对信源序列处理方式的不同，信道编码可分为两大类型：分组码和卷积码。分组码如名称所示的那样把信息序列以 k 个码元分组，通过编码器将每组的 k 个信息码元按一定的规律产生 r 个冗余码元(称为校验码或监督码)。通过编码器输出长度为 $n=k+r$ 的一个码字，每一码字的 r 个校验码仅与本码字的 k 个信息码元有关。分组码用 (n, k) 表示，n 表示码长，k 表示信息码的数目。分组码的编码效率或码率 R 可定义为

$$R = \frac{k}{n}$$

卷积码则将信息序列以 k_0 个码元分段，通过编码器输出长度为 n_0 的一个码段。但是该码段的 $n_0 - k_0$ 个校验码不仅与本段的信息码有关，而且还与其前 m 段的信息码有关，故卷积码用 (n_0, k_0, m) 表示，m 为编码存储器的级数，$(m+1)n_0$ 称为卷积码的约束长度。卷积码的编码效率或码率 R 可定义为

$$R = \frac{k_0}{n_0}$$

1. 线性分组码

分组码就是在一个码字中，监督码元只由本组的信息码元来决定，如果它们的关系可由一组线性方程组得到，就称为线性分组码。线性分组码是能够用于发现错误和纠正错误的编码。一个线性分组码用 (n, k) 表示。例如，我们能够定义一个 $(7, 4)$ 线性分组码，所给定的信息比特为 (i_1, i_2, i_3, i_4)，另外三个冗余比特 (r_1, r_2, r_3) 由下列方程得到：

$$r_1 = i_1 \oplus i_2 \oplus i_3, \quad r_2 = i_2 \oplus i_3 \oplus i_4, \quad r_3 = i_1 \oplus i_2 \oplus i_4$$

其中，$\oplus$ 代表的是模 2 加。例如，信息比特为 $(1, 0, 1, 0)$，则相应的冗余比特为

$$r_1 = 1 \oplus 0 \oplus 1 = 0, \quad r_2 = 0 \oplus 1 \oplus 0 = 1, \quad r_3 = 1 \oplus 0 \oplus 0 = 1$$

表 1.3 是这个 $(7, 4)$ 线性分组的完整列举。这个简单的线性分组码 $(7, 4)$ 就是大家熟知的 $(7, 4)$ 汉明码，冗余比特是奇偶校验码。

表 1.3　(7，4)汉明码

信息序列	冗余比特	码序列	信息序列	冗余比特	码序列
0000	000	0000000	1000	101	1000101
0001	011	0001011	1001	110	1001110
0010	110	0010110	1010	010	1010010
0011	101	0011101	1011	000	1011000
0100	111	0100111	1100	010	1100010
0101	100	0101100	1101	001	1101001
0110	001	0110001	1110	100	1110100
0111	010	0111010	1111	111	1111111

凭直觉可知道，额外的冗余码元改善了系统的检错及纠错性能。不同长度、不同算法得到的冗余码元对系统性能带来的改善不同。为了量化这个性能，我们引入汉明距离的概

念。任何两个码字之间的汉明距离是指两个码字对应位置不同码元的数目，又称码距。例如，(1, 1, 1, 1, 1, 1, 1)和(1, 1, 1, 0, 1, 0, 0)之间的汉明距离是 3。

码距代表两个码字的差异性，它对纠错很重要。如果在传输中发生一位差错，则必然在某一位上码元由"1"变为"0"，或由"0"变为"1"。这样它和其他码字之间的距离就发生了变化。如果原先的距离是最大的，则误码就使它和别的码减小了距离。这个有错码的码字就不属于我们所选定的码字(称为许用码字，在上例中共有 16 个)。收到了这个码字，我们就能发现它有错，即检出有错，但不知道错在哪一位。如将它和 16 种许用码字相比，和其最近的码字距离为 1，而和其他码字的距离至少为 2。因此，我们可以认定发生差错的原码字应是与其相距为 1 的那个码字，这样就纠正了传输中的一个错误。

码字的纠检错能力与码字的最小距离有关。一个码的最小距离 d^* 是指其任一对码字之间的汉明距离的最小值。对于上述的汉明码，d^* 为 3，它是所有可能的码字对中最小的汉明距离。设选定(许用的)码字之间最小的码距为 d^*，则我们有如下关系：

(1) 一个(n, k)码要能发现 e 个码位的错误，不论码字如何选择，必须满足码距 $d^* \geqslant e+1$。

(2) 一个(n, k)码要能纠正 t 个码位的错误，必须满足最小码距 $d^* \geqslant 2t+1$。

(3) 一个(n, k)码要能纠正 t 个错误，同时发现 e 个错误，则码字的最小距离应满足 $d^* \geqslant t+e+1$，且 $e \geqslant t$。

例如，上述$(7, 4)$汉明码的距离 d^* 为 3，则$(7, 4)$汉明码具有纠正 $t=1$ 个错误、探测 $e=2$ 个错误的能力。

显而易见，最小码距 d^* 和附加的监督位数有关。因信息元提供的码距仅为 1，所以码距主要靠监督元提供，只有监督元位数越多，才有可能得到大的码距(当然监督元的序列也须适当选择)。这时纠检能力虽然强了，但却要付出传输码速的提高和编译码复杂的代价。所以各种不同的编译码器就是如何用最少监督元完成要求的纠检能力的不同方案。

线性分组码有许多种，常用的有循环码、BCH 码、R-S 码等。

2. 卷积码

分组码是无记忆的，即它的码字或附加的校验比特仅仅是当前码组的函数。而卷积码则是有记忆的，它的监督码元不仅与本组的信息码元有关，而且还与前若干组的信息码元有关。这种码的纠错能力强，不仅可以纠正随机错误，而且还可以纠正突发错误，因而在移动衰落信道上得到了广泛的应用。如在 GSM 系统中使用了码率 $R=1/2$ 而约束长度 $K=5$ 的卷积码；在 WCDMA 和 CDMA 2000 系统中均使用了码率 $R=1/2$ 或 $1/3$ 而约束长度 $K=9$ 的卷积码；在 TD-SCDMA 系统中使用了 R 在 $1/2 \sim 1$ 之间，而约束长度 $K=9$ 的卷积码。图 1.19 示出了在 CDMA 2000 系统中的下行链路上使用 1/2 速率和约束长度为 $K=9$ 的交织编码方案。

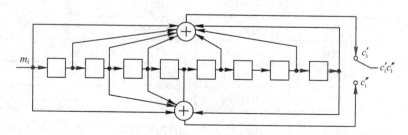

图 1.19   CDMA 2000 系统下行链路中的(2,1,9)卷积码编码方案

开始，所有的寄存器都被初始化为 0，当信息比特 m_i 从左边开始输入时，各寄存器延时后的比特进行模 2 加，其总和就是编码器的输出。注意：由于是(2，1，9)码，故每一个输入信息码元产生两个比特输出。一个双路开关交替选择两路输出，因此输出速率是输入速率的两倍。对于编码器的两个输出比特 c_1' 和 c_2'' (如图 1.18 所示)，其生成多项式能够写成如下形式：

$$g'(x) = x^8 + x^7 + x^5 + x^3 + x^2 + x + 1$$
$$g''(x) = x^8 + x^5 + x^4 + x^3 + x^2 + 1$$

不同的 CDMA 系统在上行链路上均使用了不同的卷积码方案。由于移动台的功率有限，因此 CDMA 2000 系统在上行链路使用了一个纠错性能更好的 1/3 码率和约束长度 $K = 9$ 的卷积码。在这种情况下，对于每一个输入比特产生三个输出比特，输出速率是输入速率的 3 倍。

卷积码的纠错能力强，但其译码实现相对较复杂。

3. Turbo 码

1993 年，C.Berrou 等人提出了一种新型的信道编码方案——Turbo 码。它是一种采用重复迭代译码方式的并行级联码，并采用软输入/输出译码器，是近年来纠错编码领域的重要突破，可以获得接近香农极限的纠错性能。C. Berrou 发表的仿真结果表明，码率 $R = 1/2$、交织长度为 65 536 时只需要 $E_b/N_0 = 0.7$ dB 便能得到 10^{-5} 的 BER，而对应 $R = 1/2$ 的香农极限是 0.18 dB，只差约 0.5 dB。Turbo 码不仅在信噪比较低的高噪声环境下性能优越，而且具有很强的抗衰落、抗干扰能力，这使得 Turbo 码在信道条件较差的移动通信环境中有很大的应用潜力。因而 Turbo 码被确定为第三代移动通信系统 IMT-2000 的核心技术之一，在高速率、对译码时延要求不敏感的辅助数据信道中使用 Turbo 码以利用其优异的纠错性能。考虑到 Turbo 码的译码复杂度高、译码时延长等原因，在话音和低速率、对译码时延要求比较苛刻的数据信道中仍使用卷积码，在其他逻辑信道(接入、控制、基本信道、辅助信道)中也使用卷积码(交织、E_b/N_0 等概念见后)。

1) Turbo 码的编码

最早提出的 Turbo 编码器的结构如图 1.20 所示，它由两个分量码编码器(图中的 RSC)、一个交织器及一个删除器等构成。因为两个分量码编码器是并行的关系，所以这样的 Turbo 码也叫并行级联的 Turbo 码。并联结构并不是必需的，用串联结构或串并联混合结构一样也能构成 Turbo 码。分量码编码器也不一定必须是两个，用更多的分量码和交织器构造而成的叫多维 Turbo 码。

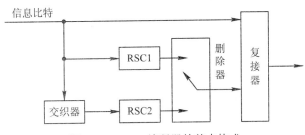

图 1.20　Turbo 编码器的基本构成

图 1.20 中的 RSC 是递归系统卷积码。Turbo 码多以 RSC 作为分量码，但是分量码也可以是非递归的一般卷积码(CC)或线性分组码。图中的交织器是 Turbo 编码器中非常独特的一

种，输入的信息序列先被送入 RSC1 进行编码，同样的信息序列还经过交织器打乱次序后送给 RSC2。交织器的作用是改善码距分布，采用交织器后，RSC2 输出的校验位、系统位一起构成一种新编码，这样相对于无交织的情况，这个新编码的最小码距也许不会有多少改善，但码距分布就被大大改善了。这是在编码方面 Turbo 码性能优异的原因。交织器使我们可以用两个简单的成员码构成一个好码。

一切差错控制编码都是有冗余的，传输时扣除部分比特并不妨碍信息的复原，只是有可能损失一些编码增益。实际系统中通常需要结合编码增益、速率匹配等因素对编码器输出的部分比特进行删除。当编码器有多路并行输出时(如卷积码、Turbo 码)，为了同后接的系统(通常是串行通信)匹配，还需要以时分复用的方式合成一路比特流。

2) Turbo 码的译码

译码器的基本结构如图 1.21 所示，主要组成部分是两个软输入/输出的译码器(DEC1 和 DEC2)，同编译器相关的交织器及去交织器。

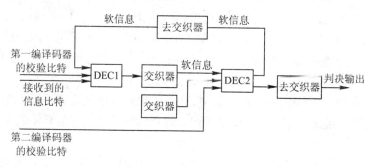

图 1.21　Turbo 译码器的基本构成

Turbo 译码器的关键是同发送端的分量码编码器相对应的分量码译码器，即图 1.21 中的 DEC1 和 DEC2。单独看来 DEC1 和 DEC2 就是图 1.20 中的 RSC1 和 RSC2 直接对应的译码器，不过此分量码译码器必须能输出软信息并能利用先验信息输入。从图 1.21 中可以看到，分量码译码器有三个输入，除了一般译码器都有的系统位、校验位输入外，还另有一个先验信息输入。

译码器首先把对应于第一个分量码编码器(RSC1)的系统位和校验位的软判决信息送给第一个译码(DEC1)单元进行译码。DEC1 输出的软信息可以分解为内信息和外信息两部分，其中外信息对于 DEC2 来说是先验信息，但是次序上需要经过去交织处理器后才能和 DEC2 的系统位对应。然后第二个分量码译码器开始译码。RSC2 的系统位因为同 RSC1 的重复，所以被发送端删除，译码器可以把 RSC1 的系统位交织后送给 DEC2 作为它的系统位输入。DEC1 输出的外信息作为 DEC2 的先验信息输入。DEC2 译码结束后也输出软信息，从中分离出外信息后可将此信息反馈到第一个译码单元进行下一轮的译码。各轮译码之间的信息连接就是通过外信息到达的。译码过程可以多次反复进行，最后在迭代了一定次数后，通过对软信息作过零判决后得到最终的译码器输出。

1.2.6　数字调制

数字信号的调制和解调是频带传输的关键技术。ASK、FSK、PSK 及 QAM 是数字调制的几种形式。如果载波的幅度(V)随信息信号变化，则所产生的数字式已调信号称为幅移键控(ASK)；如果频率(f)随信息信号变化，则产生频移键控(FSK)；如果相位(θ)随信息信号变化，则产生相移键控(PSK)。如果幅度和相位两者都随信息信号变化，则结果是正交幅度调制(QAM)。

对于 ASK 调制，当有输入信号时，载波就处于"ON"状态；没有输入信号时，载波就处于"OFF"状态，因此 ASK 通常称为开关键控(OOK)。ASK 是一种低质量、低成本的调制技术，因此很少使用在高容量、高性能的通信系统中，但可以与 PSK 结合产生 QAM 调制。

FSK 是一种相对简单、能低性的数字调制，类似于传统的 FM 调制。FSK 是二进制频移键控，即当传送信号为"1"时，输出传号频率 f_1；当传送信号为"0"时，输出空号频率 f_2。为了对不同调制特征进行描述，我们定义一个新的物理参数——调制指数 h，其表达式为

$$h = \frac{f_1 - f_2}{f_b} = \frac{2 f_d}{f_b}$$

式中，$f_b = 1/T_b$ 为数据速率，f_d 为相对于载波 f_c 的频移。

FSK 的性能不及 PSK 和 QAM，也很少使用在高容量、高性能的通信系统中，只适用于模拟、音频带宽的电话线或用于数据通信的低性能、低成本的异步数据调制和解调器。

PSK 可分为二进制的 BPSK 和多进制的 M-PSK，BPSK 输出载波信号的相位有两个，一个对应传号，一个代表空号。M-PSK 输出载波的相位可能有 M 个，对应输入信号的多个比特，如 $M = 8$，则对应的编码的比特数为 $N = \text{lb}M = 3$，因而属于多进制调制。多进制调制具有两个优点：

(1) 在相同的码元传输速率下，多进制系统的信息传输速率显然比二进制系统高。比如，四进制系统的信息传输速率是二进制系统的两倍。

(2) 在相同的信息速率下，由于多进制码元传输速率比二进制的低，因此多进制信号码元的持续时间要比二进制的长。显然，增大码元宽度，就会增加码元的能量，并能减小由于信道特性引起码间干扰的影响等。正是基于这些特点，使得多进制调制方式获得了广泛的应用。

首先来看 QPSK 调制。QPSK 产生原理如图 1.22(a)所示，输入码元经串/并变换后分成 I、Q 两个支路，每个支路的码元速率降为原来的一半。随后，两支路码元各自与相互正交的载波进行 BPSK 调制，最后再将调制后的两路 BPSK 信号相加，就得到了四相相移键控。

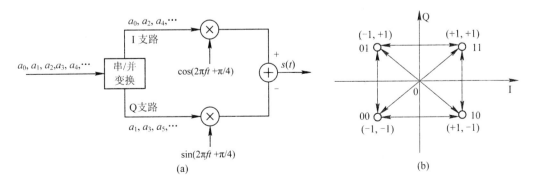

图 1.22　QPSK 调制器及相位

QPSK 的四相相位取值分别是(0，±π/2，π)或(±π/4，±3π/4)，各相相差 90°。QPSK 可看做是两个相互正交的 BPSK 之和。由于两个 BPSK 是相互正交的，因此它们能够结合在一起而相互之间没有干扰，并具有和 BPSK 相同的频谱特性。

在输入码元变化时，QPSK 可能产生 ±π 的相位跳变(如图 1.22(b)中输入码元由"00"至"11"或"01"至"10"的变化时)，这样会造成其频谱旁瓣较大。为了降低其频谱旁瓣，适于移动通信环境，必须对它进行改进，π/4-DQPSK 便是对 QPSK 信号特性进行改进的一种调制方式。

改进之一是将 QPSK 的最大相位跳变由 ±π 降为 ±3π/4。虽然 π/4-DQPSK 的相位取值也为(±π/4，±3π/4)，但其相位路径已与 QPSK 完全不同，如图 1.23 所示。当前码元的相位跳变量取决于输入码组，最大为 3π/4(见表 1.4)，这样就使其频率特性得到较大的改善。

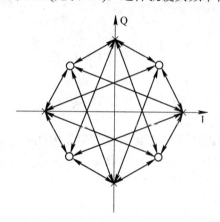

图 1.23　π/4-DQPSK 相位路径

表 1.4　π/4-DQPSK 的相位跳变规则

S_I	S_Q	相位跳变
1	1	π/4
0	1	3π/4
0	0	−3π/4
1	0	−π/4

改进之二是解调方式。QPSK 只能采用相干解调，而 π/4-DQPSK 既可采用相干解调也可以采用非相干解调。同 GMSK 相比，π/4-DQPSK 调制具有更高的频谱效率，并且实现起来也很简单，因而在数字蜂窝移动通信系统中得到了良好的应用。

下面以 8PSK 和 8QAM 为例讨论多进制调制。

1. 8PSK

8 相 PSK(8PSK)是一种 $M=8$ 的编码技术。8PSK 调制器有 8 种可能的输出相位。要对 8 种不同的相位解码，输入比特需为 3 bit 组。

1) 8PSK 调制器

一个 8PSK 调制器的框图如图 1.24 所示。输入的串行比特流进入比特分离器，变为并行的三信道输出(I 为同相信道，Q 为正交信道，C 为控制信道)，所以每信道的比特速率为 $f_b/3$。在 I、C 信道中的比特进入 I 信道 2-4 电平转换器，同时，在 Q 和 $\overline{C}$ 信道中的比特进入 Q 信道 2-4 电平转换器。本质上，2-4 电平转换器就是并行输入的数/模转换器(DAC_s)，即 2 bit 输入就有四种可能的输出电压。DAC_s 算法非常简单，I 或 Q bit 决定了输出模拟信号的极性(逻辑 1 = +V，逻辑 0 = –V)，而 C 或 $\overline{C}$ bit 决定了量值(逻辑 1 = 1.307 V，逻辑 0 = 0.541 V)。由此，两种量值和两种极性就产生了四种不同的输出情况。

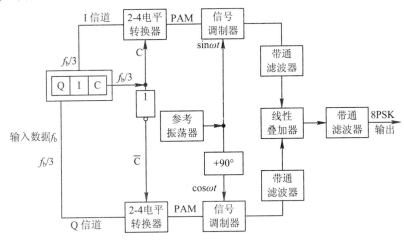

图 1.24　8PSK 调制器

图 1.25 表示了真值表和相应的 2-4 电平转换器的输出。因为 C 和 $\overline{C}$ 绝不会有相同的逻辑状态，所以 I、Q 2-4 电平转换器输出尽管极性可能相同，量值却绝不会相同。2-4 电平转换器的输出是一个 $M=4$ 的脉冲幅度调制信号。

I	C	输出 / V
0	0	-0.541
0	1	-1.307
1	0	+0.541
1	1	+1.307

(a)

Q	$\overline{C}$	输出 / V
0	0	-0.541
0	1	-1.307
1	0	+0.541
1	1	+1.307

(b)

```
                    ── +1.307 V
              ┌──────
              │      +0.541 V
         ┌────┘
─ ─ ─ ─ ─┘ ─ ─ ─ ─ ─ ─ ─  0 V
       -0.541 V
  ┌────
──┘
-1.307 V
```
(c)

图 1.25　I 和 Q 信道 2-4 电平转换

(a) Q 信道 2-4 电平转换；(b) I 信道 2-4 电平转换；(c) PAM 电平

对于一个 3 bit 输入 Q=0，I=0，C = 0(000)，8PSK 调制器的输出相位有如下求解法。

I 信道 2-4 电平转换器的输入为 I = 0，C = 0，由图 1.25(a)可知输出为 –0.541 V，Q 信道 2-4 电平转换器的输入为 Q = 0，$\overline{C}$ =1，由图 1.25(b)可知输出为 –1.307 V。这样，I 信道调制器的两个输入为 –0.541 V 和 $\sin\omega t$，输出为 I =–0.541 $\sin\omega t$；Q 信道调制器的两个输入为 –1.307 V 和 $\cos\omega t$，输出为 Q =–1.307 $\cos\omega t$。I 和 Q 信道调制器的输出在线性加法器中结合，产生了一个已调制的输出：

$$-0.541 \sin\omega t - 1307 \cos\omega t = 1.41 \sin(\omega t - 112.5°)$$

剩余 3 bit 码(001、010、011、100、101、110 和 111)过程同上,结果如图 1.26 所示。

从图 1.26 可以看出,任何相邻相移器角度差为 45°,因此,一个 8PSK 信号可以在传输过程中承受约 ±22.5°的相移并保持其完整,而且每个相移器具有相同的量值,3 bit 条件(真实信息)只包含在信号的相位中。

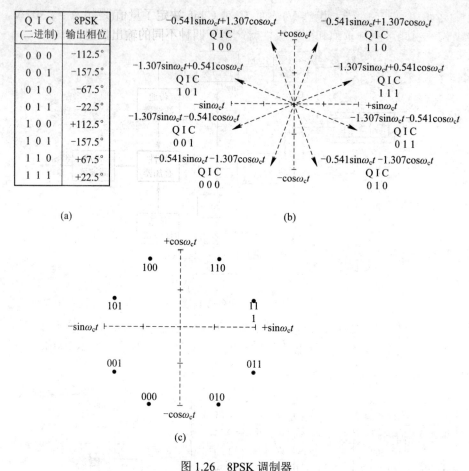

图 1.26 8PSK 调制器

(a) 真值表;(b) 相位图;(c) 星座图

注意一个特殊情况,当任何两个相邻相位之间的 3 bit 码的变化仅为 1 bit 时,这类码叫做格雷码,有时也叫做最大距离码,可用来减小传输错误的数量。如果一个信号要在传输中遭受到相移,它将很可能被转变为相邻相移器。使用格雷码导致仅一个比特接收错误。图 1.27 表示了一个 8PSK 调制器输出相位与时间的关系。

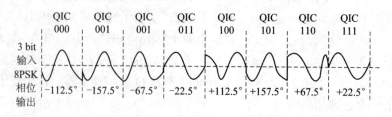

图 1.27 8PSK 调制输出相位与时间的关系

2) 8PSK 解调器

图 1.28 表示了一个 8PSK 解调器的方框图。信号分离器将输入 8PSK 信号直接送入 I、Q 检测器和载波恢复电路。载波恢复电路将原参考振荡信号再生。输入 8PSK 信号在 I 检测器中和恢复的载波混合，在 Q 检测器中则与正交载波混合。相乘检测器的输出是送入 4-2 电平模/数转换器(ADC)的 4 电平 PAM 信号。从 I 信道 4-2 电平转换器输出的是 I 和 C bit，从 Q 信道 4-2 电平转换器输出的是 Q 和 $\overline{\text{C}}$ bit。并/串逻辑电路将 I/C 和 Q/$\overline{\text{C}}$ bit 组转变为连续 I、Q、C 串行输出数据。

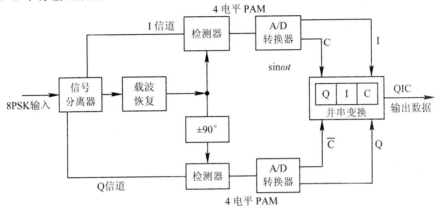

图 1.28　8PSK 解调器

2. 8QAM

8QAM 是一种 $M=8$ 的 M 进制编码技术，8QAM 调制器的输出信号不是恒定幅度的信号。

1) 8QAM 调制器

图 1.29 表示了一个 8QAM 调制器的方框图。如图 1.29 所示，8QAM 调制器和 8PSK 调制器的惟一区别是省略了 C 信道和 Q 调制器间的反相器。同 8PSK 一样，8QAM 输入数据被分为三个一组：I、Q 和 C 信道，每个信道输入比特率为输入数据速率的 1/3。I 和 Q bit 决定了 2-4 电平转换器输出的 PAM 信号的极性。同时，C 信道决定量值。由于 C bit 未反向地输入 I 和 Q 的 2-4 电平转换器，因此 I 和 Q PAM 信号的量值总是相等的。它们的极性取决于 I 和 Q bit 的逻辑条件，有可能不同。I 和 Q 信道 2-4 电平转换器的真值表是相同的，如图 1.25(a)所示。

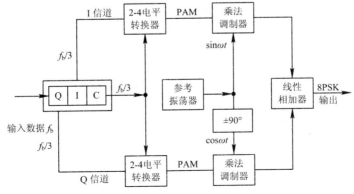

图 1.29　8QAM 调制器框图

对于一个 3 bit 输入：Q = 0，I = 0，C = 0(000)，8QAM 调制器输出幅度和相位求解如下：
I 信道 2-4 电平转换器输入为 I = 0 和 C = 0，由图 1.25(a)得输出为 −0.541 V。
Q 信道 2-4 电平转换器输入为 Q = 0 和 C = 0，由图 1.25(a)得输出为 −0.541 V。
这样，I 信道乘法器的两个输入为 −0.541 和 $\sin\omega t$，输出为 I = −0.541 $\sin\omega t$。Q 信道乘法器的两个输入为 −0.541 和 $\cos\omega t$，输出为 Q = −0.541 $\cos\omega t$。

I 和 Q 信道乘法器的输出在线性加法器中合并，产生一个已调制的输出：

$$-0.541 \sin\omega t - 0.541 \cos\omega t = 0.765 \sin(\omega t - 135°)$$

其余 3 bit 码(001、010、011、100、101、110 和 111)步骤相同。结果如图 1.30 所示。

Q I C (二进制)	8QAM 输出幅度	8QAM 输出相位
0 0 0	0.765 V	−135°
0 0 1	1.848 V	−135°
0 1 0	0.765 V	−45°
0 1 1	1.848 V	−45°
1 0 0	0.765 V	+135°
1 0 1	1.848 V	+135°
1 1 0	0.765 V	+45°
1 1 1	1.848 V	+45°

(a)

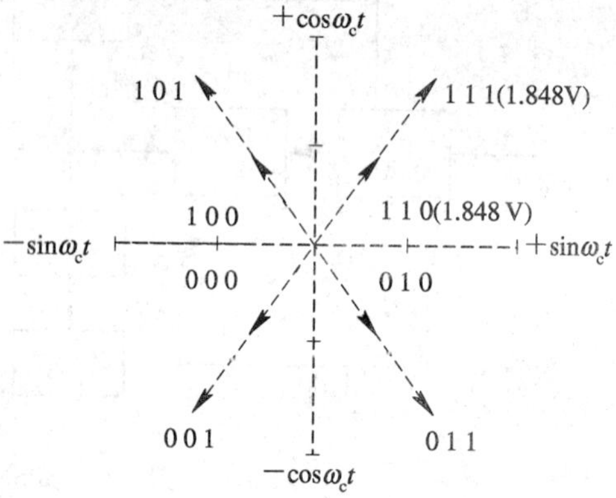

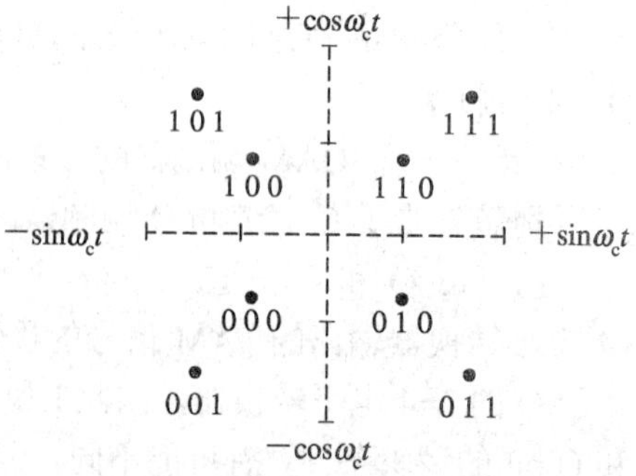

图 1.30 8QAM 调制器

(a) 真值表；(b) 相位图；(c) 星座图

2) 8QAM 解调器

8QAM 接收器与 8PSK 接收器几乎完全相同，不同之处是检测器的输出 PAM 电平和模/数转换器输出的二进制信号。8QAM 有两种可能的传输幅度：从 I 信道模/数转换器输出的二进制信号是 I 和 C bit，从 Q 信道模/数转换器输出的二进制信号是 Q 和 C bit。

3. 几种调制方式的性能比较

某种调制方式的性能好坏通常可从以下几个指标来衡量：① 编码(或进制)；② 调制带宽，即调制以后信号占据的频带宽度；③ 带宽利用率，即传输比特率与所需的最小带宽的

比(单位为 b/Hz)；④ 抗噪声性能，在一定的误码条件下(10^{-9})每比特的能量与噪声功率之比
(E_b/N_0)。常用的几种调制方式的性能比较如表 1.5 所示。

表 1.5　常用的几种调制方式的性能比较

调制	编码	带宽/Hz	波特/Bd	带宽利用率/（b/Hz）	E_b/N_0
FSK	1 bit	$\geqslant f_b$	f_b	$\geqslant 1$	—
BPSK	1 bit	$\geqslant f_b$	f_b	$\geqslant 1$	10.6
QPSK	2 bit	$\geqslant f_b/2$	$f_b/2$	$\geqslant 2$	10.6
8PSK	3 bit	$\geqslant f_b/3$	$f_b/3$	$\geqslant 3$	14
8QAM	3 bit	$\geqslant f_b/3$	$f_b/3$	$\geqslant 3$	10.6
16PSK	4 bit	$\geqslant f_b/4$	$f_b/4$	$\geqslant 4$	18.3
16QAM	4 bit	$\geqslant f_b/4$	$f_b/4$	$\geqslant 4$	14.5

1.3　数　据　通　信

1.3.1　基本概念

自 1951 年以来，个人计算机及计算机终端的数量以指数增长，使得越来越多的人需要
互相交换数字信息。因此，数据通信的发展按指数级增长。下面给出数据通信、数据通信
网的基本概念及数据通信的主要内容。

数据通信是在两点或多点之间传送数字信息(通常以二进制形式)的过程。信息被定义为
知识或情报。被处理、组织和存储的信息称为数据。数据实质上可以是字母、数字或符号，
并由下列任何一个或一个组合组成：二进制编码的字母/数字符号、微机处理的操作代码、
控制代码、用户地址、程序数据或数据库信息等。在信源和信宿中，数据是以数字的形式
存在的；但在传输期间，数据可以是数字形式也可以是模拟形式。

一个数据通信网络可以是简单的两台通过公共电信网络连接的个人计算机，也可以是
一台或多台大型计算机和上百台(甚至上千台)远程终端、个人计算机及工作站组成的复杂网
络。目前，数据通信网络实际上用来互连各种类型的数字计算设备，比如自动出纳机(ATM)
到银行的计算机，个人计算机到信息高速公路(因特网)，工作站到大型计算机。数据通信网
络也用于航空公司和宾馆的预定系统以及大众媒体。数据通信网络的应用几乎是无限的。
图 1.31 显示了一个数据通信网络的简化方框图，其中包括一个数字信息源(主站)、一个传输
媒介(设备)和一个目的地(辅站)。主站(或主机)位置经常是一台带有自己的一套本地终端及
外围设备的大型计算机。为简单起见，图中只有一个辅站(或远程站)，辅站是该网络的用户。
有多少辅站及其如何与主站互连，很大程度上取决于系统及其应用。传输媒介有许多类型，
包括自由空间无线电传输(地面和卫星微波)、金属电缆设备(数字和模拟系统)及光导纤维(光
波传播)。

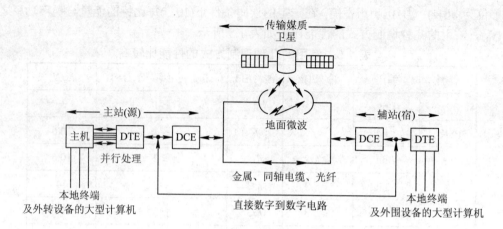

图1.31 数字通信网络简化方框图

数据终端设备(DTE)是一个通用的术语,它是指用于将来自计算机和终端的数字信号转换为一种更适于传输形式的接口设备。基本上,大型计算机和调制解调器之间或该站设备与它的调制解调器之间的任何一件设备,均可被归类为数据终端设备。数据通信设备(DCE)是一个通用的术语,它描述将数字信号转换为模拟信号且将数据终端设备与模拟传输媒介接口的设备。实质上,DCE就是一个调制解调器。调制解调器将二进制数字信号转换为FSK、PSK或QAM之类的模拟信号,反之亦然。

1.3.2 串行与并行数据传输

二进制信息既可以串行传输,也可以并行传输。并行传输主要应用于近距离的计算机与其外设(如打印机、调制解调器等)之间的数据传输,而串行传输主要应用于远距离的数据终端设备(主要是计算机)之间的数据传输。图1.32(a)显示了二进制代码0110如何以并行方式从位置A传输到位置B。每位($A_0 \sim A_3$)都有自己的传输线路。因此,所有的四个位均可同时在一个时钟脉冲周期(T)内传输。这种类型的传输也称为按位并行。图1.32(b)显示了同样的二进制代码如何串行地传输。串行传输时只有一条传输线路,一次只能传输一位,因此,它要求在四个时钟脉冲周期($4T$)内传送整个字。这种类型的传输也称为按位串行。

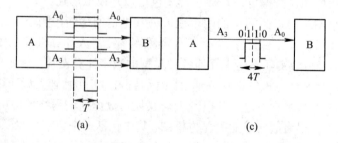

图1.32 并行和串行数据传输

(a) 并行;(b) 串行

显然,并行和串行传输之间主要是折中速度与简单性。使用并行传输,数据传输可以完成得更快,但是并行传输需要在源和目的地之间有更多的线路。作为一个通用规则,并行传输常用于短距离和在计算机内部通信;而串行传输常用于远距离通信。

1.3.3 同步与异步数据传输

由图 1.9 所示的数字通信基本原理可知，实现正确通信的必要条件是保持收发双方的时钟一致。实际上收发双方往往相距很远，且收端的时钟通常是独立产生的，难以保证与发端时钟完全相同。为了在这种条件下满足通信对时钟的最低要求，提出的第一个简便方法就是异步通信。

异步通信时，对每一个数据编码加上一些固定的特殊码，如起始位、奇偶校验位和停止位等，便组成一个数据帧，如图 1.33 所示。线路上没有数码传输时称为空闲态，线路保持为高电平。在数据正式开始传送前，先发送一个起始位，它占用一个码元的时间，且规定为低电平。紧接着传送 5~3 个数据位，最先传送的是数据编码的最低位(LSB)。在一次确定的传输中，每个异步数据中包括的有效数据长度应是相同的，如传送 ASCII 码的通信，规定其数据为 7 位。用两个字节表示的汉字编码就要组成两个数据帧传送一个汉字，每帧的数据位应为 8 位。数据位结束后，可以再传送一位奇偶校验位，对全部数据位进行奇或偶的校验。实际上，是否需要加上这一位，采用奇校验还是偶校验，可以由用户根据情况而定。最后必须加上停止位(规定为高电平)，作为这个数据帧的结束标志。停止位的宽度可以是 1 位、1 位半或 2 位。当前一个字符所组成的数据帧全部发送完毕后，下一个字符尚未准备好，线路将回到空闲状态，延续前一个帧中停止位的高电平，直到出现下一个起始位为止。

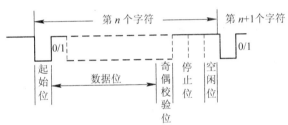

图 1.33 起始式异步通信数据的帧格式

通常，在异步数据的接收端，都采用一个独立产生的频率为数据速率16 倍以上的时钟，利用这个时钟速率检测线路上的状态。由于规定了线路空闲时为高电平，因此，一旦检测到线路上为低电平时，就意味着可能出现起始位。因为时钟频率比数据速率高得多，所以检测到的低电平可以认为是在起始位的下降沿处，即起始位的时刻。如果时钟的标称值是数据速率的 16 倍，那么接收器中在对时钟进行 8 个计数后，再次对线路状态进行一次检测。这个检测时刻应该恰好是在起始位码元的中央。如果结果仍为低电平，就可以确认这是一个起始位，可以开始接收数据位；要是结果为高电平，就否定前一次检测到的低电平是起始位的推测，而认为是外界干扰造成的一次错误，接收器继续以高速率对线路进行检测，寻找起始位。由于这种工作机制，如果干扰的宽度小于时钟周期的 8 倍(即半个码元)时，就可以被检测出来并排除掉。起始位被确认以后，进入正常数据接收，每隔 16 个时钟脉冲出现一个移位脉冲，将数据逐位移入移位寄存器中。如果时钟频率的准确值是数据速率的 16 倍，那么，每次移位脉冲都将在码元的中央出现，这种接收是可靠的。接收到规定的数据位后，接收器还要对接收数据和校验位进行校验，如果校验无误，表示这个数据帧基本上已经正确接收。接着将数据移入缓冲寄存器，等待处理机读取。为了提高对数据帧接收的正确性，接收器还必须对停止位进行检测。只有在检测到高电平后，才可以说把这一帧正确地接收完了，否则，就认为这一帧的接收发生了帧错误。实际工作中，如果误将数据"0"判断为起始位，就可能出现这种帧装配的错误。

从上面的叙述中可以看出这种通信方式的特点，即它在收发数据时所用的时钟是独立的，最多也不过和标称值相同而已(或是其 16、32 以至 64 倍)，这也是采用"异步"这个名称的原因。我们知道，两个标称值相同的频率源实际上总是有误差的，而这恰好与本节开始提出的正确接收必需具备的条件相矛盾。如果认真思考一下，会从中得到有益的启示。假定确认起始位时，时钟恰好在起始位的中央。由于接收端的时钟偏高，在接收第一位数据时，就会在码元中央到来前出现时钟，以后各位数据接收时会使这种提前量逐渐积累。为了保证所有位都能正确接收，必须保证一个数据帧中积累的提前量不超过半个码元。假如数据位为 8 位，加上校验位和停止位，需要检测的总共是 10 位，于是，正确接收的条件就成了 10 个码元时间内积累误差不超过半个码元，也即只要收发双方的时钟误差在 $\dfrac{1/2}{10}=\dfrac{1}{20}$ 以内，就可以保证正确地接收异步数据了。一旦接收完一个数据帧，接收端马上恢复对起始位的搜索，原有的偏差积累全部被消除。由于异步通信对时钟的要求不高，对其他设备的要求也较低，因此这种方式得到了广泛的应用，特别是在一些经济条件受限的情况下更受欢迎。异步通信中对每一个数据位的同步，是依靠确定起始位和接收端时钟的频率准确性和稳定性来保证的。对数据字的同步，有赖于预知数据字的位数，以及可以在起始位和停止位之间检测特殊位的功能。

异步通信的最大优点是设备简单，易于实现。但是，它的效率很低。比如，一个数据帧由 10 个码元组成，其中只有 8 位数据，没有信息量的码元就占了 20%，使线路利用率降低。同步通信就是为了解决这个问题而提出的。

同步通信的最基本特点是接收端的时钟与发送端的时钟严格保持一致，从而使接收时钟与接收数据位之间不存在误差积累的问题，确保正确地将每一个数据位区分开并接收下来。这样就省去了每个数据字传送时添加的附加位。也就是说，同步通信时全部要发送的有效数据位紧密排列成数据流，在接收端再把这些数据分成数据字。

为了区分数据流中的各个数据字，同步通信对数据格式作了一定的规定，这样就形成了各种不同的协议，参见 1.3.5 节。同步通信时一个数据帧中包含有如下几个部分：帧的开头必须规定同步码，这是一组区别于一般信息编码的一种特殊的二进制编码，通常选择在数据码中极少出现的码型，以避免可能造成的混乱；同步码后面紧跟着数据码，每个数据字之间紧密排列不留空隙。原则上讲，数据码的长度不作严格的限定，但是在实用系统中，考虑到传输可靠性及网络工作环境，有时对一帧的长度还是作了一些限制；数据帧的最后部分是校验码，它对本帧的数据进行校验，以确认接收到数据的正确性。现在大部分校验码都采用 CRC 方法产生，其长度一般为两个字节。

为了使同步通信的接收端能够连续准确地接收很长的数据串，其基点是接收时钟与数据速率始终保持一致。失去这个条件，"同步"就被破坏，就无法正确通信了。如何在电路设计上做到这一点，当收发双方距离很近时，当然可以考虑把发送时钟与数据码一起传送到接收端。但是在大部分情况下，收和发相距是相当远的，用这种方法显得很不实际。目前，通常采用从接收数据码的脉冲串中提取时钟，用作接收端时钟的方法。我们知道接收到的数据是一串等长的"1"、"0"码，它的速率就是发送时钟的频率。也就是说，收到的一定速率的数据码中，除包含有数字所代表的信息外，还带有时钟信息。如果接收端的时钟是从数据码中提取出来的，这个时钟就一定与发送端相同了。请注意，这里讲的是"提取"，而不是简单地取出。这是因为在数据流中数码的组合是随机的，它与时钟并无直接对应的关系，所以也不可能简单地取出，这可由 LC 选频或锁相环路来实现。

要在接收端正确地从数据流中把各数据字区分出来，其关键在于正确识别同步码。在刚进入接收状态时，接收端先处于搜索工作状态，"已同步"端的输出无效。来自线路的串行数据逐位进入移位寄存器，每送入一位，就把寄存器的内容送到比较器一次。这个内容与原存放在同步码寄存器中的内容相比较。在没有找到同步码以前，将一直把移位比较过程进行下去，右溢的码元丢弃不顾。当两者比较结果相同时，输出一个"已同步"标志，从这时开始，正式接收第一个数据位，按规定长度划分数据字。在实际运用中，有时采用连续传送两个同步字符的策略，使同步更为可靠。通信过程中，数据流可能会出现短时间的中断，造成接收信息的混乱，这种现象称为同步丢失，一旦出现这种情况，接收端将自动地再次进入同步搜索状态，以期再次与发送端同步。有时，发送端在发送数据的过程中，由于来不及准备后续数据，也可能出现数据流的中断。有些系统对这种现象采用自动插补同步码的方法，在接收端自动检测它，然后丢弃之。

一般说来，同步通信可以获得较高的数据速率。在异步通信中，最高速率可达 19.2 kb/s，但实用中很少有超过 9.6 kb/s 的。同步方式下，只要有良好的电气接口，速率可达很高。这种速度上的差异是由于两种通信方式的信号形式不同而造成的。异步通信时，由于空闲态长度的不确定，使它不会是时钟周期的整数倍，而同步方式时所有的码元都是等宽的。这种信号形式的差异使同步方式可以采用高效率的调制，以实现高速通信。

1.3.4　调制与解调

数据调制解调器的主要用途是将计算机、计算机网络及其他数字终端设备连接到模拟通信线路及无线信道。调制解调器(Modem)一词是从调制器(Modulator)和解调器(Demodulator)两词导出的。在发送调制器中，数字信号调制一个模拟载波，在接收解调器中，模拟信号被解调并转换回数字信号。调制解调器有时称为 DCE(数据通信设备)、数据机或数据电话。

调制解调器基本上是一个将电信号从数字形式转换为模拟形式并转换回来的转发器。调制解调器物理上位于一台数字计算机设备和一个模拟通信信道之间。在数据通信系统的发送端，调制解调器从一个串行数字接口(如 RS-232)接收离散的数字脉冲(通常为二进制形式)，并将它们转换成连续变化的模拟信号。然后模拟信号被输出到一个模拟通信信道，在那里它们通过系统被传送到远距离的信宿。在信宿或数据通信系统的接收端，调制解调器从通信信道接收到模拟信号并将它转换为数字脉冲。最后数字脉冲被输出到一个串行数字接口。

调制解调器通常按异步或同步分类并使用下列调制技术之一：幅移键控(ASK)、频移键控(FSK)、相移键控(PSK)或正交幅度调制(QAM)。使用同步调制解调器，时钟信息在接收端恢复，但用异步调制解调器就不必。异步调制解调器通常使用 ASK 或 FSK 并限于相对低速的应用(通常低于 2.4 kb/s)；同步调制解调器使用 PSK 及 QAM，适用于高速应用(高达 57.6 kb/s)。

1.3.5 传输格式与通信协议

为了确保数据在通信双方之间正确地传输，通信双方应按通信协议进行。所谓通信协议，是指通信双方的一种约定。约定中必须对数据格式、同步方式、传送速度、传送步骤(顺序)、检错纠错方式以及控制字符定义等问题作出统一的规定，通信双方必须共同遵守。因此，通信协议也叫通信控制规程，或称为传输控制规程，它属于 ISO 开放系统互连 OSI 七层协议的第 2 层，即数据链路层。

目前，采用的通信协议有两类：异步协议和同步协议。同步协议既可以是面向字符的，也可以是面向比特的。

1. 起止式异步通信数据格式

1) 特点与格式

由于异步通信时，被传送的字符出现在数据流中的相对时间是任意的、随机的，因此，为了确保异步通信的正确性，必须找到一种方法，使收/发双方在随机传送的字符与字符间实现同步。这种方法就是在字符数据格式中设置起始位和停止位，发送端在一个字符正式发送之前先发一个起始位，而在该字符结束时再发一个(或几个)停止位。接收端在检测到起始位时，便知道字符已到达，应开始接收字符；当检测到停止位时，则知道字符已结束。由于这种通信的数据格式是靠起始位和停止位来进行字符同步的，故称之为起止式数据格式。

起止式的帧数据格式如图 1.33 所示。每帧信息(即每个字符)由四部分组成：1 位起始位(低电平，逻辑值 0)；5~8 位数据位紧跟在起始位后面，是要传送的有效信息，传送顺序是低位在前高位在后依次传送；1 位校验位(也可以没有校验位)；最后是 1 位、1 位半或 2 位停止位，停止位后面是不定长度的空闲位。停止位和空闲位都规定为高电平(逻辑值 1)，这样就保证起始位开始处一定有一个下跳沿。

2) 起/止位的作用

起始位和停止位是作为联络信号而附加的，它们在异步通信中起着至关重要的作用。当起始位由高变为低电平时，告诉收方传送开始。它的到来，表示下面接着是数据位来了，要准备开始接收。而停止位标志一个字符的结束，它的出现表示一个字符传送完毕。这样就为通信双方提供了何时开始收/发，何时结束的标志。

传送开始之前，收/发双方把所采用的起止式格式(包括字符的数据位长度，停止位位数，有无校验位以及是奇校验还是偶校验等)和数据传输速率作统一约定。

传送开始后，接收设备不断地检测传输线，看是否有起始位到来。当收到一系列的"1"(停止位或空闲位)之后，检测到一个下跳沿，说明起始位出现，起始位经确认后，就开始接收所规定的数据位和奇偶校验位以及停止位。经过处理将停止位去掉，把数据位拼装成一个并行字节，并且经校验后，无奇偶错才算正确地接收一个字符。一个字符接收完毕，接收设备又继续测试传输线，监视"下跳沿"的到来和下一个字符的开始，直到全部数据传送完毕。

由上述工作过程可以看到，异步通信是 1 次传送 1 帧数据(1 个字符)，每传送 1 个字符，就用起始位来通知收方，以此来重新核对收/发双方的同步。若接收设备和发送设备两者的时钟频率略有偏差，这也不会因偏差的累积而导致错位，加之字符之间的空闲位也为这种偏差提供一种缓冲。所以异步串行通信的可靠性高，而且异步串行通信也比较易于实现。但由于要在每个字符的前后加上起始位和停止位这样一些附加位，使得传送有用(效)的数据位减少，即传输效率低(只有约 80%)。再加上起止式数据格式允许上一帧数据与下一帧数据之间有空闲位，故数据传输速率慢。为了克服起止式数据格式的不足之处，又推出了同步数据格式。

2. 面向字符的同步通信数据格式

1) 特点与格式

这种数据格式的典型代表是 IBM 公司的二进制同步通信协议(BSC)。它的特点是一次传送由若干个字符组成的数据块，而不是只传送一个字符，并规定了 10 个特殊字符作为这个数据块的开头与结束标志以及整个传输过程的控制信息，它们也叫做通信控制字。由于被传送的数据块是由字符组成的，故被称作面向字符的数据格式。一帧数据的格式如图 1.34 所示。

SYN	SYN	SOH	标题	STX	数据块	ETB/ETX	块校验

图 1.34 面向字符同步通信数据的帧格式

2) 特定字符(控制字符)的定义

由图 1.34 可以看出，数据块的前、后都加了几个特定字符。SYN 是同步字符(Synchronous Character)，每一帧开始处都有 SYN，加一个 SYN 的称单同步，加两个 SYN 的称双同步。设置同步字符是起联络作用的，传送数据时，接收端不断检测，一旦出现同步字符，就知道是一帧开始了。接着的 SOH 是序始字符(Start of Header)，它表示标题的开始。标题中包括源地址、目标地址和路由指示等信息。STX 是文始字符(Start of Text)，它标志着传送的正文(数据块)开始。数据块就是被传送的正文内容，由多个字符组成。数据块后面是组终字符 ETB(End of Transmission Block)或文终字符 EXT(End of Text)。其中，ETB 用在正文很长，需要分成若干个数据块，分别在不同帧中发送的场合，这时在每个分数据块后面用组终字符 ETB，而在最后一个分数据块后面用文终字符 ETX。一帧的最后是校验码，它对从 SOH 开始直到 ETX(或 ETB)的字段进行校验，校验方式可以是奇偶校验或 CRC。在面向字符的数据格式中所采用的一些通信控制字(特定字符)，其名称及其代码这里不详细介绍。

3) 数据透明的实现

面向字符的同步通信的数据格式，不像异步起止式通信的数据格式那样，需在每个字符前后附加起始和停止位，因此传输效率提高了。同时，由于采用了一些传输控制字，增强了通信控制能力和校验功能。但也存在一些问题，例如，如何区别数据字符代码和特定的控制字符代码的问题，因为在数据块中完全有可能出现与特定字符代码相同的数据字符，这就会发生误解。比如正文中正好有个与文终字符 ETX 的代码相同的数据字符，接收端就不会把它作为数据字符处理，而误认为是正文结束，因而产生差错。所以，协议应具有将特定字符作为普通数据处理的能力，这种能力叫做"透明传输"。为此，协议中设置了转义字符 DLE(Data Link Escape)。当把一个特定字符看成数据时，在它前面要加一个 DLE，这样接收器收到一个 DLE 就可预知下一个字符是数据字符，而不会把它当作控制字符来处理了。DLE 本身也是特定字符，当它出现在数据块中时，也要在它前面再加上另一个 DLE，这种方法叫字符填充。字符填充实现起来相当麻烦，且依赖于字符的编码。正是由于以上的缺点，又产生了面向比特的同步通信的数据格式。

3. 面向比特的同步通信数据格式

1) 特点与格式

面向比特的协议中最有代表性的是 IBM 的同步数据链路控制规程 SDLE(Synchronous Data Link Control)，国际标准化组织 ISO(International Standards Organization for Standardization)的高级数据链路控制规程 HDLC(High Level Data Link Control)，美国国家标准协会(American National Standards Institute)的先进数据通信规程 ADCCP(Advanced Data Communications Control Procedure)。这些协议的特点是所传输的一帧数据可以是任意位的，而且它是靠约定的位组合模式，而不是靠特定字符来标志帧的开始和结束，故称"面向比特"的协议。这种通信的数据帧格式如图 1.35 所示。

01111110	A	C	I	FC	01111110
开始标志 8 位	地址域 8 位	控制域 8 位	信息域 8 位	帧校验域 8 位	结束标志 8 位

图 1.35　面向比特的同步通信数据的格式

2) 帧信息的分段

由图 1.35 可见，SDLC/HDLC 的一帧信息包括以下几个域(Field)，所有域都是从最低有效位开始传送的。

(1) SDLC/HDLC 标志字符。SDLC/HDLC 协议规定，所有信息传输必须以一个标志字符开始，且以同一个标志字符结束。这个标志字符是 01111110，称为标志域(F)。从开始标志到结束标志之间构成一个完整的信息单位，称为一帧(Frame)。所有的信息都是以帧的形式传输的，而标志字符提供了每一帧的边界。接收端可以通过搜索"01111110"来探知帧的开头和结束，以此建立帧同步。

(2) 地址域和控制域。在标志域之后，可以有一个地址域 A(Address)和一个控制域 C(Control)。地址域用来规定与之通信的次站的地址；控制域可规定若干个命令。SDLC 规定 A 域和 C 域的宽度为 8 位。HDLC 则允许 A 域可为任意长度，C 域为 8 位或 16 位。接收方必须检查每个地址字节的第一位，如果为"0"，则后边跟着另一个地址字节；若为"1"，则该字节就是最后一个地址字节。同理，如果控制域第一个字节的第一位为"0"，则还有第二个控制域字节，否则就只有一个字节。

(3) 信息域。跟在控制域之后的是信息域 I(Information)。信息域包含有要传送的数据，并不是每一帧都必须有信息域，即数据域可以为 0，当它为 0 时，这一帧主要是控制命令。

(4) 帧校验域。紧跟在信息域之后的是两字节的帧校验域，帧校验域称为 FC(Frame Check)域或称为帧校验序列 FCS(Frame Check Sequence)。SDLC/HDLC 均采用 16 位循环冗余校验码 crc(cyclic redundancy code)，其生成多项式为 ITU–T 建议的多项式 $x^{16}+x^{12}+x^5+1$。

除了标志域和自动插入的"0"之外，所有的信息都参加 CRC 计算。

3) 实际应用时的两个技术问题

(1) "0"位插入/删除技术。如上所述，SDLC/HDLC 协议规定以 01111110 为标志字节，但在信息域中也完全有可能有同一种模式的字符，为了把它与标志区分开来，所以采取了"0"位插入和删除技术。具体做法是发送端在发送所有信息(除标志字节外)时，只要遇到连续 5 个"1"，就自动插入一个"0"；当接收端在接收数据时(除标志字节)，如果连续接收到 5 个"1"，就自动将其后的一个"0"删除，以恢复信息的原有形式。这种"0"位的插入和删除过程是由硬件自动完成的。

(2) SDLC/HDLC 异常结束。如在发送过程中出现错误，SDLC/HDLC 协议用异常结束(Abort)字符，或称失效序列使本帧作废。在 HDLC 规程中，7 个连续的"1"被作为失效字符，而在 SDLC 中失效字符是 8 个连续的"1"。当然在失效序列中不使用"0"位插入/删除技术。SDLC/HDLC 协议规定，在一帧之内不允许出现数据间隔。在两帧信息之间，发送器可以连续输出标志字符序列，也可以输出连续的高电平，它被称为空闲(Idle)信号。

从上述同步协议的介绍可以看到，采用同步协议的数据格式，传输效率高，传送速率快，但其技术复杂，硬件开销大。故在一般应用中，采用异步通信协议的数据格式较多。

1.4　多路复用与多址通信

通常，在通信系统中，信道所能提供的带宽往往比传输一路信息所需的带宽宽得多，因此，一个信道只传送一路信号有时是很浪费的。为了充分利用信道的带宽，提出了复用的问题。所谓复用，就是将若干彼此独立的信号合并为一个可在同一信道上传输的信号的方法。

常用的信号复用方法可以按时间、空间、频率或波长等来区分不同的信号。按时间区分信号的复用方法称为时分复用 TDM；按空间区分不同信号的方法称为空分复用 SDM；而按频率或波长区分不同信号的方法称为频分复用 FDM 或波分复用 WDM。空分复用实际上是利用多条并行的信道，如采用电缆代替双绞线、光缆代替单根光纤等。该方法技术上相对简单，通常与其他的复用方法一起使用。时分复用 TDM 是数字系统的主要复用方法，借助于把时间帧划分成若干时隙，每路信号各占一个属于自己的时隙的方法实现在同一信道上传输多路信号的方法，如 PCM 多路数字电话系统、数字复接设备等。频分复用 FDM 是模拟系统的主要复用方法，它是把信道可用带宽分成若干较小的子频带(简称子带)，每路信号各占一个属于自己的子带宽的方法来实现在同一信道上传输多路信号的方法。波分复用 WDM 原则上与频分复用 FDM 相同，但它主要应用于光通信系统，通过不同的光波长来携带不同的信号在同一光纤信道中传输，从而实现多路通信。

与"复用"很容易相混的一个概念是"多址"。它们都是为了充分利用信道带宽来实现多路通信的，只是对于"复用"而言是实现两点之间的不同信号通过复用实现的通信；而"多址"是不同地点(常称为多址)的信号通过复用实现多点之间的通信。当然，它也可以用以上的方法来区分不同的信号。另外，多址还常采用码分的方法区分不同的信号，目前常用的多址有：频分多址(FDMA)、时分多址(TDMA)、空分多址(SDMA)、码分多址(CDMA)

和混合多址(时分多址/频分多址 TDMA/FDMA、码分多址/频分多址 CDMA/FDMA 等)。其中，FDMA、TDMA、SDMA 的基本原理与复用是一样的，采用了频率、时间、空间分割的方法。而 CDMA 方式是一种利用不同波形的信号(即不同的编码)实现多址运用的方式。也就是说，这里被分割的参量不再是简单的频率或时间，而是信号的波形(也叫波形分割)，即码的结构。所谓码，就是满足某种条件的符号序列。

1.4.1 频分复用与多址

频分多路复用FDM是把初始占据相同频带大小的多个信源转换到不同频带信道且在同一传输媒介上同时传输的，这样许多窄带信号就可以在同一个宽带传输系统上传输。

FDM 是一种模拟复用方案，输入 FDM 系统的信息是模拟的且在整个传输过程中保持为模拟信号。成功应用的例子是用于长途电话通信中的载波通信系统(媒介是同轴电缆)，目前该系统已由 SDH 光纤通信系统所代替。另一个成功应用的例子是 AM 商用广播电台。下面结合这一实例对 FDM 作一简单的介绍。AM 商用广播电台占用的频谱为 535～1605 kHz。每个台承载一个带宽从 0 Hz～5 kHz 的信息信号，如果每个台的音频以初始频谱传送，则不能与另一个台的信号区分。采用 FDM 技术将每个台在不同的载波频率上进行幅度调制，并产生一个 10 kHz 的双边带信号。由于与邻近的载波频率有 10 kHz 的间隔，整个商用 AM 频段在频域上分成互相间隔 10 kHz 的 107 个信道。这样接收机只要调谐到与该台相关的频率，就能接收到该台的信号。图 1.36 给出了一个商用 AM 电台信号如何采用 FDM 在单一传输媒介(自由空间)上传输的例子。

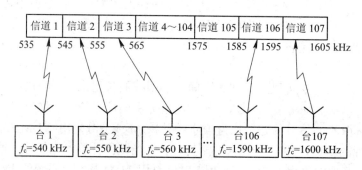

图 1.36 FDM 商用 AM 广播电台

在频分多址系统中，把可以使用的总频段等间隔地划分为若干个占用较小带宽的频道，这些频道在频域上互不重叠，每个频道就是一个通信信道，分配给一个通话用户(发射信号与接收信号占用不同的频带)。在接收设备中使用带通滤波器允许指定频道里的能量通过，但要滤除其他频率的信号，从而限制相邻信道之间的相互干扰。FDMA 在移动通信中使用时，基站必须同时发射和接收多个不同频率的信号；任意两个移动用户之间进行通信都必须经过基站中转，因而必须同时占用四个频道才能实现双工通信。不过，移动台在通信时所占用的频道并不是固定指配的，它通常在通信建立阶段由系统控制中心临时分配，通信结束后，移动台将退出它占用的频道，这些频道又可以重新分配给别的用户使用了。

这种方式的特点是技术成熟，对信号功率控制要求不严格，主要应用于模拟系统中(如 TACS、AMPS 模拟蜂窝移动通信系统)；但在系统设计时需要周密地规划频率，因为基站需要多部不同载波频率的接收机和发射机同时工作，设备多且容易产生信道间的互调干扰。

1.4.2　时分复用与多址

由前述抽样理论可知，抽样是将时间上连续的信号变成离散信号，其在信道上占用时间的有限性为多路信号在同一信道上传输提供了条件。具体地说，就是把时间分成一些均匀的时间间隔，简称时隙 TS。将各路信号的传输时间分配在不同的时隙内(即在原样值序列之间可插入其他路样值序列)以达到互相分开、互不干扰的目的。图 1.37 为 TDM 模型，各路信号经低通滤波器，将频带限制在 3400 Hz 以内，它们依次由电子开关 S 控制进行抽样。S 开关不断作匀速运转，每旋转一周的周期等于一个抽样周期 T，这样就达到了对每一路信号每隔 T 时间抽样一次的目的。当开关 S 接通第 1 路时，第 1 路经量化编码后的信号就送到接收端第 1 路。接收端接收到信码后进行解码，又还原为 PAM 信号，再经低通平滑恢复为原来的话音信号。合路的作用是将 n 路信号合成一个串行的码流，依次传送的是第 1 路的信号，第 2 路的信号，…，第 n 路的信号。分路的作用是将 n 路信号分开送至各自的解码器进行解码输出。

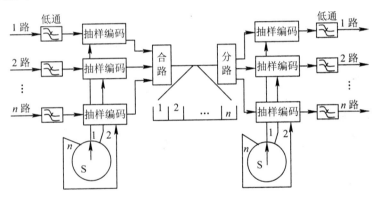

图 1.37　TDM 的原理

应注意的是，这些开关在发送端、接收端的动作要很好地协调配合，各种时间关系一定要准确，这些时间关系叫定时。另外，开关旋转的速度必须相同，而且两端相位必须对好，否则将造成错路。要实现这一目的，就需要同步，即同频同相。

由图 1.37 分析知道，要完成数字通信全过程，除对每个话路进行编码、解码外，还必须有定时、同步等措施。在数字通信系统中，各种信号(加入定时、同步等信号)都是严格按时间关系进行工作和传送的。在数字通信中把这种严格的时间关系称为帧结构，如图 1.38 所示。此图是数字通信基群(一次群)的帧结构。

图 1.38　PCM30/32 路基群帧结构

从图 1.38 可以看出，每一路安排 8 位码，每 125 μs 轮流传送一次。这样，在 125 μs 的时间内，把所有路的码字都轮流传送一遍，这一时间就叫作一帧。因此，一帧的时间间隔就等于抽样周期，用 T 表示为

$$T = \frac{1}{8000\ \text{Hz}} = 125\ \mu s$$

每一帧由 32 个路时隙组成，用 $TS_m(TS_0 \sim TS_{31})$ 来表示，其中话音占 30 个路时隙，即 $TS_1 \sim TS_{15}$ 和 $TS_{17} \sim TS_{31}$，同步和信令占 2 个路时隙，TS_0 为帧同步时隙；TS_{16} 为信令时隙，故称为 PCM30/32 路。每一时隙占用时间用 t_C 表示为

$$t_C = \frac{T}{n} = \frac{125\ \mu s}{32} = 3.9\ \mu s$$

每一路时隙安排一个码字，其位数为 8，即 $l = 8$，每一位所占时间称位时隙，用 t_B 表示为

$$t_B = \frac{t_C}{l} = \frac{3.9\ \mu s}{8} = 0.488\ \mu s$$

采用二进制编码，其 PCM 基群数码率为

$$f_B = \frac{1}{t_B} = \frac{nl}{T} = f_s \cdot n \cdot l$$

因此

$$f_B = 8000 \times 32 \times 8 = 2048\ \text{kb/s} = 2.048\ \text{Mb/s}$$

在帧结构中安排 TS_{16} 时隙为信令时隙，用来传送信令信号，如主叫摘机、拨号、振铃等信号和被叫摘机、示闲等信号。这些信号简单，只用 4 位码来表示就行了。但要完成 30 路话音的信令传送，这些信令就分别安排在 15 个帧(即 $F_1 \sim F_{15}$ 帧)中，这样每一帧的 TS_{16} 时隙传送两个话路的信令码。为了保证收、发端各路信令码在时间上对准，特设 F_0 帧 TS_{16} 时隙传送信令码的同步和对告信号，那么为了传送信令码共设了($F_0 \sim F_{15}$)16 帧，这 16 帧称为一个复帧。

在时分多址(TDMA)系统中，把时间分成周期性的帧，每一帧再分割成若干时隙(无论帧或时隙在时域都是互不重叠的)，每一个时隙就是一个通信信道，分配给一个通话用户，如图 1.38 所示。根据一定的时隙分配原则，使各个移动台在每帧内只能在指定的时隙向基站发射信号，在满足定时和同步的条件下，基站可以在各时隙中接收到各移动台的信号而互不干扰。同时，基站发向各个移动台的信号都按顺序安排在预定的时隙中传输，各移动台只要在指定的时隙内接收，就能在合路的信号中把发给它的信号区分出来。

与 FDMA 通信系统相比，TDMA 通信系统的特点如下：

(1) TDMA 系统的基站只需要一部发射机，可以避免像 FDMA 系统那样因多部不同频率的发射机同时工作而产生的互调干扰。

(2) 频率规划简单。TDMA 系统不存在频率分配问题，对时隙的管理和分配通常要比对频率的管理与分配容易而经济，便于动态分配信道；如果采用话音检测技术，则可实现有话音时分配时隙，无话音时不分配时隙，这样有利于进一步提高系统容量。

(3) 因为移动台只在指定的时隙中接收基站发给它的信号，因而在一帧的其他时隙中，可以测量其他基站发射信号的强度或检测网络系统发射的广播信息和控制信息，这对于加强通信网络的控制功能和保证移动台的越区切换都是有利的。

(4) TDMA 系统设备必须有精确的定时和同步，保证各移动台发送的信号不会在基站

发生重叠或混淆,并且能准确地在指定的时隙中接收基站发给它的信号。同步技术是 TDMA 系统正常工作的重要保证,往往也是比较复杂的技术难题。

实际系统多综合采用 FDMA 和 TDMA 技术,例如 GSM 数字蜂窝系统,每个载波分成 8 个时隙,整个系统可以使用许多载波,以获得更大的系统容量。

1.4.3 码分多址复用

在 CDMA 通信系统中,不同用户传输信息所用的信号不是靠频率不同或时隙不同来区分的,而是用各自不同的编码序列来区分,或者说,是靠信号的不同波形来区分的。如果从频域和时域来观察,多个 CDMA 信号是互相重叠的,如图 1.39 所示。接收机用相关器可以在多个 CDMA 信号中选出使用预定码型的信号,其他码型的信号因为和接收机本地产生的码型不同而不能被解调。它们的存在类似于在信道中引入了噪声或干扰,通常称之为多址干扰。

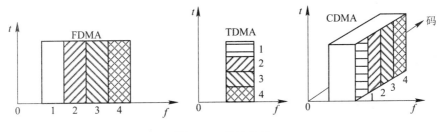

图 1.39 多址方式

以往的模拟移动通信系统一律采用 FDMA,现普遍采用 TDMA。TDMA 避免了使用体积大、价格昂贵的多信道腔体合路器,便于利用现代大规模集成技术实现低成本的硬件设计,便于实现信道容量的动态分配,提高信道利用率。TDMA 的缺点是系统容量仍然受限,欧洲 GSM 数字蜂窝和一些美国、日本用户采用了 FDMA/TDMA 相结合的窄带体制,iDEN 和 TETRA 数字集群系统也都采用了 FDMA/TDMA 相结合的窄带体制。CDMA 同 FDMA 模拟蜂窝移动通信系统、TDMA 数字蜂窝移动通信系统相比具有更大的系统容量、更高的话音质量以及抗干扰、保密性好等优点,因而得到各个国家的普遍重视,并被国际电联(ITU)作为第三代数字蜂窝移动通信系统的推荐方案。

1.4.4 波分复用

由于波长与频率相关,因而波分复用 WDM 与 FDM 技术非常相似。FDM 主要应用于电通信系统,而 WDM 主要应用于光波通信系统。将占用相同带宽、来自多个信息源的信号调制到不同波长的激光器(产生光载波),不同波长的光信号经过耦合进入同一根光纤传输,在光纤输出端再将不同波长的光信号分开恢复出每个波长上的信息信号。每个波长的光波可以承载模拟信号或数字信号,该信号往往是已被 FDM 或 TDM 复用后的信号。

光波的频率(以 THz 计)远高于无线频率(以 MHz 和 GHz 计),每一个光源发出的光波由许多频率(波长)组成。光纤通信的发送机和接收机被设计成发送和接收某一特定的波长。WDM 技术将不同的光发送机发出的信号以不同的波长沿光纤传输,且不同的波长之间不会干扰。每个波长在传输线路上都是一条光通道。光通道越多,在同一根光纤上传送的信息量(电话、图像、数据等)就越多。

图 1.40 给出了一个 6 波长的 WDM 复用系统的频谱和复用系统。每个波长用等带宽信息信号调制，6 个波长的波长频谱安排如图 1.40(a)所示。6 个激光波长由 WDM 合波器合路耦合进光纤，在光纤输出端通过波长选择耦合器即 WDM 分路器分开为 6 个波长，如图 1.40(b)所示。

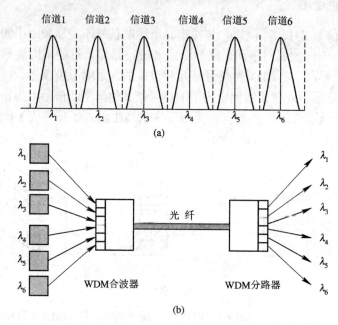

图 1.40   WDM 波分复用波谱与系统

(a) 6 个波长的 WDM 系统的波长频谱；(b) 6 个波长的 WDM 合波与分波

1.5   通信网络及其构成

图 1.1 所示的通信系统只能为一对用户提供单方向上的信息传输，如果要构成可以相互传递信息的双向系统，就还需要一套相同的设备作反方向上的信息传输。如果有多个用户都需要相互传递信息，最简单的方法就是相互成对地连接起来，如图 1.41 所示。图中的每一个端点即表示一个用户，称为用户终端。一般概念上讲，用户终端对应于图 1.1 中的信源和信宿，在某些情况下还包括变换器和反变换器。端点之间的连接线对应于信道，通信网中称为传输链路，这样一个多用户通信系统互连的通信体系应称作通信网络。这样的通信网络是多用户之间直接互连而成的，在通信术语中称为直接互联网

图 1.41   完全互联网

或完全互联网。当用户终端数较多时，实现完全互联网就显得相当困难和很不经济。如网中的 N 个用户终端，其中每一个用户都能与其他 $N-1$ 个用户之间进行通信，必须设置 $N(N-1)/2$ 条传输链路。当 N 的值较小时还可以，但当 N 的值较大时就很难实现了。

完全互联网络结构的缺点是经济性很差，特别是传输距离较远时，需要大量的通信线

路，这种不经济性就更为显著了。一个用户不可能同时与其他所有用户通信，在一天 24 小时内也并非时时刻刻都需要通信，所以采用这种结构时传输链路的利用率很低。

通信网按其所能实现的业务种类分为电话通信网(本书第 5 章介绍)、数据通信网(本书第 7 章介绍)以及广播电视网等。按网络的服务范围又可分为接入网(本书第 8 章介绍)、城域网、长途骨干网及国际网等。但不管实现何种业务，其网络的基本结构形式都是一致的。目前，通信网实现的基本结构有如图 1.42 所示的五种形式。

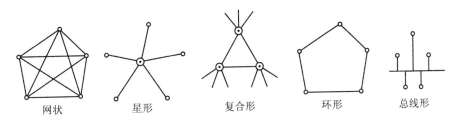

网状　　　　　　星形　　　　　　复合形　　　　　　环形　　　　　　总线形

图 1.42　通信网络的基本结构

(1) 网状网：多个用户之间直接互连而成的通信网，也叫直接互联网或完全互联网。具有 N 个节点的完全互联网需要 $\frac{1}{2}N(N-1)$ 条传输链路。因此，当 N 较大时传输链路数将很大，传输链路的利用率较低。这是一种经济性较差的网络结构。但这种网络的链路冗余较大，因此，从网络的接续质量和网络的稳定性来看，这种网络结构又是有利的。

(2) 星形网：设置一个转接中心，所有用户只与转接中心直接连通构成的通信网。各用户之间需要通信时都需要通过转接中心转接而达到通信的目的。具有 N 个节点的星形网共需设置 $N-1$ 条传输链路。显然，当 N 值较大时它较网型网节省了大量的传输链路。由于星形网需要设置转接中心，因此需要增加一定量的转接设备。通常，当网形网较星形网所使用的多余链路之和的费用高于转接交换设备费用时，才选用星形网结构。对设置转接交换中心的星形网结构，当转接交换设备的转接能力不足或设备发生故障时，将会对网络的接续质量和网络的稳定性产生影响。

(3) 复合形网：网状网和星形网复合而成的网络。它是以星形网为基础并在通信量较大的区间构成网状网结构的，图中⊙代表转换(交换)设备。这种网络结构兼取了前述两种网络的优点，比较经济合理且有一定的可靠性。这种网络在设计中要考虑使转接交换设备和传输链路总费用之和为最小。

(4) 环形网和总线形网：这两种网形在计算机通信网中应用较多。这种网中传输流的信息速率一般较高，它要求各用户有较强的信息识别和处理能力。环形网由于其故障恢复时间较短(小于 50 ms)，因而在 SDH 光纤传送网中获得了广泛的应用。

从通信网的基本结构可以看出，构成通信网的基本要素是：终端设备(用户终端)、传输链路、转接交换设备(交换机)。

1. 终端设备(通信终端)

终端设备是通信网中的源点和终点，它除对应于模型中的信源和信宿之外还包括了一部分变换和反变换装置。终端设备的主要功能是将待传送的信息与在信道上传送的信号相互转换。也就是在发送端需要发送传感器来感受信息并将之转换为适合在线路上传输的信号，在接收端则是从线路上接收信号并将之恢复成能被利用的信息。另外，还需有的第二种功能是能产生和识别网内所需的信令信号或规约，以便相互联系和应答。因此，对应不同的电信业务也就有不同的终端设备，如电话业务的终端设备就是话机终端，传真业务的终端就是传真机终端，数据业务的终端就是数据终端等，本书第 2 章将对它们的原理作进一步介绍。

2. 传输链路(传输设备)

传输链路是信号的传输通路。它除主要对应于通信系统模型中的信道部分之外，也还包括了一部分变换和反变换装置。传输链路的实现方式很多，最简单的传输链路就是简单的线路，如明线、电缆等，它们一般用于市内电话网的用户端链路和局间中继链路。另外，如脉码调制(PCM)传输系统、光纤传输系统、数字微波传输系统及卫星传输系统等，都可作为通信网传输链路的实现方式。关于它们的基本原理将在本书的第 3 章介绍。

3. 转接交换设备

转接交换设备是现代通信网的核心，它的基本功能是完成接入交换节点链路的汇集、转接接续和分配。对不同的通信业务网络，转接交换设备的性能要求也不同。例如，对电话业务网的转接交换设备的要求是不允许对通话电流的传输产生时延。因此，目前主要是采用直接接续通话电路的电路交换方式。对于主要用于计算机通信的数据业务网，由于数据终端或计算机终端可有各种不同的速率，同时为了提高传输链路的利用率，可将流入信息进行存储，然后再转发到所需要的链路上去，这种方式叫做存储转发交换方式。例如，分组数据交换机就是利用存储转发方式进行交换的。这种交换方式可以做到较高效率地利用网络链路，具体内容将在本书的第 4 章介绍。

1.6 现代通信的发展

21 世纪人类已进入信息社会，高度发达的信息社会要求高质量的信息服务，要求通信网提供多种多样的通信业务，且通过通信网传输、交换、处理的信息量将不断增大。现代通信网在这种需求的牵引下，正加速采用现代通信技术、宽带传输媒介以及以计算机技术为基础的各种智能终端技术和数据库技术，向数字化、宽带化、智能化和个人化方向发展。

1. 数字化

通信技术的数字化是其他四个"化"的基础。实现数字传输与数字交换的综合通信网叫做综合数字网(IDN)。在 IDN 中，交换局与交换局之间实现了数字化。由于数字交换、数字传输具有容量大、交换能力大、传输质量好、可靠性高等优点，世界各国都在建设本国的综合数字网。也就是说，实现数字化是通信网发展的第一步。

2. 宽带化

通信网发展的第二步是组建宽带综合业务数字网(B-ISDN)。B-ISDN 不仅以迅速、准确、经济、可靠的方式提供目前各种通信网络中现有的各种业务，而且将通信和数据处理结合起来，开创了很多新业务，展现了强大的生命力。B-ISDN 能够提供高于 PCM 一次群速率的传输信道，能够适应全部现有的和将来可能出现的业务，从速率最低的遥控遥测(几个比特/秒)到高清晰度电视 HDTV(100~150 Mb/s)，以同样的方式在网中传输和交换，共享网络资源。B-ISDN 被世界各国公认为是通信网的发展方向，它最终将成为一种全球性的通信网络。ISDN 与 B-ISDN 的出现对各国政治、经济、军事、文化以及人们的生活都将产生深远的影响。

3. 智能化

通信网络的智能化是伴随着用户需求的日益增加而产生的。智能网是在现有交换与传输的基础网络结构上，为快速、方便、经济地提供电信新业务而设置的一种附加网络结构。建立智能网(IN)的基本思想是改变传统的网络结构，提供一种开放式的功能控制结构，使网络运营者和业务提供者自行开辟新业务，实现按每个用户的需要提供服务。智能网的概念自 20 世纪 80 年代提出以来，其技术的演进和标准化的实施使其迅速发展。发达国家的电信网络广泛采用了智能网技术，以一种全新的方式完成电信业务的创建、维护和提供，取得了显著的经济效益。国内骨干网上的智能网完成了一期建设，已开始提供新业务。智能网提高了网络对业务的应变能力，是目前电信业务发展的方向。

4. 个人化

个人通信是 21 世纪通信的主要目标，是 21 世纪全球通信发展的重点。个人通信被认为是一种理想的通信方式，其基本概念是实现在任何地点、任何时间、向任何人、传送任何信息的理想通信，其基本特征是把信息传送到个人。实现个人通信的通信网就是个人通信网。现有的实际通信系统和网络，离实现理想的个人通信相差甚远，但某些系统的功能和服务方式已体现出个人通信的最基本特征：把信息传送到个人，成为个人通信的早期系统。随着通信网络智能化技术、通信终端技术、移动卫星通信技术、数字蜂窝移动通信技术、数字无绳通信技术的发展，预计不久，地区性的个人通信将投入商用，真正的个人通信网会在全球迅速发展。

习　题

1. 说出下列 CCIR(国际无线电咨询委员会)名称的频率范围。

(1) UHF　　　　　　(2) VHF　　　　　　(3) VF

2. 下列频率范围的 CCIR 名称是什么？

(1) 3~30 kHz　　　(2) 0.3~3 MHz　　　(3) 3~30 GHz

3. 分配的带宽分别扩大 2 倍和 3 倍时对通信信道的信息容量有何影响？

4. 分配的带宽减半而时间加倍时对通信信道的信息容量有何影响？

5. 已知矩形波导的宽边尺寸为 2.5 cm，工作频率为 7 GHz，试确定截止频率和截止波长。

6. 描述地波的传播，列出其优缺点。

7. 说明电离层各层的特点。短波通信主要利用哪一层？

8. 某一数字信号的码元速率为 12 000 Bd，试问：如采用四进制或二进制数字信号传输时，其信息速率为多少？

9. 假设频带宽度为 1024 kHz 的信道，可传输 2048 kb/s 的比特率，试问其传输效率或频带利用率为多少？

10. 对话音信号(300～3400 Hz)按 CCITT 建议，若采取抽样频率为 8000 Hz，其保护频带宽度为多少？

11. 什么是均匀量化？Δ、U、N 的含义是什么？这三者的关系是什么？

12. 设有一样值信号过载电压为 3 V，均匀量化编 8 位码，其量化间隔 Δ 为多少？

13. 对于一样值信号过载电压为 3 V，按 A 律 13 折线编 8 位码，其量化最小间隔 Δ 为多少？

14. 试对一样值信号 $I_s = -111\Delta$，按 A 律 13 折线编码，试编出其 8 位码，并计算编码误差。

15. 画出四相相移键控 4PSK 或称正交 PSK 和 16QAM 的星座图。

第2章　现代通信终端

通信终端是人与通信网之间的接口设备。由于现代通信已不再局限于简单的通电话、打电报，而是包括数据、图像在内的各种信息的传送，其中很多信息是用计算机存储和处理的，所以通信终端也发生了变化，其功能更加强大，且智能化程度更高。

根据通信网络的业务不同，通信终端大体上分为两类：电话终端和非话终端。电话终端以电话机为主，目前多功能的电话机在人们的日常生活中应用已很普遍。非话终端是指除电话终端以外的终端设备，如三类传真机、图像终端等。随着通信网络向数字化、综合化、智能化方向的发展，具备数字化、综合化、智能化的各种新型通信终端(如信息电话、多媒体手机、多媒体计算机等)也相继出现。

本章对常用的通信终端进行了介绍，重点介绍了电话机、传真机、多媒体计算机的种类、工作原理及系统构成。

2.1　电　话　机

电话机是电话通信的终端设备，是使用最普遍和最方便的一种通信工具。伴随着时代的进步，电话机在品种、质量和数量上都有了较大的发展和提高。

2.1.1　电话机的组成原理

按照电话机的基本任务，它由三个基本部分组成：通话设备、信号设备和转换设备。通话设备包括送话器、受话器及相关电路，是电话机达到电话通信目的的主要设备。信号设备包括发信设备和收信设备。发信设备即发号电路，用户通过号盘或键盘拨打出被叫用户的号码或其他信息。发信时，话机处于摘机状态。收信设备即振铃电路，其任务是接收交换机送来的铃流电流，通过话机中的电铃或扬声器发出振铃声。转换设备也称叉簧，电话机上弓形手柄所压住的开关就是叉簧。它主要起转换作用，电话机的摘机状态和挂机状态依靠转换设备交替工作，并经过用户线使交换机识别。挂机状态，即处于收信状态，这时的话机可作为被叫，可以接收交换机送来的铃流电流；而用户摘机后，叉簧往上弹，话机状态得到转换，由收信状态变为通话状态(作为被叫)或听拨音、拨号、通话(作为主叫)等状态。转换设备的两种状态是互不相容的。

电话机的基本组成示意图如图 2.1 所示。

送话器是把话音转换成话音电流的器件，

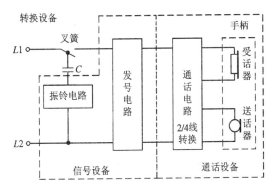

图 2.1　电话机的基本组成示意图

按使用材料可分为炭精送话器、压电陶瓷送话器和驻极体式送话器等。炭精式送话器是使用历史最长的送话器，现已淘汰。压电陶瓷送话器用具有压电效应的陶瓷片作振动膜，用户讲话时膜片在声压作用下产生形变，吸附在陶瓷片表面的电荷随极化强弱充放电，形成话音电流。驻极体式送话器用驻极体(一种带电荷的电介质)作振动膜，用户讲话时膜片在声压作用下产生振动，改变其两侧的电荷密度，从而形成微小的电压变化，经放大后变成话音电流。

受话器是把话音电流转换成声音的器件，一般有电磁式、动圈式和压电式等类型。电磁式受话器主要由永久磁铁、振动膜片、铁芯和线圈等零件组成。当无话音电流通过线圈时，仅有永久磁铁的固定磁通对振动膜片产生吸力，使铁质振动膜片微向铁芯弯曲，当线圈内通过话音电流时，因话音电流是交变电流，膜片就根据电流变化规律而振动并发出声音。动圈式受话器主要由永久磁铁、极靴、线圈、振动膜片等零件组成，线圈和振动膜片连在一起，且线圈套于永久磁铁与极靴的间隙中。线圈平时置于恒定的磁场中，当线圈通过话音电流时，在磁场的作用下线圈将垂直于磁场移动，并带动振动膜片。压电陶瓷受话器是利用逆压电效应工作的，在话音电流的作用下，陶瓷片发生形变而发出声音。

老式电话机通话电路中有感应线圈，它是在铁芯上绕有 2 或 3 组线圈的电话变量器，与送话器、受话器和平衡网络相连接，组成通话电路。恰当选择感应线圈的匝数比和平衡网络的阻抗，可提高送话器、受话器的工作效率，减少通话时的侧音，改善通话质量。目前，电话机的通话电路多数由集成电路芯片实现，芯片内已集成了电话变量器、平衡网络等功能，不再需要感应线圈和平衡网络电路。

转盘拨号盘(或按键盘)用于向交换机发送被叫用户号码。按键盘里的脉冲通断装置将表示被叫号码的直流脉冲信号发往交换机，按键盘与相应的发号集成电路配合发出直流脉冲信号或双音多频(DTMF)信号。按键盘一般由 12 个按键和开关接点组成，其中 10 个为数字键，2 个为特殊功能键，分别为 "*" 和 "#" 键。

振铃器用于接收交换机送来的呼叫振铃信号。老式话机采用电磁式交流铃，其结构和工作原理与电磁式受话器的结构和原理相似。新式电子电话机的振铃装置为音调式振铃器，由振铃集成电路和电声换能器件组成。振铃集成电路的功能是把 $15\sim25\ Hz$ 振铃电压转换为几百到上千赫兹的两种音频电压，并且按一定周期(如每秒 10 次)轮流送出。振铃集成电路内部包含有转换器和放大器，放大器可直接带动高阻的电声换能器。

叉簧其实就是开关，它由手柄机(电话听筒)是否放置在电话机上来完成开关的接通与断开。叉簧开关的作用是挂机时将振铃电路接在外线上，摘机时断开振铃电路，将通话电路接在外线上，并完成直流环路，向交换机发出表示要打电话的用户启呼信号。

2.1.2 电话机的种类和功能

目前，电话机有多种分类方式。

按电话机与电话局之间电话线路的形式，电话机可分为有线电话机和无线电话机两类。大部分的人用有线电话，但用无绳电话、车辆电话和移动电话(手机)的人也越来越多。

按电话机与电话局之间电话线路上传输信号的形式，电话机可分为模拟式和数字式两类。模拟式电话机传送的是模拟信号，数字式电话机传送的是数字信号。到目前为止，绝大多数电话机属于模拟电话机。数字电话机除了具有模拟电话机的功能外，还具有发送、接收和处理文字、数据和图像等信息的功能。

按使用方式，电话机可分为桌式、墙式、墙桌两用式和携带式电话机等。

按制式电话机可分为磁石式、共电式和自动式等。

(1) 磁石式电话机是通话电源和呼叫信号电源完全自备的电话机。通话电源一般采用 1.5～3 V 的原电池，呼叫信号装置采用手摇发电机，向对方用户(另一磁石电话机)或磁石交换机发送 90 V 左右，16～25 Hz 的交流信号作为呼叫信号。

磁石式电话机对传输线路要求低，不经交换机转接就可直接通话，适用于野战条件下或无供电情况下的电话通信。

(2) 共电式电话机是由共电交换机集中供给通话电源和呼叫信号电源的电话机。电源电压通常为直流 24 V。信号部分采用交流电铃与电容器串联跨接在线路上，随时接收交换机送来的呼叫信号。利用叉簧接点的断开与闭合，向交换机发送直流呼叫信号。共电式电话机结构简单，使用方便，适用于团体内部的电话通信。

磁石式电话机本身只能实现一对一固定的电话通信，在磁石交换机和共电交换机话务员的帮助下，磁石式电话机和共电式电话机可实现与其他磁石式电话机和共电式电话机用户的电话通信。也就是说，磁石式电话机和共电式电话机都没有自动选择被叫用户的功能。它们已被自动式电话机所代替，仅在一些特殊场合使用。

(3) 自动式电话机有转盘拨号式和按钮(键)式两种。转盘拨号式自动电话机通过拨号转盘向自动交换机发出表示被叫号码的直流脉冲信号，按钮(键)式自动电话机上的按钮(键)与相应的发号集成电路配合，发出直流脉冲信号或双音多频(DTMF)信号给自动交换机，实现自动选择被叫用户的功能。自动电话机使用的电源也是自动电话交换机集中供给的，电源电压通常为 48 V 或 60 V。自动电话机使用方便，应用范围非常广泛。

随着科学技术的进步和物质文化水平的提高，市面上出现了许多具有新服务功能的电话机。

(1) 留言电话机。留言电话机也称自动应答电话机，它是在普通电话机上加一个自动应答装置。其使用方法是主人预先把需通知对方的话录下来，当有电话来时，振铃响数次后可自动应答，把留言发出去。一般这种留言比较短，主要是向对方通知被叫不在或请对方打其他电话号码找被叫人。早期的留言电话机采用盒式录音带，目前已普遍采用集成电路存储话音的产品。

(2) 无绳电话机。无绳电话机由主机(母机)和副机(子机)组成。主机通过用户线与交换机相连，副机通过"无线"与主机相通，因此，副机可以在主机附近移动。无绳电话机的主机和副机之间采用无线双工工作方式。无绳电话机发射功率应有所限制，我国规定主机发射功率小于等于 50 mW，副机发射功率小于等于 20 mW。无绳电话机的功耗较大，一般主机需外接交流电源，副机中备有高性能蓄电池，充满后可连续使用数小时，将副机放到主机上可自行充电。

(3) 保密电话机。所谓保密电话机，就是普通电话机加上保密装置，使话音电流经过加密后再送到用户线上，送到被叫电话机(必须是同类型的保密电话机)后先经过解密还原成原来的话音电流，再经过普通电话机电路还原成声音。由于电话通信是双向的，因此保密电话机上的保密装置也是双向的，包含了加密和解密两个功能。窃听者听不懂经加密后的话音，从而起到保密作用。保密电话机一般用于军事、外交等特殊场合。随着社会的发展和人民生活水平的提高，商业情报、个人隐私日益受到重视，保密电话机已经开始进入人们的生活。

(4) 针对残疾人和老年人使用的电话机。目前已有许多针对残疾人和老年人使用的福利措施电话机。盲人使用的电话机的号盘上，数字 3、6、9 的位置有辐射状凸起来的圆型标记。聋人使用的电话机可采用闪光式来话表示器或低频附属电铃，其受话器采用通过骨振动直接作用于听觉上的骨传导受话器或内装有话音量放大到 25 dB 的受话器。另外，还有供聋哑人使用的键盘输入电话机，该电话机底部附有一个金属抽屉，这个金属抽屉可以拉出来，里面有一个键盘。聋哑人打电话时就可以把要说的话在键盘上打下来，通过电话网络传输到对方。打电话的人可以从同一电话机的液晶显示屏幕上读到对方的回话。瘫痪人用的电话机要考虑到按钮形状的大小、需按压力的大小，而且操作面要呈凹状，这样手发抖时也不会按错。独身老人福利电话机装有紧急联络设备，具有自动送出紧急信息、自动拨号和放大受话音量等功能。考虑到不能按按钮的人使用电话，需设有辅助设备，可用胳膊、手腕、脚、话音，甚至呼气来控制开关。

(5) 自动翻译电话机。电话通信尽管变得非常普遍，电话机的功能也日臻完善，但利用电话通信时，多数仍限制在双方使用同一种语言，不能超越语言障碍。自动翻译电话机能实现两种不同语言之间的通话，它具备识别语种并根据指令将其译成另一种语言的功能。这涉及到话音识别、话音合成与计算机翻译等高技术。自动翻译电话现在还不成熟，只限于少数重要场合和重要的语种服务。随着技术的发展，带有自动翻译电话系统的电话机将被广泛应用。

(6) 可视电话机。可视电话在通话的同时能看到对方的图像，根据需要还可以传输文字和图像等。可视电话属于多媒体通信范畴，是一种有着广泛应用领域的视讯会议系统，它不仅适用于家庭生活，而且还可以广泛应用于各项商务活动、远程教学、保密监控、医院护理、医疗诊断、科学考察等不同行业的多种领域，因而有着极为广阔的市场前景。

关于电话机的命名，有两种方法：

(1) 原机械电子工业部命名方法。电话机型号由四部分组成：

　　　主称　分类　用途　序号

除序号用阿拉伯数字外，其余三项均为简化名称汉语拼音的第一个字母表示，若相互之间有重复时，则取汉语拼音的第二个字母。电话机的主称均用"H"字母表示。表 2.1 定义了分类代号，表 2.2 定义了用途代号。

表 2.1　分　类　代　号

名　称	磁　石	共　电	自　动	声　力	扬　声	调　度
代　号	C	G	Z	L	A	I

表 2.2　用　途　代　号

名　称	代号	名　称	代号	名　称	代号
挂墙用	G	潜水用	S	农村用	N
携带用	X	矿井用	K	专　用	Z
防爆用	B	铁路用	L	无人管理	W
船舶用	C	企业用	Q		

例如：HCX-3 型，主称 H 代表电话机；分类 C 代表磁石；用途 X 代表携带用；3 代表登记序号。

(2) 信息产业部进网电话机编号管理办法。电话机型号由四部分组成：

品种类别　产品序号　外形序号　功能

表 2.3 定义了品种类别。产品序号原则是按厂家进网登记的顺序排列的，由 2～3 位阿拉伯数字组成；外形序号用圆括号和罗马数字表示；功能用英文字母表示，规定见表 2.4。

例如：HA998(Ⅲ)P/T SD 型，HA 代表按键式自动电话机；998 代表产品进网登记号；Ⅲ代表第三种外形；P/T SD 代表具有脉冲音频兼拨号、存储、免提、扬声等功能。

表 2.3　品 种 类 别

名称	磁石式	拨号盘式	录音式	投币式	IC 卡式	共电式	按键式	无绳式	磁卡式
代号	HC	HB	HL	HT	HIC	HG	HA	HW	HK

表 2.4　电 话 的 功 能

名称	脉冲拨号	免提扬声	锁号功能	双音频拨号	号码存储记忆	脉冲音频拨号
代号	P	D	L	T	S	P/T

2.2　传　真　机

2.2.1　传真机的种类

CCITT 为传真业务制定了一系列的标准，并按照传真技术的发展过程将传真机分为如下四类：

(1) 一类传真机。一类传真机是早期的传真机，它采用低速模拟传真技术，线路上传送的是模拟调频信号，用来表示文件的黑白和几个等级的灰度。图形的分辨率(即光电扫描的密度)约为 4 行/mm，传送一页 A4 文件(210 mm × 297 mm)大约需要 6 min。

(2) 二类传真机。二类传真机仍然采用模拟传输技术，但是依靠频带压缩使传送速率提高了一倍，分辨率和一类传真机相同，传输采用调相信号表示黑白及灰度。二类传真机目前仍广泛使用。

(3) 三类传真机。三类传真机开始改用数字技术，将扫描得到的模拟量进行编码，变成数字信号传输出去。三类传真机的分辨率是水平方向上每英寸(25.4 mm) 200 抽样点，垂直方向上每英寸 100 或 200 抽样点。三类传真机是针对电话网设计的，编码之后的数字传真信号经过调制解调器变成带宽为 3.1 kHz 的音频信号在电话网中传送。电话网对传真信号的处理与对话音的处理相同。由于采用了信号压缩技术，三类传真机的速度比二类传真机又提高了 3 倍左右。三类传真机只区分黑和白，没有灰度。

(4) 四类传真机。四类传真机仍是黑白传真，采用数字传输，但是传输速率比三类传真机大大提高了。四类传真机是专门为 ISDN 这样的数字网络设计的，它的传输速率是 64 kb/s，正好利用一个 B 信道来传送。四类传真机还采用差错控制技术来提高通信质量，采用信号压缩技术来提高传送速度。四类传真机的分辨率在水平和垂直方向上都是每英寸 200～400

像素。利用四类传真机传送一张 A4 文件只需要几秒钟。四类传真机又可进一步划分为三个等级：第 1 级是单纯的传真机；第 2 级既是传真机，又可以接收和记录智能用户电报终端 (Teletex)送来的消息；第 3 级可以以 Teletex 和传真两种方式工作，适用于传送文字和图形混合的文件。

2.2.2　典型传真机的组成原理

传真机是作为图像通信终端发展起来的，因而其基本任务是将一幅欲发送的图像，从发送端通过传输信道传送到接收端，并在接收端重现发送的图像。显然，必须在发送端把图像信息转换成电信号，在接收端把信道送来的电信号转换成图像，这就是传真的基本技术，即图像的拾取与图像的记录。

1. 图像的拾取

一幅图像可以看成是由许许多多的图像细节，即像素构成的。每一个像素都有亮度和彩度信息，亮度是指图像细节的明暗程度；彩度信息又包含着色调(表示颜色，可用波长表示)和色饱和度(各种颜色的浓度)这样两个概念。显然，在把这种图像信息转换成电信息时，必须根据图像的特征与复制图像的要求来选择合适的转换方式，对于无彩色(如白、灰和黑)组成的图像，亮度信息是图像的主要特征，所以对于这种单色调图像，仅需把组成图像的各个像素的亮度信息转换成电信息，就可以得到令人满意的效果了。但对于一幅彩色图像来说，除了亮度信息外，还有彩色信息，所以对于这种彩色图像，如果不把彩度信息与亮度信息一起转换成电信息的话，是不会得到令人满意的效果的。把图像的亮度和彩度信息转换成电信息时，往往是采用光/电转换器和各种分色镜(作为三基色的红光——7000 Å、绿光——5460 Å 及蓝光——3460 Å)来具体实现的。在日常生活和工作中，大部分图像是无彩的单色调图像。在传真通信中大多数以单色调图像作为传送图像，因此，仅用光/电转换器把图像的亮度信息转换为电信息，就可以得到令人满意的效果了。

要把一幅图像从二维的空间信息变换成一维的时间信息，就必须利用图像的特征。即对于一幅黑白图像，可以看成是由许许多多的图像细节(像素)构成的，每一个像素都具有自己的亮度信息。图 2.2 是汉字"中"的例子。

在图 2.2 中，"中"可以看成是由 56 块图像细节构成的。每一块图像只具有亮度信息，如果要传送一幅这样的图像，只需要从左至右、从上到下一块一块地把图像的亮度变换成电信息，就可以达到传递图像的目的了。虽然图 2.2 中，"中"是一个理想化的字，但道理是一样的，只要把反映图像信息的基本像素取得足够小(即像素的数目足够多)，那么像素的亮度信

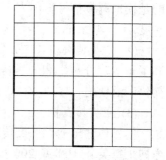

图 2.2　汉字"中"的像素分割

息就能真实地反映任何一幅图像。但是，像素越小，由于图像包含总的像素数目的增加，因此把全部图像转换成电信息的时间也就越长。显然，提高图像转换成电信息的精度与缩短图像转换成电信息的时间是相互矛盾的。因此，像素大小的选择是根据重视图像的精度和传输图像的时间要求而确定的，一般在三类传真机中，在 1 mm 的距离内有八个取样点，即有八个像素。

在三类机中，CCD 器件是完成光电变换的中心器件。从原稿上反射回来的光信号作为 CCD 器件的输入(可参见后图 2.10)。用于传真机中的 CCD 器件是线阵型，主要由下面两种方式构成。

(1) 单通道型。光敏区和转移区分开，使转移区不照光，并用一系列移位寄存器进行转移，这种结构称单通道型，如图 2.3(a)所示。

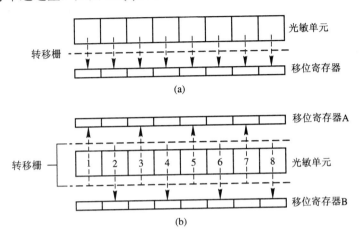

图 2.3　CCD 描述器件的两种结构

(a) 单通道；(b) 双通道

在单通道 CCD 扫描结构中，光敏单元和转移区(由一系列移位寄存器构成)分开，使转移区不照光。这是因为光是连续照射的，如果信号在转移期间仍受到光的照射，信号电荷将偏离原照射值，导致图像模糊不清。所以，必须把光敏区和转移区分开。

单通道 CCD 扫描器件结构简单，但在传真机的应用中会存在这样一个问题：传真机中一行的取样点为 1728 个，所以有 1728 个光敏单元。如果采用二相时钟转移输出，最后一位移出的次数将达 3456 次。随着转移次数的增多，转移效率下降，导致图像质量下降。因此，转移次数要受到限制，为了减少移位次数，大多数三类传真机是采用双通道型 CCD 扫描器件的。

(2) 双通道型。双通道型和单通道型一样，光敏区和转移区是分开的，只是转移通道是两行并行的移位寄存器，这种器件的结构如图 2.3(b)所示。

在图 2.3 中，光敏单元的奇数部分向移位寄存器 A 中转移，偶数的光敏单元向移位寄存器 B 中转移。这样，对于 1728 个光敏单元，采用二相时钟驱动，最后一位移出的次数为 1728 次。可见，这种双通道结构的 CCD，其转移次数将比单通道结构少一半。电荷转移效率提高，图像质量较高。图 2.4 为三类传真机中 CCD 器件原理结构图。

CCD 器件光电变换过程可分为如下三个阶段：

(1) 积分。积分是在光敏单元内进行的，是指光敏单元在光的照射下，电荷在势阱中积累的过程。在光照积分期间，一相时钟 ϕ_1 始终保持高电位，产生势阱以存放光产生的少数载流子(自由电荷)；与此同时，另一相时钟 ϕ_2 一直为低电平，积分过程可参看图 2.4(a)。在外光的照射下，将产生电子—空穴对，电子在电场的作用下进入势阱，在势阱中积累，空穴则被排斥。

(2) 转移。当势阱内的电荷积累到一定程度时，就要并行转移到移位寄存器中。当转移栅加上脉冲电压时，拆除了积分区与转移区一侧的"墙"，同时积分区的势能抬高，于是电荷从光敏区转移到与积分区平行的常规 CCD 中，其转移过程如图 2.4(b)～(d)所示。

图 2.4(a)～(d)的变化过程如下：

图 2.4(a)：$t=t_1$，$V_1=E$，$V_2=0$，$V_3=E$，这时电荷不会转移。

图 2.4(b)：$t=t_2$，$V_1=E/2$，$V_2=E$，$V_3=E$，此时光敏区与转移区之间的"墙"被拆除，信号电荷(2408 位)并行地转移到常规 CCD 器件中。

图 2.4(c)：$t=t_3$，$V_1=0$，$V_2=E/2$，$V_3=E$，电荷并行转移完毕。

图 2.4(d)：$t=t_4$，$V_1=E$，$V_2=0$，$V_3=E$，又回到起始状态。这时在光敏区与转移区又筑起了一道"墙"，光敏区可以进行下一行的积分，转移区电荷就一位一位地移出。

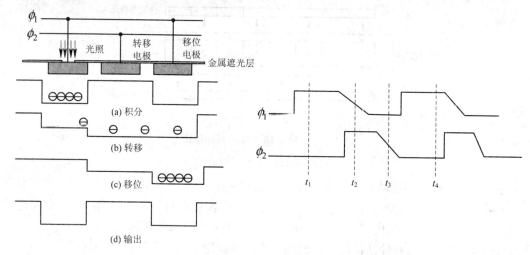

图 2.4 CCD 积分转移原理

(a) $t = t_1$；(b) $t = t_2$；(c) $t = t_3$；(d) $t = t_4$

(3) 移位输出。电荷在转移脉冲的作用下，并行地从光敏单元转移到不透光的 CCD 移位寄存器中(三类机中采用双通道输出，奇数单元和偶数单元分别向两侧并行转移到与之平行的 CCD 寄存器中)。然后，CCD 寄存器中的电荷在二相时钟脉冲的作用下，进行移位后通过复合门输出。复合门的任务是把从移位寄存器中送来的两路串行信号合成为一路串行信号，送给前置放大电路，经前置放大器输出原始的图像信号。

2. 图像的记录

传真通信与其他图像通信一样，其最终目的都是希望在接收端得到一幅令人满意的、并与发端图像极其相似的图像，所不同之处在于重现图像的手段。静止图像的重现可分为两种形式，一种是永久性记录在记录纸上的硬复制，另一种是瞬时记录在 CRT 上的软复制。传真图像的重现是用硬复制的手段把图像永久地记录在记录纸上。

在发送端，从图像信息变换到电信息可分为两步：第一步是把图像分解成像素；第二步则是把像素的亮度信息转换成电信息。在接收端的记录过程中，记录也有两步：第一步是把对应于发送图像各像素的电信息借助于某一手段转换为图像的像素；第二步是把像素按发送端分解成像素时的同样顺序依次排列，最后组合成一幅完整的图像。因此，记录系统由两大部分组成，第一是记录器，用来把像素的电信息转换成像素；第二是扫描器，用来把像素按照图像原来的位置和扫描次序在接收副本上依次排列起来合成图像。

1) 静电记录方式

静电记录是近年来发展较快的一种记录方式。静电记录的出现，为实现平面扫描、连接输纸的高速传真机创造了良好的条件。静电记录是以电路输入信号进行直接记录的，需要特殊的记录纸，即静电记录纸。

静电记录纸的结构有双层型和三层型两种，如图 2.5 所示。

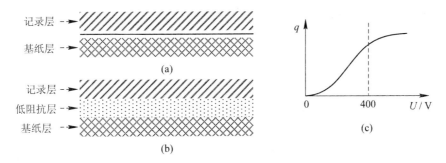

图 2.5 记录纸的结构与电特性

(a) 双层纸；(b) 三层纸；(c) 记录纸的电特性

图 2.5(a)、(b)分别为双层型和三层型结构的记录纸。记录层又称绝缘层，其涂层材料和厚度对记录后的静电容量和记录浓度均有影响。适宜作记录层材料的有聚氧乙烯、聚苯乙烯树脂等，采用聚苯乙烯树脂较好，因为树脂的电阻越高，带电量越大。但当表面电阻太大时，易产生摩擦带电，造成显影底色灰和图像模糊。聚苯乙烯的电阻率为 $10^6 \sim 10^9$ Ω/cm。记录涂层厚度在 $5 \sim 10$ μm。

基纸是静电记录纸的支持体。考虑到记录纸的强度和成本，基纸厚度应在 $50 \sim 60$ μm 之间，且表面应平滑均匀；不透明、不卷曲并且具有一定的抗张力和延伸度；电阻率为 $10^6 \sim 10^9$ Ω/cm。

低阻抗层的电阻率在 $10^5 \sim 10^8$ Ω/cm，涂层厚度为 $1 \sim 3$ μm，主要用来提高记录效果。

双层型静电记录纸受湿度的影响较大，所以，一般静电记录纸都用三层型结构。

当记录电压很小时，电压的电荷增加不多；当电压升到一定数值时，电荷数上升较快，记录纸上才能充上电荷。此时的电压值称为阈值，一般在 400 V 以上，特性如图 2.5(c)所示。

静电记录分为三个过程，即静电潜影的形成、显影和定影。用高压脉冲对静电记录纸进行充电，静电记录纸中的电荷形成潜影，这就是静电记录的基本原理。给记录纸充电方式的结构有两种，如图 2.6(a)和(b)所示。

图 2.6(a)中记录针电极和面电极分别在记录纸的上、下方，当针电极和面电极之间加上电压时，便可对记录纸进行充电。但这种结构比较复杂，所以，一般都用如图 2.6(b)所示的结构。

双层结构记录纸的充电等效电路如图 2.6(c)所示。C_3、C_4 是两个面电极与静电记录纸之间的电容。由于面电极的面积较大，因而 C_3、C_4 电容值较大，在充电的串联回路中可以忽略。C_1 是记录层的电容，静电记录原理就是要对 C_1 进行充电。记录层的电阻用 R_1 表示。C_2 是静电记录纸与针电极间的电容，电阻用 R_2 表示。所以，静电记录的充电回路如图 2.6(d)所示。

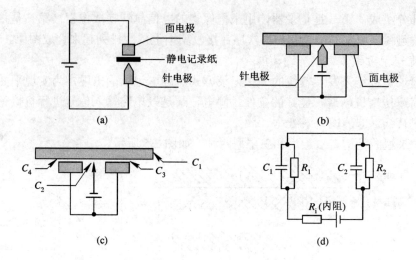

图 2.6 静电记录的充电方式与等效电路

(a) 电极分别在记录纸的上、下方; (b) 电极均在记录纸一面;

(c) 双层纸的等效电路; (d) 静电记录充电回路

潜像过程。在图 2.6(d)中, R_i 为电源内阻。当图像信号对应于图像上的黑色像素时, 高压输出电路产生高压, 通过记录针电极和面电极加到记录纸上, 对记录纸进行充电, 即对 C_1 进行充电, 使得静电记录纸上沉积负电荷, 便形成人眼看不见的潜像。当图像信号为白色信号时, 高压输出电路不输出高压脉冲, 不以静电记录纸进行充电, 记录纸上仍然是白像素。

经潜像的记录纸要经过第二步的显影和定影处理, 才能得到人眼能看得见的图像。

显影过程是将潜像的记录纸通过显影装置。由于潜像点带有负电荷, 而显影装置中的墨粉带有正电荷, 因此当记录纸通过附着墨粉的磁辊下面时, 带正电的墨粉会被吸附在带负电荷的记录纸上。

显影装置由墨粉盒(盒内装有检测墨粉的传感器), 控制墨粉流量的墨粉挡板和墨粉磁辊组成。墨粉磁辊上装有磁块, 调整其主极角可以改变粘着在磁辊上墨粉的厚度。显影装置如图 2.7(a)所示。

墨粉由炭粉、磁石和红色树脂物理混合组成。每次增添墨粉时, 要反复摇晃, 均匀后再使用。

经过显影后, 已经得到可视的图像。但由于这时的墨粉粘着不牢靠、容易脱落, 因此必须经过定影, 将墨粉固定在记录纸上。定影可采用加热、加压的形式来实现。定影装置如图 2.7(b)所示, 图中保护玻璃为耐高温的石英玻璃, 其透明度很理想。

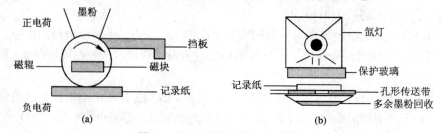

图 2.7 记录纸的显影、定影装置

(a) 显影装置; (b) 定影装置

定影过程。已经显影并带有附着墨粉的记录纸，由孔型传送皮带送到定影装置，氙灯在 SCU 控制电路的控制下闪亮，利用其瞬时热能将墨粉固定在记录纸上。

静电记录的优点是具有高速、高分辨率，保存时间长、不易涂改，记录时无噪声、无异味、记录功耗低等明显特点。因而，在文件三类机中广泛地采用静电记录法，它能在几秒内完成一页 A4 大小幅面的记录。

这种记录方式最主要的缺点就是记录过程较复杂，需要潜像、显影、定影等三个过程，因而机器成本较高。另外，静电记录受环境的影响较大，主要是受湿度的影响。

2) 感热记录方式

在三类传真机中得到广泛应用的另一种记录方式是感热记录方式。该记录方式具有高速、高分辨率、噪声小，消耗品价格便宜，一次形成硬拷贝(不需要形成潜像、显影、定影的过程)等优点。尤其是最后一条优点，使得机器结构简单、体积小，能制成台式传真机，适合于办公自动化。同时，机器的造价也较便宜。一般感热记录方式的速度可在几十秒内记录一页 A4 大小的幅面，分辨率可达每毫米 8 线，能获得质量较好的副本。因此，在普及型的文件三类机中，几乎都是采用这种记录方式的。

感热记录的基本原理就是利用图像信号置换成热信号来直接记录。即用图像信号去控制高温发热元件，然后加到感热记录纸上进行记录，不用显影、定影过程。由感热记录纸的成分和结构的不同，感热记录又分物理感热记录和化学感热记录。

(1) 物理感热记录。物理感热记录方式用的是物理感热记录纸，记录纸的衬底上设置有着色层，在着色层上涂有一层不透明的白色的蜡，即感热层，如图 2.8 所示。该感热层的温度到 60℃ 时，白色的蜡融化而透明，从而在记录纸上显示下面着色层的颜色。假如着色为黑色，相当于此时在记录纸上记录了一个黑色像素点。当图像信号为白色像素信号时，感热记录头不发热。此时感热记录纸上的白色蜡不融化。这就相当于在记录纸上记录了一个白色像素点。

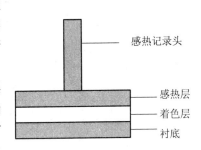

图 2.8　物理感热记录纸的构成

不过，这种感热记录方法一般不用于传真机上，其理由是：① 感热层容易脱落；② 分辨率低；③ 感热头易与感热层粘连。此处将之作为一种感热记录方法作一简要介绍。在传真机中使用的是化学感热记录。

(2) 化学感热记录。化学感热记录的原理及化学感热记录纸的结构如图 2.9 所示。该记录纸由感热层和衬底组成。在感热层中，有两种不同成分的物质，一种是提供电子的物质，另一种是接收电子的物质，这两种物质以固体微粒状散布在结合剂中，两者保持物理性隔离，但又能在一定条件下进行化学反应。这两种物质在常温

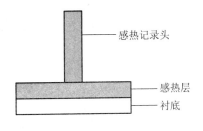

图 2.9　化学感热记录纸的构成

下是固体，分别以单质加热不改变颜色，但如果将两者混合加热，就会迅速发生化学反应，并生成不可逆的黑色物质，但是这种生成物在长时间的光照作用下，也会自行分解。同时，记录纸中没有起化学反应的两种物质在长期光照下也会发生化学反应，这样，感热记录的

时间久了黑白对比度会明显下降，这就是感热记录的副本不能长时期保存的原因。

化学感热记录原理与物理感热记录原理相似。当图像信号为黑像素信号时，驱动感热记录头发热，感热层中的两种物质将发生化学反应，生成一种黑色物质，这就相当于在记录纸上记录了一个黑色像素点。当图像信号为白色信号时，感热记录头不发热，感热层中的两种物质不会起化学反应，仍然保持白色，这就相当于在记录纸上记录了一个白色像素点。

感热记录具有速度快(一般能在几十秒钟内记录一份 A4 大小的幅面)，分辨率高；记录过程中无怪味，噪声小；消耗品价格便宜等优点。由于该机器能形成硬拷贝，不需要静电记录的潜像、显影和定影过程，因而机器的记录结构简单，造价低。由于这些优点，感热记录方式在普及型的三类传真机中得到广泛应用。

该记录方式最大的缺点就是记录拷贝不能长时间保存，因为感热记录纸在高温或长时间光照下，感热层的两种物质会发生化学反应，从而致使记录拷贝的黑白反差减小，导致图像模糊不清。尽管如此，感热记录方式作为一种新发展起来的记录方式，越来越得到人们的重视，随着记录纸的改善将会给感热记录的应用带来一个新的发展。

3. 典型传真机的构成框图

传真机的种类很多，虽然具体电路与结构有所不同，但基本构成及功能大致相同，典型的系统构成如图 2.10 所示，各部分的功能分述如下。

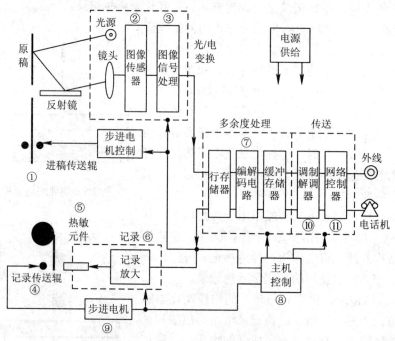

图 2.10　三类传真机的组成框图

1) **自动进稿部件(进稿传送辊)**

自动进稿部件的作用是传送原稿，使原稿沿扫描拾取部件经过。当一页或多页原稿放在文件导板上时，这一部件在控制电路的控制下，将原稿一页一页地自动送入扫描拾取部件中，并将原稿的导进情况通过一系列的原稿位置传感器通知给主机控制电路，使之能够根据情况控制整机的工作状态。

2) 扫描拾取部件(图像传感器)

原稿图像经此部件时，就被其中的光学系统扫描并逐行地被分解成像素，经光/电变换成电信号。扫描拾取部件中的关键器件是光/电变换器件。目前，绝大部分三类机采用电荷耦合光敏器件(CCD)作为光/电变换器件。在扫描拾取部件中，除光/电变换器件外，还有由荧光灯、透镜、折射镜等组成的光学系统。荧光灯产生的光作为光源照射到原稿上，把原稿某一行对应像素的黑白色调反射到光/电变换器件，不同强度的反射光线将变成光电变换器件中不同大小电荷的存储信息。光学系统除提供光/电变换的输入能源以外，还必须保证扫描的分解密度。

3) 图像信号处理

图像信号处理电路也称视频处理电路。由于光/电变换器件的固有噪声、荧光灯的亮度不均匀、原稿的底色不同及字迹的深浅等原因，造成图像原始信号的畸变。因此需要对图像原始信号进行处理。另外，为了使数字电路对信号进行编码，需要这一电路对图像信号进行模/数变换，使之变成数字图像数据。

4) 自动排纸部件(记录传送辊)

自动排纸部件的作用是传送记录纸。通常，每台三类机都存放一卷记录纸，记录(或称复印)时，由自动排纸部件将记录纸引导到记录头，逐行记录图像后，传到输纸板上，并在整个记录结束时，自动将记录副本切成与原稿长度相对应的尺寸。此外，自动排纸部件中设置一系列的记录纸位置传感器，通过这些传感器将记录纸的排出情况随时通知给主机控制电路，以便能根据情况控制整机的工作状态。

5) 记录头(热敏元件)

记录头是将电信号变成对应原稿像素的可视图像的器件。记录头完成的功能与光/电变换器件的功能相反。三类机常用的记录头一般是感热记录头或静电记录头。记录头通常由许多记录单元组成。记录头的宽度与记录行的宽度是相同的。记录时，在记录控制电路的控制下，将输入的图像数据转变成一行一行排列的光学图像。

6) 记录

在图像记录时，记录控制电路控制从解码电路或存储器来的图像数据，将每线图像数据分成几段，分别送到记录头的相应记录单元中，通常此电路除供给记录头图像数据外，还向记录头输出地址信号和驱动脉冲。

7) 编解码电路

对图像数据进行压缩的编码电路和对图像数据进行恢复的解码电路是三类机不可缺少的一大组成部分。当三类机进行通信时，发送机中的编码电路对从图像信号处理电路来的图像数据进行一维或二维编码。编码过程中利用了图像数据之间的相关性，从而使图像数据得到压缩。由于传输的是经编码压缩后的数字图像数据，因此一页报文的传输时间变短。在接收端，解码电路将接收到的编码图像恢复成对应原稿像素的图像信号，然后送到记录部件中进行记录。因为每行的黑或白像素的持续长度及其数目并不相同，所以对每行的编码图像数据量也不一样。为了协调数据的处理流量，在编码之后及解码前要对数据进行缓冲。三类机的编码与解码电路中使用存储器的部分存储单元对数据进行缓冲，在主机控制电路的指挥下，协调完成逐行编码或解码的功能。

8) 主机控制

主机控制部件是三类机的中心，它完成对整机进行指挥管理的功能。它根据操作员设置的机器工作方式、工作状态和机器的其他部件中发来的状态信号，由微处理器(CPU)对整机的各部件进行实时控制，使三类机具有很强的自动功能。在主机控制电路里，除了一个能直接寻址 64 千字节的 16 位或准 16 位微处理器(CPU)外，通常还有两个或三个专用大规模集成电路作为辅助控制电路，在主 CPU 的控制下工作。CPU 的外围电路包括只读存储器(ROM)、随机存取存储器(RAM)、存储器控制电路、各个接口电路、时钟电路及数据总线、地址总线、控制总线等电路。存储在 ROM 和 RAM 中的数据和指令有机器的各种工作方式的程序指令、进行传输用的控制命令、各种显示字符、各接口器件和其他存储器的地址及暂存的图像数据等。

9) 步进电机控制

由于三类机对图像进行逐行扫描拾取或记录，因此每行的扫描拾取或记录都需要一定的时间。换句话说，在对图像进行逐行的拾取或记录时，原稿或记录纸都是不能动的，因而需要用步进电机带动自动进稿部件或自动排纸部件中的输纸结构，逐行地完成输纸动作。步进电机是用步进脉冲驱动的，步进电机的一步(或几步)转动使原稿或记录纸换一行。传送原稿的电机称为发送电机，传送记录纸的电机称为接收电机。在电机驱动电路中根据主机控制电路发来的控制信号产生发送电机或接收电机的驱动脉冲。

10) 调制调解器

调制电路在发送机中，其作用是使数字图像数据经过调制后能在模拟电话电路上传输。这是由于数字信号具有很多的低频与高频成分，而电话电路只能传 300～3400 Hz 范围内的频率信号，数字图像数据在传输前若不经过调制，则传输后必然造成信号的失真，在接收端无法准确地恢复原来的图像。在接收端用解调器将接收到的信号又恢复成图像数据。由于通信线路对传输的信号有时会造成不良的影响，在单位时间内，信号的传输速率越高，则影响的数据量就越大，数据的传输误码就越严重，因此，传输误码的发生与信号的传输速率有直接关系。在三类机中，使用了 CCITT 建议规定的几种标准调制解调器，大致分成高速(9600 b/s、7200 b/s)、中速(4800 b/s、2400 b/s)和低速(300 b/s)。用高速率在质量好的通信线路中传输图像信号，用中速率在质量一般的通信线路中传输图像信号，用低速率传输传真控制信号。用此方法达到报文短时间传输，同时以保证较好的图像质量和传输控制过程的可靠性。

为了节省元器件和减小体积，三类机将发送用的调制器和接收用的解调器合为一体，统称为调制解调器(Modem)。为了产生不同的传输速率，三类机中的调制解调器不止一个。通信过程中，在主机控制电路和通信电路的控制下，可选择一个所需的调制解调器进行工作。

11) 网络控制器

由于三类机的通信线路使用电话交换网(或专线电话电路)作为非话业务，与电话机共享一条传输线路，因此存在着传输线路在传真机与电话机之间交替倒换的问题。三类机的网络控制电路被用来解决这个问题。传输传真报文时，网络控制电路将线路由电话机转接到传真机，传真通信结束后，又将线路转接到电话机。另外，网络控制电路还担负线路的状态维持和半双工通信方式的信号方向控制功能。

12) 操作及显示部件

操作及显示部件在图中没有画出，操作员可用它对机器进行控制。在这一部件中设置了许多开关、按键和显示器件。操作员通过这些开关和按键来设置机器的工作方式和工作状态，机器按照操作员的设置进行相应的动作，并且通过显示器件显示机器的当前状态。每一按键都有对应的显示器件，所有对机器的操作过程形成人机对话的方式。

13) 电源供给控制电路

电源供给控制电路部分用来提供机器所需的各种电源。三类机的电源系统分主电源和辅助电源。接通电源后，首先机器处于待机状态，只有辅助电源启动工作，主电源在机器处于工作状态时才供电，这样可以减小电源的消耗。

2.3　图　像　终　端

2.3.1　图像获取设备

图像终端大多用于彩色图像业务，分为图像获取设备和图像显示终端，前者的功能是将图形、图像和动画等转换成数字信息，而后者则完成相反的功能。

常用的图像获取设备有扫描仪、摄像机等。

1. 扫描仪

扫描仪是一种利用光的透射或反射原理，将图形、图像、文字、表格等资料信息直接输入计算机的输入设备，广泛应用于图形图像处理、电子出版、广告制作、办公自动化和测绘等方面。目前，大多数扫描仪采用的光/电转换部件是 CCD(电荷耦合器件)，它可以将照射在其上的光信号转换为相应的电信号。扫描仪在工作时，首先由光源将光线照在欲输入的原稿上，产生表示原稿图形、图像、文字特征的透射光或反射光。光学系统采集这些光线并将其聚焦在 CCD 上，由 CCD 将光信号转换成相应的电信号，然后对这些电信号进行 A/D 转换及处理，产生相应的数字信号送往计算机。扫描仪还提供设置扫描区域、分辨率、亮度、图像深度等参数的功能，扫描后可作进一步处理。

按扫描方式可将扫描仪分为平板式、手持式和滚动式三种类型。平板式扫描仪是较好的多媒体信息获取设备，一般分辨率为 236 d/cm，高分辨率可达 945 d/cm，采用 24 位量化，适用 A3、A4 幅面，常见产品有 Microtek 系列、HP 系列和 ScanMaker 系列等；手持式扫描仪适应于精度要求不高的环境，价格便宜，扫描最大宽度为 105 mm，一般分辨率为 157 d/cm，对大幅面的图稿需要多次扫描后拼接才能完成输入，常见产品有 Mustek 系列和 Primax 系列等；滚动式扫描仪适应于 A0、A1 大幅面图稿输入，其分辨率在 118～315 d/cm 之间，采用滚动式走纸机构，扫描时扫描头固定，图纸在走纸机构控制下完成扫描，常用于大型工程图的扫描输入，常见的产品有 Context 系列和 Vidar 系列等。

扫描仪的接口大都采用 IEEE-488 或 SCSI 标准接口，已逐步被 GPIB 或 USB 取代。

2. 摄像机

摄像机是一种常用的视频图像获取设备，它由摄像镜头、摄像管、同步信号发生电路、偏转电路、放大电路、电源等部分组成。来自被摄物体的光通过光学系统在摄像管的靶上形成光学图像，该图像经摄像管转换成电信号，以视频信号方式输出被摄图像。

彩色图像的摄取关键是要分离出三基色信号，利用滤色片、分色镜或棱镜等把光分解成三基色。各基色分别由不同的摄像管转换成电信号的方式称为三管式摄像方式，该方式可以获得很高灵敏度和高质量的画面，但这种摄像机体积大、重量重、成本高。从一个摄像管取出三基色信号的方式称为单管式，其原理是在摄像靶面上配置非常细的竖条三色条纹滤色片，用摄像管取出 RGB 混合的图像信号。这个输出信号是由 R、G、B 分时依次排列的复合信号，可以用频率分离、相位分离、能量分级解调等方法从这种复合信号中分离出三基色。

目前，出现的新产品采用电荷耦合器件 CCD 等固态摄像器件完成光/电转换，这种器件具有体积小、重量轻、耗电少 寿命长、可靠性高等优点，从而大大提高了摄像机的性能。

2.3.2　图像显示终端

目前的图像显示终端有电视机、显示器等，它们的显示方式有 CRT、液晶、等离子体等，其中以 CRT 最为广泛采用，下面主要介绍 CRT 的基本原理。

CRT 显示器是利用阴极射线管中高速电子束的不断扫描来实现屏幕上的字符/图形显示的。阴极射线管由电子枪、荧光屏及管壳等三部分组成。在荧光屏内表面涂有荧光粉薄膜，当电子枪射出的高速(约每秒 60 000 km 以上)电子束撞击到荧光屏上时，可使对应位置的荧光膜发光，通过对电子束聚焦，便在屏幕上出现清晰的小光点。光点的亮度取决于电子束的强弱，而电子束的强弱可由视频信号("1"或"0")决定。光点的位置则受扫描电路的控制，扫描发生器产生水平扫描和垂直扫描信号，经同步后控制电子束在屏幕上的位置变化。扫描过程如图 2.11 所示。

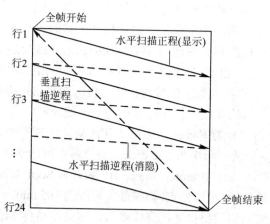

图 2.11　CRT 扫描原理

水平扫描和垂直扫描都有正程和逆程(回扫)之分，正程显示，逆程消隐。当电子束按从左到右、自上而下的顺序扫描到最后一行的最右端时，即构成一帧完整的画面，光点重新回到左上端(原点)，开始新一帧的扫描。利用荧光膜有一定的余辉时间和人眼的视觉滞留作用，只要帧扫描达到每秒钟 25 次以上，就能获得稳定的图像，使人眼没有闪烁的感觉。

显示在屏幕上的每一个字符都由称为点阵的光点图形来表示。对于单色显示器来说，点阵以黑底亮点或以亮底黑点的方式出现，每个字符一般由 5×7、7×9 或更多点的点阵图形来表示。点阵点数越多，显示清晰度越高，相应地要求 CRT 的分辨率就越高。例如，当采用 5×7 点阵时，每个字符用 35 个点的点阵表示。图中黑点、空白分别对应"1"、"0"代码。每条线对应的代码称为字符点阵的线代码。为了得到良好的视觉效果，实际上在字符的上、下方还需留出一定的间隔，所以一般需要 8～10 条线来显示一个字符，即留出 1～3 行的空白。

一般的 CRT 一屏可显示 24 行，每行可显示 80 个字符。值得指出的是，并不是扫描显示出一个完整的字符后再扫描显示下一个字符，而是先扫描出某字符行第一行线上每个字符中属于该线的所有点，再扫描出该行字符第二行线上的各点，依此类推。如 5×7 点阵中，当扫描完第 7 行线时便扫描出该字符行的全部字符。

2.4 多媒体计算机

多媒体技术是计算机技术发展的重要方向。自 20 世纪 80 年代中期以来，随着计算机技术、通信技术、超大规模集成电路技术以及信息存储和压缩技术的飞速发展，促使多媒体计算机这一综合高新技术应运而生。特别是进入 20 世纪 90 年代以后，多媒体技术席卷了整个计算机界，成为微型计算机发展的潮流而受到极大关注，很快地从以研究开发为重心转移到以应用为重心。多媒体技术赋予了计算机新的活力，使其更广泛地深入到人们的生活和工作中，对信息社会产生了重大影响。多媒体技术的引入，使计算机能集成处理文、图、声、视等多种信息，给人类提供了一种用计算机技术表现、处理和传播且具备"视"、"听"完整信息的数字处理方法；使计算机能以多种直观、简便、友好的方式与人类交换信息，从而更加贴近人类的观念和习惯，真正使人机交互达到一种自然、方便的境地。

2.4.1 多媒体技术的主要特点

多媒体技术的主要特点表现在媒体信息表示的数字化，媒体信息处理的集成性、实时性与交互性。

(1) 数字化。多媒体技术的数字化特征是它与传统的电影、电视、电话等模拟信号技术的本质区别。媒体信息的数字化使之保存、修改和交换均十分方便。

(2) 集成性。集成性一方面是指声音、文字、图像、视频等媒体信息的集成，使其浑然一体；另一方面是指显示或表现媒体设备的集成，即多媒体系统除计算机本身外还包括了诸如音响、麦克风、激光唱机、电视机、摄像机等多媒体设备。

(3) 实时性。实时性是指在多媒体系统中声音及活动的视频图像是强实时的(Hard Realtime)，多媒体技术提供了对这些媒体实时处理的能力。

(4) 交互性。交互性不仅是指各种媒体信息的相互渗透与相互联系，更重要的是指用户在人机交互过程中能充分发挥主动性与创造性。后者是多媒体计算机与电视机、激光唱机等家用声像电器相区别的关键特征。普通家用声像电器用户只能被动地收看、收听，不能与其沟通，即不能互传信息，所以不具备交换性，而多媒体计算机则能使用户介入到媒体的加工和处理之中。

2.4.2　多媒体计算机的关键技术

在多媒体计算机综合处理的多种媒体信息中，同时具有视、听特性的媒体，如视频、全活动影像(Full-motion Movie)等，是多媒体的核心要素。因此，处理音频和视频的软、硬件技术是多媒体计算机的关键技术。

1. 数据压缩技术

计算机处理声音、图像和视频等媒体信息时，必须将这些信息从模拟量转换成数字量，而经数字化后，声音、图像和视频的数据量是非常巨大的。例如，在表示彩色电视信号时，设代表光强、色彩和色饱和度的 YIQ 彩色空间中各分量的带宽分别为 4.2 MHz、1.5 MHz 和 0.5 MHz。根据采样定理，假定各分量均被数字化为 8 位，则 1 s 内电视信号的数据量为 $(4.2 + 1.5 + 0.5) \times 2 \times 8$ Mb$=99.2$ Mb，因而容量为 650 MB 的 CD-ROM 仅能存放约 1 min 的原始电视数据。又如，人类话音的带宽为 4 kHz，同样根据采样定理，设数字量精度为 8 位，则 1 s 声音信号的数据量为 $4 \times 2 \times 8$ kb$=64$ kb。即在上述假设下，人讲 1 min 话的数据量为 480 kb。

显然，要求多媒体计算机实时综合处理文、图、音、视等媒体如此巨大的数据量，已远远超出了计算机存储、操作和传输的能力。解决这一矛盾的有效方法是数据压缩。常用的压缩编码算法有 PCM(Pulse Code Modulation)、统计编码、变换编码、插值和外推编码、游程编码等。一些国际学术组织已制定了一些压缩编码标准，如 JPEG 标准和 MPEG 标准等。

2. VLSI 专用芯片

VLSI 专用芯片不仅集成度高，可大大提高处理速度，而且有利于产品的标准化。由于多媒体技术需要快速、实时地进行大量音频/视频数据的压缩/解压、图像处理、音频处理等，因此音频/视频处理的专用芯片显得尤为重要。多媒体计算机专用芯片可分为固定功能的芯片和可编程的芯片。固定功能芯片又称为全定制芯片，其功能专一且不能修改；可编程芯片功能灵活，可通过编程设定，是发展的主流。目前，常见的多媒体计算机专用芯片有音/视数据压缩/解压缩芯片、A/D 和 D/A 芯片、图形图像处理芯片、数字信号处理芯片 DSP 及 VRAM 等。

3. 适应多媒体技术的软件核心

多媒体应用系统能否充分调度多媒体硬件，充分发挥硬件功能，真正达到多种媒体同步协调，主要取决于多媒体计算机的软件核心，即视频/音频支撑系统 AVSS 和视频/音频核心 AVX。

软件核心应具备平台的独立性、灵活性、可扩展性和高性能等特征。所谓平台的独立性，是指应能利用多媒体工作平台进行各种多媒体应用的基本操作；所谓灵活性，是指应提供一个能够管理、控制多媒体设备和数据的灵活操作环境，在随机移动或扫描窗口条件下能进行运动或静止图像的处理与显示；所谓可扩展性，是指应能支持多媒体硬件设备的改进和提高，并能随硬件性能的提高而不断扩充软件的功能和提高软件的性能，以适应不断形成和完善的技术标准；所谓高性能，是指应能高速、同步、实时地协调处理各种媒体，使 CPU 用于处理媒体数据的开销降至最小。

　　此外，CD-ROM 技术、外围设备技术、网络技术、通信技术等相关技术的发展，对多媒体技术的发展也起到了十分重要的作用。

2.4.3　多媒体计算机的组成

　　多媒体计算机由两部分组成：硬件和软件。

　　(1) 硬件。多媒体硬件是多媒体技术的基础，要求具备高性能的 CPU、大容量的存储器、高分辨率的显示接口与设备、可处理音响和图像的接口与设备等。多媒体计算机的硬件配置除主机和常规 I/O 接口及设备外，通常还应包括光盘驱动器、音频卡、视频卡、解压卡、MIDI 卡等多媒体 I/O 设备和装置。

　　(2) 软件。多媒体软件配置主要包括多媒体操作系统及多媒体开发与创作工具。操作系统要求在传统操作系统的功能基础上，增加处理声音、图像、视频等媒体的功能，并能控制与这些媒体有关的 I/O 设备。

　　为了便于用户编程开发多媒体应用系统，一般在多媒体操作系统之上提供了丰富的多媒体开发工具，如 Microsoft MDK 就是一种供用户对图形、视频、声音等文件进行转换和编辑的工具包。此外，为方便多媒体项目的开发，多媒体计算机系统还提供了一些直观、可视化的交互式创作工具，如动画制作软件 3D Studio，多媒体节目创作工具 Tool Book 等。

2.5　现代多媒体终端

　　多媒体终端(Multimedia Terminal)又叫多功能终端，是指能够提供多种通信媒体(如话音、文字或图像等)的终端。与多个单一应用的终端相比，多媒体终端更为经济和实用，提高了 CPU、键盘、显示器等设备的利用率，也方便了用户使用，节省了办公空间。目前见到的多功能终端，除了上面介绍的多媒体计算机外，另一类就是将电话和某些数据业务结合起来的终端设备。

2.5.1　掌上电脑

　　现在，掌上电脑是一个热门话题。有人把低阶的产品归之为 PDA，把高阶的产品归之为掌上电脑。但实际上在国外已经普遍地把所有的移动计算产品统称为 PDA 了。

　　PDA 是 Personal Digital Assistant 的缩写，字面意思是"个人数字助理"。这种手持设备集中了计算、电话、传真和网络等多种功能，它不仅可用来管理个人信息(如通讯录，计划等)，更重要的是可以上网浏览，收发 E-mail，可以发传真，甚至还可以当作手机来用。尤为重要的是，这些功能都可以通过无线方式来实现。当然，并不是任何 PDA 都具备以上所有的功能，即使具备，也可能由于缺乏相应的服务而不能实现。但可以预见，PDA 发展的趋势和潮流就是计算、通信、网络、存储、娱乐、电子商务等多功能的融合。

　　PDA 一般都不配备键盘，而用手写输入或话音输入。PDA 所使用的操作系统主要有 Palm OS、Windows CE 和 EPOC。

　　PDA 的出现可以追溯到 Apple 公司于 1993 年推出的 Newton Message Pad 之后不久，就有厂商推出类似的产品。目前，PDA 的价格还偏高，但专家们相信，它将最终走进"寻常百姓家"，成为真正的"个人数字助理"。

以上所说的是广义的 PDA，目前对 PDA 还有一种狭义的理解。狭义的 PDA 可以称作电子记事本，其功能较为单一，主要是管理个人信息，如通讯录、记事和备忘、日程安排、便笺、计算器、录音和辞典等功能，而且这些功能都是固化的，不能根据用户的要求增加新的功能。

2.5.2 多媒体手机

以前的手机主要在通话功能和外观进行设计，但随着全球移动通信产业逐渐向 3G 的过渡，手机的新功能越来越多，这些新功能会刺激新的消费行为，成为手机市场出现新增长的动力。什么是多媒体手机，目前普遍认为的焦点在三个方面：影像、娱乐和互联网服务。其中，常用的是 SMS 和 MMS 功能。

MMS 是 Multimedia Messaging Service 的缩写，中文意为多媒体信息服务。它最大的特色就是支持多媒体功能，可以在 GPRS、CDMA 的支持下，以 WAP(无线应用协议)为载体传送视频短片、图片、声音和文字，传送方式除了在手机间传送外，还可以是手机与电脑之间的传送。具有 MMS 功能的移动电话的独特之处在于其内置的媒体编辑器，使用户可以很方便地编写多媒体信息。如果安装上一个内置或外置的照相机，用户还可以制作出 PowerPoint 格式的信息或电子明信片，并把它们传送给朋友或同事。这里简要介绍一下短消息和数据业务的实现方法。

1. 短消息(SMS)

1) 点对点短消息

点对点短消息(Point to Point Short Message)是通过信令信道传送简短文字信息的业务。有线是通过 7 号信令网(如图 2.12 所示，其中英文缩写词的含义参见第 6 章移动通信网络)传送的，无线是通过独立专用控制信道 SDCCH(未通话时)或慢速辅助控制信道 SACCH(通话中)传送的，最大消息长度为 160 个字节。

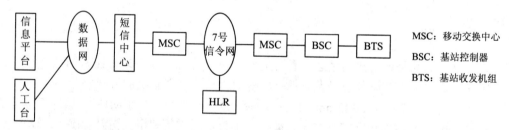

图 2.12 点对点短消息

短消息业务具有以下特点：

(1) 短消息传输速率低，适合于简短信息的传送。它既是电信业务，也可以通过短信中心与增值业务平台相连作为增值服务的载体。

(2) 短消息需要在短信中心存储转发，实时性较弱。

(3) 短消息的传送占用了控制信道，在业务量较高时，会受到无线信道的能力限制。

(4) 短消息没有对话机制，每次数据的发送或接收都要发出一次短信呼叫，因此反应较慢。

(5) 短消息的技术最成熟，对网络改造较小，实现业务比较容易。

利用短信还可以实现一些增值业务，如信息点播、交易服务(股票交易、手机银行等)、定位业务、话费催缴及查询业务、移动 QQ 等。

2) 小区广播短消息业务(CBS)

小区广播短消息(Cell Broadcast SMS)是在某一特定区域内广播短消息的业务。与点对点 SMS 不同的是，CBS 在专用的小区广播信道(CBCH)中发送，其服务对象是所有位于此小区的移动用户，如图 2.13 所示。CBS 的消息长度最多为 93 个字母或数字。

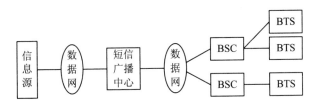

图 2.13　小区广播短消息

小区广播具有操作简单方便、接收信息迅速准确的特点，可以通过一次操作使多个用户同时接收到信息。用户可以根据需要激活或去除此功能，从而有选择地免费接收信息。特别适宜提供公共信息，如新闻、业务公告、天气预报、企业广告、财经股票的综合指数、行业信息、交通信息等。接收信息除面向全网的广播外，也包括在特定小区、特定时间内的广播，使此业务兼具全面性与针对性。

2. 电路交换数据(CSD)与高速电路交换数据(HSCSD)

1) 电路交换数据(CSD)

电路交换数据(Circuit Switched Data)通过占用一条话音信道提供端到端的数据传输。电路交换数据业务包括：

- 电信业务：交替话音三类传真业务和自动三类传真业务。
- 承载业务：

2X	异步业务	5X	分组接入
3X	同步业务	61	交替话音/数据
4X	PAD 接入	81	话音后接数据

电路交换数据业务的实现如图 2.14 所示。网络需要增加互通功能单元(IWF)与分组数据网相连，如果成为 ISP，需要接入服务器 NAS。

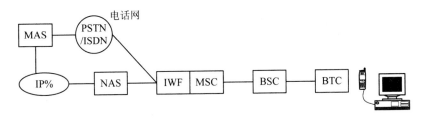

图 2.14　电路交换数据业务的实现

由于采用了电路交换方式，因而电路交换数据业务具有以下特点：

(1) 网络接入速度慢，一般需要 15～20 s 的接入时间。

(2) 无数据发送的间隙，信道也始终被占用，资源利用率低。

(3) 传输速率低，目前 GSM 电路型数据业务的最高速率是 9.6 kb/s。

(4) 用户使用费高，且不方便。

(5) 电路型承载业务比较成熟，对网络改造小。

(6) CSD 可提供 Internet 接入服务，进行 Web 测览，传送 E-mail，发送传真等，还可作为 WAP 的承载。

2) 高速电路交换数据(HSCSD)

为提高接入速率，高速电路型数据业务(High Speed Circuit Switched Data)在电路型数据业务的基础上采用了新的信道编码方式，使每个时隙的传输速率从 9.6 kb/s 提高到 14.4 kb/s，从而意味着只使用一个时隙，用户传输速率即可提高 50%。同时它还能将多个时隙捆绑供一个用户使用，使传输速率最高可达到 57.6 kb/s。同时，因为实际数据业务中下传的数据量较大，因而系统采用了时隙动态分配技术。上下传时隙可以动态调整，上传时隙一般需求较少，可以为下传链路提供更多的空闲时隙，即支持上传和下传非对称的资源分配。

相对 CSD，HSCSD 不需要增加新的网络设备，但网络需要软件升级。其传输速率较 CSD 有较大的提高，但没有本质的变化，适用于图像传输或其他需要固定速率和低时延的应用。但 HSCSD 出现的时机不是很好，与 GPRS 相差不到一年，且对资源消耗大，资费复杂，支持的厂家和终端少，故很快被 GPRS 替代了。

2.5.3　信息电话

信息电话是集电话、短消息、智能提醒、特色振铃、留言、电子记事本(PDA)等诸多功能于一体的信息家电产品。它基于 PSTN 电话网络，可以实现固定电话之间、固定电话和移动电话之间的信息收发功能，并且还可以通过 ICP 实时获取全方位的资讯，它的个人助理功能是你生活、工作中的得力助手。具体讲，信息电话具有以下基本功能：

(1) 模拟电话功能：

- 基本的呼入/呼出功能。
- 来电显示功能，同时显示对方的姓名，来电号码可以保存到通讯录。
- 保留呼出电话、未接电话和已接电话。
- 支持从内置通讯录拨号。

(2) 短消息服务功能：

- 支持离线编辑和浏览，节省费用。
- 一键直接发送短消息，使用方便。
- 自动接收短消息并保存，支持短消息的转发、回复。
- 消息超过存储区的 80%，自动进行文字提示。
- 大量的常用语可供选择，并可编辑和下载。
- 短消息分私人信箱、公共信箱和定制三种类型，个人信箱收、发数目可达几十条。

(3) 个人助理功能：

- 时间和日历功能，可查询日历。
- 记事本(备忘录)功能，多种提示选择。

(4) 电话程控新业务功能：

- 利用菜单形式进行程控新业务的设置，易于用户设置。
- 支持呼叫等待、无条件转移、遇忙转移、无应答转移、热线服务、呼出限制等新业务。
- 呼叫转移等功能一经启动，图标自动进行提示。

(5) 话机设置功能：

- 10 种振铃音的选择。
- 提供服务器呼入、呼出号码设置。
- 提供用户密码的设置功能。

(6) 通讯录功能：

- 包含用户姓名、电话号码、短消息号码等信息。
- 直接从通讯录拨号和发送短消息。
- 可以将来电显示的号码保存到通讯录中。

2.6　移动通信终端

移动通信终端是指在移动中以无线方式接入网络的通信设备，广义地讲包括笔记本电脑、掌上电脑（PDA）、平板电脑、手机、POS 机甚至包括车载智能终端、可穿戴设备等。但是大部分情况下是指手机或者具有多种应用功能的智能手机。

今天的移动通信终端不仅可以通话、拍照、听音乐、玩游戏，而且可以实现包括定位、信息处理、指纹扫描、身份证扫描、条码扫描、RFID 扫描、IC 卡扫描以及酒精含量检测等丰富的功能，成为移动商务、移动办公和移动执法的重要工具。

2.6.1　平板电脑

平板电脑即平板计算机(Tablet Personal Computer，简称 Tablet PC、Flat Pc、Tablet、Slates)，是一种小型、方便携带的个人电脑，以触摸屏作为基本的输入设备。平板电脑的概念由微软公司在 2002 年提出，但当时的硬件技术水平还未成熟，而且所使用的 Windows 操作系统是为传统电脑设计的，并不适合平板电脑的操作方式。2010 年，平板电脑突然火爆起来，主要是由于 iPad 重新定义了平板电脑的概念和设计思想。

苹果公司首席执行官史蒂夫·乔布斯于 2010 年 1 月 27 日在美国旧金山发布 iPad，让各 IT 厂商将目光重新聚焦在"平板电脑"上，从而使平板电脑真正成了一种带动巨大市场需求的产品。

iPad 的概念和微软的 Tablet 不一样。iPad 让人们意识到，并不是只有装 Windows 的才是电脑，苹果的 IOS 系统也能做到。iPad 采用了专门为小型移动设备开发打造的 ARM 架构处理器，更强调低功耗和低发热量。

目前平板电脑分为 ARM 架构(以 iPad 和安卓平板电脑为代表)和 X86 架构（以 Surface Pro 为代表），后者采用 Intel 处理器及 Windows 操作系统，具有完整的电脑及平板功能，支持 exe 程序。前者采用 ARM 架构，不能兼容普通 PC 台式机和笔记本的程序，可以通过安装由 Apple 官方提供的 iWork 套件进行办公,通过 IOS 第三方软件预览和编辑 Office 和 PDF

文件。

由此可见，平板电脑就是一款无须翻盖、没有键盘(小到放入女士手袋)，但功能完整的
PC，具备浏览网页、收发邮件、音/视频文件播放、玩游戏等功能。

2.6.2　智能手机

手机经历了由单一通话功能的移动电话到多媒体手机再向智能手机发展的历程，未来
几年，手机将成为一个功能强大，集通话、短信、网络接入、影视娱乐为一体的综合性个
人手持终端设备。

多媒体手机集音视频功能于一体，开始于 2001～2002 年，用和弦铃音取代已令人生厌
的单音，以和弦与曲调愉悦人们的心灵为标志。2002～2003 年，引入了彩色屏幕和易用的
图形界面。2003～2005 年，照相机集成到了手机之中。随后，MP3 播放器在手机中的嵌入
开启了娱乐成为手机一项主要功能的趋势，这也导致了存储能力和电池寿命的竞争。如今，
多媒体不再是高档手机的专有功能，正如和弦、彩屏和照相成为必备功能一样，音乐和视
频也迅速成为主流手机的标准配置。随着嵌入手机中的软件日益密集，类似计算机功能特
征的智能手机已成为主流。

智能手机是指手机像个人电脑一样，具有独立的操作系统，独立的运行空间，可以由
用户自行安装软件、游戏、导航等第三方服务商提供的程序，可通过此类程序不断对手机
功能进行扩充，并可以通过移动通信网络来实现无线网络接入的手机的总称。智能手机具
有如下特点。

(1) 具备无线接入互联网的能力：支持 GSM 或者 CDMA 或 3G，甚至 4G。

(2) 具有 PDA 的功能：包括 PIM(个人信息管理)、日程记事、任务安排、多媒体应用、
浏览网页。

(3) 具有开放性的操作系统：拥有独立的核心处理器(CPU)和内存，可以安装更多的应
用程序，使智能手机的功能可以得到无限扩展。

(4) 人性化：可以根据个人需要扩展手机功能。根据个人需要，实时扩展手机内置功能
以及软件升级、智能识别等，实现了软件市场同步的人性化功能。

(5) 功能强大：扩展性能强，支持更多的第三方软件。

(6) 运行速度快：随着半导体业的发展，核心处理器(CPU)发展迅速，智能手机越来越
运行在极速状态。

时至 2015 年，智能手机和平板电脑的使用次数已超过其他所有设备。智能手机的广泛
使用，激发了更多前所未有的需求和更多的选择，新的功能，如 SDR(软件无线电)、CR(频
谱感觉)、NFC(近场通信)等不断添加，用户在家、办公室及任何场所，其手机可以灵活地
从一个网络迁移到另一个网络。

未来的智能手机将会成为一个具有综合功能的移动智能终端，更加注重用户体验、通
信内容及支付的商业模式。

2.6.3　移动智能终端

除了智能手机移动终端，具备 GPS 定位、车辆导航、采集和诊断故障信息等功能的车
载智能终端，可穿戴的智能眼镜、智能手表、智能手环、智能戒子等智能产品，也已相继

出现。虽然它们设备形态各一，但其技术特征是一致的，都具有如下特点：

（1）在硬件体系上，移动终端具备中央处理器、存储器、输入部件和输出部件，也就是说，移动终端往往是具备通信功能的微型计算机设备。

（2）在软件体系上，移动终端必须具备操作系统，如 Windows Mobile、Symbian、Palm、Android、IOS 等。同时，这些操作系统越来越开放，基于这些开放的操作系统平台开发的个性化应用软件层出不穷，如通信簿、日程表、记事本、计算器以及各类游戏等，极大程度地满足了个性化用户的需求。

（3）在通信能力上，移动终端具有灵活的接入方式和高带宽通信性能，并且能根据所选择的业务和所处的环境，自动调整所选的通信方式，从而方便用户使用。移动终端可以支持 GSM、WCDMA、CDMA2000、TDSCDMA、Wi-Fi 以及 WiMAX 等，从而适应多种制式网络，不仅支持话音业务，更支持多种无线数据业务。

（4）在功能使用上，移动终端更加注重人性化、个性化和多功能化。随着计算机技术的发展，移动终端从"以设备为中心"的模式进入"以人为中心"的模式，集成了嵌入式计算、控制技术、人工智能技术以及生物认证技术等，充分体现了以人为本的宗旨。由于软件技术的发展，移动终端可以根据个人需求调整设置，更加个性化。同时，移动终端本身集成了众多软件和硬件，功能也越来越强大。

自 2007 年开始，智能化引发了移动终端基因突变，从根本上改变了终端作为移动网络末梢的传统定位。移动智能终端引发的颠覆性变革揭开了移动互联网产业发展的序幕，开启了一个新的技术产业周期。随着移动智能终端的持续发展，其影响力将比肩收音机、电视和互联网（PC），成为人类历史上第 4 个渗透广泛、普及迅速、影响巨大、深入至人类社会生活方方面面的终端产品。

习　　题

1. 举例说明现代通信终端的种类。
2. 简述电话机的功能。
3. 简述三类传真机的基本组成及各部分的功能。
4. 简述 CCD 的工作原理。
5. 叙述 CRT 的扫描原理。
6. 信息电话与电话有何异同？
7. SMS 和 MMS 有什么区别？
8. 简述多媒体的概念与特点。
9. 多媒体计算机的组成是什么？常用外设有什么？
10. 查阅相关资料，简述数码相机的工作原理。
11. 智能手机有哪些特点？

第3章 现代传输技术

信息的传输手段有有线传输(双绞线、对称或同轴电缆和光缆等)和无线传输方式(短波与超短波、移动、微波、卫星等)。其中，光纤已经取代了电缆，成为长距离、大容量传输的主要手段。微波在灵活性、抗灾性和移动性方面的优势是光纤传输不可缺少的补充和保护手段，移动通信是当今最热门的领域，具有大覆盖范围的卫星通信与之结合使得信息能够传到地球的每个角落。

本章重点介绍光纤通信和移动通信的基本原理和关键技术，同时简要介绍微波通信和卫星通信的基本概念和原理。

3.1 光 纤 通 信

早在电通信诞生之前，可见光就已用作通信的手段了，如我国周朝就用烽火台的火光来传递信息，但光波用作载波来传递信息的角度出发，光通信的历史只能从光通信的先驱贝尔发明光电话算起。1880年贝尔发明了他本人称之为光电话的设备来传送声音，它由镜子和光电池组成，通过光束传送声音，声音产生的声波使镜子发生振动，从而使经过的光束强度发生变化即调制，调制后的光束传到对方由光电池检测，变成电信号送到听筒。这种设备笨拙、可靠性差，没有真正的使用价值。

1960年美国科学家梅曼发明了激光器(受激辐射光波放大)，激光器发出的光波具有较高的输出功率、极高的工作频率(比微波频率高出几个数量级)、承载宽频带信号的能力等。激光的出现使通信迈入一个崭新的时代——光通信时代。由于空气中水分子、氧气和悬浮粒子对光频有吸收和散射的作用，这使在有效距离内通过地球大气层传输光波难以实现，因此唯一实用的光通信就是使用光导纤维系统。

20世纪50年代之前，光导纤维领域没有任何实质性的突破，直到1951年荷兰和英国科学家进行了纤维束的光传导实验。它们的研究促进了医学领域中应用极广的柔性纤维镜的发展，光导纤维一词也就是在这一时期诞生的。20世纪60年代光导纤维的损耗很大(大于1000 dB/km)这就使光纤通信的距离限制在短距离内，直至1970年低损耗光纤发明以后，光纤通信在实际应用中取得了突破，并按指数规律快速发展。目前，光纤在世界上许多国家已被广泛使用，组建各种业务，如话音、数据、图像等的传输网络。

3.1.1 光纤通信的特点

光波是频率极高的电磁波，其频率位于 0.3 THz(1 THz $= 10^{12}$ Hz)到 30 PHz(1 PHz $= 10^{15}$ Hz)之间，可细分为频率位于 3～30 PHz 之间的紫外光，频率位于 0.3～3 PHz 之间的可见光和频率位于 0.3～300 THz 之间的红外光。目前，光纤通信使用的红外光波，其频率为 1×10^{14}～4×10^{14} Hz。在讨论高频电磁波时利用波长这一单位比频率更方便，波长是电磁波在空间变化一周所经历的长度，波长取决于电磁波的频率和光速，即 $\lambda = C/f$。其中，λ 为电磁波的波长(m)，C 为光速($C = 3 \times 10^8$ m/s，即 3×10^8 m/s)，f 为电磁波的频率(Hz)。对于光波，波长常用微米(μm)或纳米(nm)来表示($1 \text{ μm} = 1 \times 10^{-6}$ m，$1 \text{ nm} = 1 \times 10^{-9}$ m)。

利用光波来携带信息进行传输的通信方式称为光波通信，光波通信可分为无线光通信和有线光通信，无线光通信是利用光波在大气中直线传播的特点来传输信息的。这种方式无需任何线路，简单经济，但由于受到大气气温不均匀等因素的影响使得光线发生偏移，大雾时甚至全被吸收，因而通信质量不稳定。目前，这种方式主要应用于小容量、短距离的室内通信和户外的临时性的应急通信以及卫星之间的通信。有线光通信是利用光导纤维(玻璃纤维丝)等将光波汇聚其中并进行传播的特点来传播信息的，这种方式光波的传播特性稳定因而通信稳定，目前的光波通信主要是指光纤通信，光纤通信优良的传输性能使其成为了长距离大容量信息传输的首选方案。

光纤通信与电通信相比，主要区别有两点，一是以很高频率(10^{14} Hz 数量级)的光波作载波；二是用光纤作为传输介质。基于以上两点，光纤通信有以下的优点和缺点。

优点：① 传输频带很宽，通信容量大；② 中继距离长；③ 不怕电磁干扰；④ 保密性好、无串话干扰；⑤ 节约有色金属和原材料；⑥ 线径细、重量轻；⑦ 抗化学腐蚀、柔软可绕。

缺点：① 强度不如金属线；② 连接比较困难；③ 分路、耦合不方便；④ 弯曲半径不宜太小。应该指出，光纤通信的三个缺点都已克服，不影响光纤通信的实用。

下面，我们着重介绍光纤通信的优越性和它的应用领域。

(1) 传输频带很宽，通信容量大。随着科学技术的迅速发展，人们对通信的要求越来越高。为了扩大通信容量，有线通信从明线发展到电缆，无线通信从短波发展到微波和毫米波，它们都是通过提高载波频率来扩容的，光纤中传输的光波要比无线通信使用的频率高得多，所以，其通信容量也就比无线通信大得多。

目前，光纤通信使用的频率一般位于 3.5×10^{14} Hz(波长为 1.05 μm)附近，如果利用它带宽的一小部分，并假设一个话路占 4 kHz 的频带，那么一对光纤可以传送 10 亿路电话，它比我们今天所使用的所有通信系统的容量还大许多。然而实际上，由于光纤制造技术和光电器件特性的限制，一对光纤要传送 10 亿路电话是有困难的。目前的实用水平为每对光纤传送 30 000 多话路(2.4 Gb/s)。

如果像电缆那样把几十根或几百根光纤组成一根光缆(即空分复用)，其外径比电缆小得多，传输容量却成百倍的增长，如果再使用波分复用技术，其传输容量就会大得惊人了。这样，就可以满足任何条件下信息传输的需要，对各种宽频带信息的传输具有十分重要的意义。

(2) 中继距离长。我们知道，信号在传输线上传输，由于传输线的损耗会使信号不断地衰减，信号传输的距离越长，衰减就越严重，当信号衰减到一定程度以后，对方就接收不到信号了。为了长距离通信，往往需要在传输线路上设置许多中继器，将衰减了的信号放大后再继续传输。中继器越多，传输线路的成本就越高，维护也就越不方便，若某一中继器出现故障，就会影响全线的通信。因此，人们希望传输线路的中继器越少越好，最好是不要中继器。

减小传输线路的损耗是实现长中继距离的首要条件。因为光纤的损耗很低，所以能实现很长的中继距离。目前，实用石英光纤的损耗可低于 0.2 dB/km，这比目前其他任何传输介质的损耗都低。由石英光纤组成的光纤通信系统最大中继距离可达 200 km 还多。而现有的电通信中，同轴电缆系统最大中继距离为 6 km，最长的微波中继距离也只有 50 km 左右。如果将来采用非石英系极低损耗光纤，其理论分析损耗可下降到 10^{-9} dB/km，则中继距离可达数千米甚至数万千米。这样，在任何情况下，通信线路都可以不设中继器了，它对降低海底通信的成本、提高可靠性和稳定性具有特别重要的意义。

(3) 抗电磁干扰。任何信息传输系统都应具有一定的抗干扰能力，否则就无实用意义了。而当代世界对通信的各种干扰源比比皆是，有天然干扰源，如雷电干扰、电离层的变化和太阳的黑子活动等；有工业干扰源，如电动马达和高压电力线；还有无线电通信的相互干扰等，这都是现代通信必须认真对待的问题。一般说来，现有的电通信尽管采取了各种措施，但都不能满意地解决以上各种干扰的影响，唯有光纤通信不受以上各种电磁干扰的影响，这将从根本上解决电通信系统多年来困扰人们的干扰问题。

(4) 保密性好，无串话干扰。对通信系统的另一个重要要求是保密性好，然而无线电通信很容易被人窃听，随着科学技术的发展，即使以前认为保密性好的有线电通信也不那么保密了。人们只要在明线或电缆附近设置一个特别的接收装置，就可以窃听明线或电缆中传输的信息，因此，现有的电通信都面临着一个怎样保密的问题。

光纤通信与电通信不同，光波在光纤中传输是不会跑出光纤之外的，即使在转弯处，弯曲半径很小时，漏出的光波也十分微弱，如果在光纤或光缆的表面涂上一层消光剂，光纤中的光就完全不能跑出光纤。这样，用什么方法也无法在光纤外面窃听光纤中传输的信息了。

此外，由于光纤中的光不会跑出来，我们在电缆通信中常见的串话现象，在光纤通信中也就不存在了。同时，它也不会干扰其他通信设备或测试设备。

(5) 节约有色金属和原材料。现有的电话线或电缆是由铜、铝、铅等金属材料制成的，但从目前的地质调查情况来看，世界上铜的储藏量不多，有人估计，按现在的开采速度只能再开采 50 年左右。而光纤的材料主要是石英(二氧化硅)，地球上是取之不尽用之不竭的，并且很少的原材料就可拉制出很长的光纤。例如，40 克高纯度的石英玻璃可拉制 1 km 的光纤，而制造 1 km 八管中同轴电缆需要耗铜 120 kg，铅 500 kg。光纤通信技术的推广应用将节约大量的金属材料，具有合理使用地球资源的战略意义。

(6) 线径细，重量轻。通信设备体积的大小和重量的轻重对许多领域具有特殊重要的意义，特别是在军事、航空和宇宙飞船等方面。光纤的芯径很细，它只有单管同轴电缆的百分之一，光缆直径也很小，8 芯光缆横截面直径约为 1 mm，而标准同轴电缆为 47 mm。线径细对减小通信系统所占的空间具有重要意义。目前，利用光纤通信的这个特点，在市话线路中成功地解决了地下管道拥挤的问题，节约了地下管道的建设投资。

光缆的重量比电缆要轻得多。例如，18 管同轴电缆 1 m 的重量为 11 kg，而同等容量的光缆 1 m 重只有 90 g。近年来，许多国家在飞机上使用光纤通信设备，或将原来的电缆通信改为光纤通信，获得了很好的效果，它不但降低了通信设备的成本，飞机制造的成本，而且还提高了通信系统的抗干扰能力和飞机设计的灵活性。例如，美国在 A7 飞机上用光纤通信取代原有的电缆通信后，它使飞机减轻重量 27 磅。据飞机设计人员统计，高性能的飞机每增加一磅的重量，成本费用要增加一万美元。如果考虑在宇宙飞船和人造卫星上使用光纤通信, 其意义就更大了。

由于光纤通信上述的许多优点, 除了在公用通信和专用通信中广泛使用之外, 它还在其他许多领域, 如测量, 传感、自动控制和医疗卫生等得到了十分广泛的应用。

3.1.2　光纤及其传输特性

从电磁波的传播角度来看, 光纤实际上是一个圆柱形波导, 具有传播高频电磁波的能力。具有高折射率的材料充当传播介质, 类似于矩形金属波导中的空气介质, 能够传导电磁波; 具有低折射率的材料充当波导的管壁将电磁波的能量限定在波导内。

1. 光纤的类型

光纤的分类方法有很多, 可以按制作光纤的材料、光纤的结构、传播光的波长、传播模式的多少以及用途等来分。这里主要介绍三种分类方法。

1) 塑料光纤与石英光纤

从本质上说, 目前有三种可以使用的光纤, 它们都由玻璃、塑料或二者结合制成。

(1) 塑料纤芯和塑料包层光纤, 这种光纤也称为塑料光纤, 主要应用于短距离的光电隔离、工业控制中的数据量较小的数据信号的传输和简单的光纤工艺品, 如光纤装饰画等。

(2) 玻璃纤芯和塑料包层光纤(通常称为 PCS 光纤, 即塑料包层的石英光纤), 这种光纤也称为玻璃光纤。

(3) 玻璃纤芯和玻璃包层光纤(通常称为 SCS 光纤, 即石英包层的石英光纤), 这就是通信中常用的光纤称为通信光纤, 其性能最好价格也最贵。下面主要讨论通信光纤。

2) 阶跃光纤和梯度光纤

光纤的光学特性决定于它的折射率分布, 因此光纤纤芯和包层折射率在制造阶段是沿径向加以控制的, 用控制预制棒中掺杂剂的种类和数量的方法来使之产生一定形状的折射率分布。折射率分布的形状有: 阶跃(突变)和渐变(高斯), 如图 3.1 所示。

根据光纤横截面上折射率分布的情况来分类, 光纤可分为阶跃折射率型即阶跃光纤和渐变折射率型(也称为梯度折射率型)即渐变光纤。

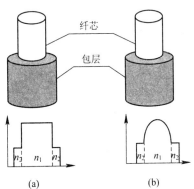

阶跃光纤, 在纤芯中折射率分布是均匀的, 在纤芯和包层的界面上折射率发生突变; 渐变光纤, 在纤芯中折射率的分布是变化的, 而包层中的折射率通常是常数。在渐变光纤中, 包层中的折射率常数用 n_2 表示, 纤芯中折射率分布可用方幂律式表示。

渐变光纤的折射率分布可以表示为

图 3.1　光纤的折射率分布

(a) 阶跃分布; (b) 高斯分布

$$n(r) = \begin{cases} n_1 \left[1 - \Delta \left(\dfrac{r}{a} \right)^g \right] & r < a \\ n_2 & r \geqslant a \end{cases} \qquad (3.1)$$

式中, g 是折射率变化的参数, a 是纤芯半径, r 是光纤中任意一点到光纤纤芯径向的距离, n_1 是光纤纤芯中心位置对应的折射率, Δ 是渐变折射率光纤的相对折射率差, 即

$$\Delta = \frac{n_1 - n_2}{n_1}$$

$g=2$，称为抛物线分布；$g = \infty$时，即为阶跃光纤。

3) 单模光纤和多模光纤

光纤中的模式，从几何光学的角度可简单地理解为光在光纤中传播时特定的路径。如果光纤中只允许一种路径的光束沿光纤传播，则称为单模光纤，如图 3.2(a)所示。如果光束的传播路径多于一条，则称为多模光纤，如图 3.2(b)所示。单模光纤的纤芯直径较之多模光纤小。

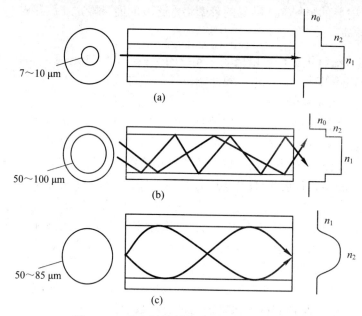

图 3.2　三种光纤的纤芯和包层折射率分布

4) 常用的三种通信光纤

常用的三种光纤为单模阶跃光纤、多模阶跃光纤和多模渐变光纤，下面对它们分别作介绍。

(1) 单模阶跃光纤如图 3.2(a)所示(图中 n_0、n_1、n_2 分别为空气、纤芯和包层的折射率)。由于只允许光以一条路径沿光纤传播，因而纤芯是极小的，光束实际上是沿光纤轴线方向向前传播，进入光纤的光几乎是以相同的时间通过相同的距离。

(2) 多模阶跃型光纤如图 3.2(b)所示，除了纤芯比较粗外，其结构与单模光纤相同。这种光纤的数值孔径(光纤接收入射光线能力大小的物理量，具体概念下面介绍)较大，因此允许更多的光线进入光缆。入射角大于临界角的光线沿纤芯呈"Z"字型传播，在纤芯与包层的界面上不断地发生全反射；入射角小于临界角的光线(图中未画出)则折射进入包层，即被衰减。可以看出，此时光纤中的光是沿着不同路径进行传播的，因而通过相同长度的光纤就需要不同的传输时间。

(3) 多模渐变型光纤如图 3.2(c)所示，它的特点是纤芯的折射率呈现非均匀分布，中心最大，沿截面半径向外逐渐减小，光在其中通过折射传播。由于光线是以斜交叉穿入纤芯，光线在纤芯中不断地从光密介质到光疏介质或从光疏介质到光密介质中传播，因此总是在不停地发生折射，形成一条连续的曲线。进入光纤的光线有不同的初始入射角，在传输一段距离后，入射角度变大并且远离中心轴线的光线要比靠近中心轴线的光线所走的路程长。由于折射率随轴向距离的增大而减小，而速度与折射率成反比，故远离轴线处的光传播速度大于靠近轴线处的光传播速度，因此，全部光线会以几乎相同的轴向速度在光纤中传播。

2. 光纤的数值孔径和截止波长

1) 光纤的数值孔径

光源发出的光，其辐射角有大(如白炽灯光源的辐射角约为 360°)有小(如日光灯的辐射角小于白炽灯光源的辐射角)，是不是光源发出的光能全部被光纤捕获即入射进光纤呢？显然是不可能的。那么如何来衡量光纤捕获或聚集光的能力呢？可用数值孔径 NA 这一性能参数来衡量。NA 越大则光纤从光源接收的光能量就越大。

从空气中入射到光纤纤芯端面上的光线，被光纤捕获成为束缚光线的最大入射角 θ_{max} 为临界光锥的半角 θ_C(如图 3.3 所示)，称其为光纤的数值孔径(Numerical Aperture)，记为 NA，它与纤芯和包层的折射率分布有关，而与光纤的直径无关。

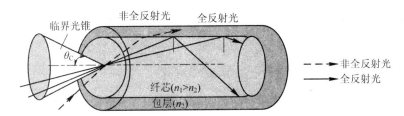

图 3.3　光纤的数值孔径的概念

对于阶跃光纤，NA 为

$$NA = \sin\theta_{max} = \sqrt{n_1^2 - n_2^2} = n_1\sqrt{2\Delta} \tag{3.2}$$

式中，$\Delta = \dfrac{n_1^2 - n_2^2}{2n_1^2} \approx \dfrac{n_1 - n_2}{n_1}$ 是光纤纤芯和包层的相对折射率差。

数值孔径 NA 是光纤的一个极为重要的参数，它反映光纤捕捉光线能力的大小。NA 越大，光纤捕捉光线的能力就越强，光纤与光源之间的耦合效率就越高。公式(3.2)的推导可以根据入射光线在光纤端面上的折射定律和在光纤纤芯和包层界面上的全反射定律很容易求证。

2) 光纤的截止波长

与矩形波导类似，波导受限于最低频率(称为截止频率)，低于截止频率的电磁波将不能在波导中传播。相反允许通过波导的最长波长称为截止波长，定义为可在波导内传播的最大波长。换句话说，只有工作频率对应的波长小于截止波长的电磁波才能在波导内传播。

截止波长可按下式计算：

$$\lambda_C = \frac{2\pi an_1\sqrt{2\Delta}}{2.045} \ \mu m \tag{3.3}$$

式中，λ_C 为截止波长(μm)。

3. 光纤的传输特性

从通信的角度来看，人们最关心的是一个数字光脉冲信号注入到光纤之后，经过长距离传输后所遭受到的信号损伤，如脉冲的幅度、宽度等的变化。实验表明：一个很好的方波信号，经过传输后其幅度会下降，宽度会展宽变成了一个类似高斯分布的光脉冲信号。分析其原因就是由于光纤中存在损耗，使光信号的能量随着距离的加大而减小，导致了光脉冲的幅度下降；另一方面光脉冲信号中不同频率成分的电磁信号传播时，相互之间由于存在时延，因而使得原来能量集中的光脉冲信号，经传输后能量发生了弥散，光脉冲的宽度变宽了。这里对它们的产生原因作一简单的分析。

1) 光纤的损耗

光纤的损耗限制了光纤最大无中继传输距离。损耗用损耗系数 $\alpha(\lambda)$ 表示，单位为 dB/km，即单位长度 km 的光功率损耗 dB(分贝)值。

如果注入光纤的功率为 $p(z=0)$，光纤的长度为 L，经长度 L 的光纤传输后光功率为 $p(z=L)$，由于光功率随长度是按指数规律衰减的，因此

$$\alpha(\lambda) = \frac{10}{L} \lg \frac{p(z=0)}{p(z=L)} \quad \text{dB/km} \tag{3.4}$$

光纤的损耗系数与光纤的折射率波动产生的散射(如瑞利散射)、光纤结构缺陷、石英材料的本征吸收及杂质吸收(如 OH^- 根离子)等有关，是波长的函数，即

$$\alpha(\lambda) = \frac{c_1}{\lambda^4} + c_2 + A(\lambda) \tag{3.5}$$

式中，c_1 为瑞利散射常数，c_2 为与缺陷有关的常数，$A(\lambda)$ 为杂质引起的光波吸收。$\alpha(\lambda)$ 与波长的关系如图 3.4 所示，可见有三个低损耗窗口，其中心波长分别位于 0.85 μm、1.30 μm 和 1.55 μm。

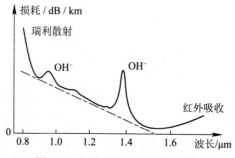

图 3.4 光纤损耗与波长的关系

2) 光纤的色散

下面以多模阶跃光纤为例讨论。光能量在光纤中的传输是分配到光纤中存在的模式中去，然后由不同的模携带能量向前传播。由于不同的模速度不一样，因此到达目的地时不同的模之间存在时延差。

对于多模光纤，其纤芯为 50 μm 远远大于光的波长 1.3 μm，因而波动理论与几何光学分析的结论是一致的。可以将一个模式看成是光线在光纤中一种可能的行进路径，由于不同的路径其长度不同，因此对应的不同的模式其速度也不同。

设有一光脉冲注入长为 L 的光纤中，可以用几何光学求出其最大的时延差 $\Delta \tau$，如图 3.5 所示。设一单色光波注入光纤中，其能量将由不同的模式携带，利用路程最短的模(速度最快)与中心轴线光线相对应，路径最长(速度最慢)的模与沿全反射路径的光线相对应，求出最大的时延差。

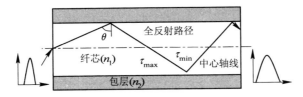

图 3.5　模间时延差

利用全反射定理，光纤的色散时延差为

$$\Delta\tau = \tau_{max} - \tau_{min} = \frac{L}{c/n_1} - \frac{L/\cos\theta}{c/n_1} \approx L\frac{n_1}{c}\varDelta \tag{3.6}$$

由于不同的光线在光纤中传输时间不同，因而输入一个光脉冲，其能量在时间上相对集中，经光纤传输后到达输出端，输出一个光脉冲，其能量在时间上相对弥散，这种现象称为模式色散。通过合理设计光纤，模式色散可以减小(如渐变光纤)，甚至没有(如单模光纤)。

由于模间色散的存在，展宽的光脉冲会达到某种程度使得前后光脉冲相互重叠，这是不希望的。一个粗略的判据是只要光脉冲在时间上的展宽不超过系统比特周期 $1/B$ 的 $1/2$ 即 $1/2B(B$ 为系统的比特率)就可接受。则模式色散有如下的限制

$$\delta T = L\tau = L\frac{n_1}{C}\varDelta < \frac{1}{2B} \tag{3.7}$$

因而光纤通信系统由于受模式色散的影响，其比特速率距离积为

$$BL < \frac{c}{2n_1\varDelta} \tag{3.8}$$

如 $\varDelta = 0.01$，$n_1 = 1.5(n_1 \approx n_2)$，可得 $BL < 10$ (Mb/s)·km。

3.1.3　光发送机

光发送机原理框图如图 3.6 所示。在图 3.6 中，整形或码型变换、光源驱动电路和发射光源是光发送机的基本部分，而自动光功率控制(APC)、自动温度控制(ATC)和各种保护电路是光发送机的辅助部分。在以 LED 为光源的光发送机中，只有上面三个基本部分。因此，可以说光发送机的本质含义就是根据光源器件的应用特性采取针对性的措施使光源器件能有效而可靠地应用在光纤传输系统中。下文将分析光发送机的基本部分和辅助部分的作用。

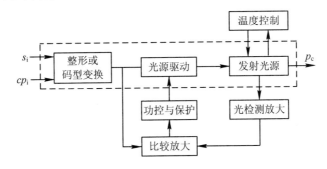

图 3.6　数字光发送机原理框图

1. 光源

光源是光发送电路的核心器件，主要完成电信号到光信号的转换。光纤通信系统的发

光器通常有以下两种：发光二极管(LED)和激光二极管(LD)。这两种二极管都是由半导体材料制成的，它们各自有不同的特点。

光源的选择取决于系统成本及性能要求。激光二极管的价格高、性能好；普通发光二极管价廉、相应的性能也差。

1) 发光二极管

发光二极管(LED)实质上就是 PN 结二极管，一般由半导体材料，如砷镓铝(AlGaAs)或砷镓磷(PGaAs)制造而成。LED 发射的光是电子与空穴复合自发产生的。当加在二极管两端的电压正向偏置时，注入的少数载流子通过 PN 结立即与多数载流子复合，释放的能量就以光的形式发射出来。这个过程原理上同平常使用的二极管是一样的，只是在选择半导体材料及杂质上有所不同。制造的材料要求具有辐射性，能够产生光子，光子以光速传播，但没有质量。而普通的二极管(如锗和硅)在工作过程中没有辐射性也不会产生光子。LED 材料的禁带宽度(Energy Gap)决定所要发出的光是不是可见光以及发光的颜色(波长)。

半导体发光二极管(LED)是由适当的 P 型材料或 N 型材料构成的。发光波长在 800 nm 范围的 LED 使用的主要材料为镓(Ga)、铝(Al)、砷化物(As)即 GaAlAs 构成的 PN 结。对于长波长的 LED，三层结构或四层结构是在镓(Ga)材料中掺入铟(In)及砷化物(As)中掺入磷酸盐(P)而构成的 GaInAsP 合金，LED 有以下两种结构。

(1) 同质结 LED：原子结构相同的 P 型和 N 型半导体材料混合形式的 PN 结称为同质结构。最简单的 LED 结构是同质结，形成工艺可以是外延生长或单向扩散。同质结光源发出的光在各个方向均相等，只有其中一小部分的光可以耦合到光纤中，同质结光源的光波对于光纤不能作为有用的光源，另外光电转换效率也很低。同质结发光器常称为表面发射器。

(2) 异质结 LED：它是由一组 P 型半导体材料和另一组 N 型半导体材料分层堆放构成的。这种结构可以将电子和空穴的运载以及光线集中在很小的区域，以使光发射效果大大增强。异质结一般做在一个基片的衬底上，并夹在金属触点之间，这个金属触点用来连接发光器件的电源。异质结发光器是从材料的边缘发出光线，因而常把它称为边缘发光器(Edge Emitter)。实际应用中有两种异质结 LED：边发光 LED 和布鲁斯刻蚀井面发光 LED，其结构如图 3.7 所示。

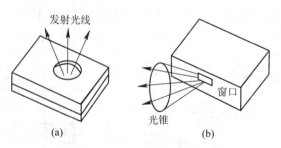

图 3.7　布鲁斯刻蚀井面发光 LED 和边发光 LED

(a) 布鲁斯刻蚀井面发光；(b) 边发光

(1) 布鲁斯刻蚀井面发光 LED 是一种面发射的 LED，它向各个方向发出光线，刻蚀井可以将发射光汇聚在很小的区域内，并可以在发射面上放一个半球形透镜将光汇聚得更小。因而它比标准面发射器更利于与光纤的充分耦合，但它制造起来比较困难，而且造价比较高。

(2) 边发光 LED 发出的光比表面发射 LED 具有更强的方向性，其结构与平面二极管和布鲁斯二极管相似，但它的发光面不是局限在圆形区域内，而是一条发光带，发出的光形成椭圆光束。

2) 注入式激光二极管

激光二极管(LD)与发光二极管(LED)有些相似。事实上，在低于某一导通电流值时，LD 与 LED 是一样的，在导通电流值以上，LD 受激振荡，才产生激光。电流通过正向偏置的 PN 结二极管时，光是自发地发射出来的，其频率由半导体材料的禁带宽度决定。一旦电流达到某一特定强度，PN 结两边产生的少数载流子就会到达某一能级，当有光入射时光子与这一能级处于激活状态的载流子发生碰撞，使载流子都处于不稳定的状态。此时，一些处在高的激发态能级上的载流子与能级低的异性载流子复合，释放出两个光子，其中一个是由受激辐射产生的。从本质上说，整个过程归结为产生出了大量的光子，产生的前提是较大的输入电流提供了较多的能级跃变的载流子(空穴和电子)。

LD 的结构与 LED 相似，如图 3.8 所示，但其端面被高精度抛光，像镜面一样。它能来回反射产生的光子，激发处在高能级的自由电子与空穴结合，这就是激光的产生过程。

典型的辐射光功率如图 3.9 所示，图中 P 为光功率，I 为注入电流。可以看出，在达到导通电流值之前，输出光功率极小。而一旦达到导通电流值，LD 马上产生激光，输出功率随电流微小的上升而急剧增加。从图 3.9 中还可以看到，LD 输出功率的大小比 LED 更依赖于工作温度。

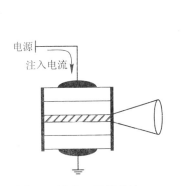

图 3.8　激光二极管的结

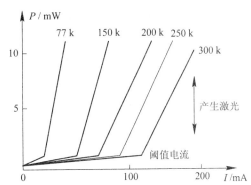

图 3.9　LD 输出光功率与注入电流和随温度的关系

图 3.10 是 LED 和 LD 的辐射角比较图。由于 LD 射出的光集中在端面的一个狭小的光束中，因而辐射的方向性更强。

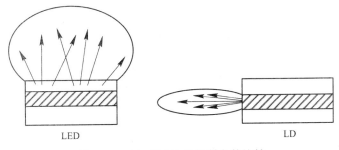

图 3.10　LED 和 LD 的辐射角的比较

LD 的优点如下：

(1) 由于 LD 具有方向性很强的辐射特性，因而易于与光纤的耦合，也降低了耦合损耗。也可使用较细的光纤。

(2) LD 的输出光功率大于 LED。典型 LD 的输出功率是 5 mW(7 dBm)，大于一般只有 0.5 mW (–3 dBm)的 LED，因而可提供较强驱动能力的 LD，使系统具有更长的通信距离。

(3) LD 比 LED 适用于更高的比特率。

(4) LD 产生光的单色性好。

LD 的缺点如下：

(1) LD 比 LED 约贵 10 倍。

(2) 由于 LD 辐射功率较高，因而寿命比 LED 短。

(3) 与 LED 相比 LD 对温度的变化更敏感。

2. 整形或码型变换

在数字光纤传输系统设备的总体设计中，为了方便光发送机对其输入脉冲信号码型的选择，统一电路接口，简化设备的电路结构，一般输入到光发送机的脉冲信号都采用 NRZ 码型。而在光发送机中可以采用 NRZ 码型，也可采用 RZ 码型。一般说来，RZ 码型对数字光纤传输系统中的数字光接收机有利，而 NRZ 码型则相应增加了光接收机对信号波形均衡的难度。因此，目前在中等码速率的数字光纤传输系统中一般采用 RZ 码型，而在高码速率或超高码速率的数字光纤通信系统中多采用 NRZ 码型。所以，在光发送机中，若采用 NRZ 码型，则必须将输入的 NRZ 码型的脉冲信号通过整形电路进行码型整形，以便用十分标准或经过某些预处理的电脉冲信号去调制光源器件，从而发出符合系统性能要求的光脉冲信号。若采用 RZ 码型，则必须将输入的 NRZ 码型转变成 RZ 码型，这就是光发送机中码型变换电路的作用。

3. 光源驱动电路

要想光源发光，就必须给光源提供一定的调制信号，对 LD 而言，还必须提供一定的偏置电流。所谓的光源驱动电路，就是给光源提供恒定偏置电流和调制信号的电路，因此也可叫作光源的调制电路。一般说来，光源驱动电路是一种电流开关电路，最常用的是差分电流开关电路。在对 LD 进行高速脉冲调制时，驱动电路既要有快的开关速度，又要保持有良好的电流脉冲波形。

由于 LD 对环境温度敏感以及自身老化特性等原因，其发光功率会发生改变，因而除了以上主要电路之外还应有 ATC 和 APC 电路。

(1) 自动温度控制电路(ATC)。通常温度控制采用微型致冷器、热敏元件及控制电路组成。热敏电阻监测激光器的结温，与设定的基准温度比较、放大后，驱动致冷器控制电路，改变致冷量，以保持激光器在恒定温度下工作。微型致冷器多采用半导体致冷器，它利用半导体材料的珀耳帖效应制成。所谓珀耳帖效应，是指当直流电流通过两种半导体(P 型和 N 型)组成电偶时，利用其一端吸热而另一端放热的效应。一对电偶的致冷量很小，可根据用途不同，将若干对电偶串联或并联，组成温差功能器，其中微型半导体致冷器的控制温差可达 30～40℃。为提高致冷效率和控制精度，常将致冷器和热敏电阻封装在激光器管壳内部，热敏电阻直接探测结区温度，致冷器直接与激光器的热沉接触，这种方法可使激光

器的结温控制在 ±0.1℃ 范围内，从而使激光器有较恒定的输出光功率和发射波长。但温控无法阻止由于激光器老化而产生的输出功率和频率的变化。温控电路的控制精度，与外围电路的设计和激光器的封装技术有直接的关系，一个高质量的封装，应能使热敏电阻准确反映结温，同时致冷器与 PN 结应有良好的热传导。除了 ATC 方法外，另一种温度控制的方法是环境温度控制法，它主要是对通信机房进行温度控制，让 LD 在比较适宜的环境温度下工作。

(2) 自动光功率控制(APC)。由于 LD 的性能参数，如阈值电流会随温度和器件的老化而变化，从而引起输出光功率的变化，这可以通过控制激光器的偏置电流，使其自动跟踪阈值的变化，从而使 LD 总是偏置在最佳状态，而达到稳定其输出光功率恒定不变。这是 APC 最常用的方法，当然还有其他的方法，这里不再一一介绍。

3.1.4 光接收机

上文讨论了光源的强度调制(IM)以及相应的光发送机，接下来本节将讨论相应的光接收机。

与外差接收检测相对应，直接检测(DD，Direct Detection)是指不经过任何变换用光检测器直接检测光信号，将之转换成电信号，然后再在电域进行光载波所携带的原始信号的恢复过程。

常用的检测器有 PIN 和 APD。一般地，由光检测器进行光电转换后的电信号都非常微弱，需要首先进行放大后，再进行原始信号的再生。如果原始信号是模拟信号，那么信号再生部分只需要滤波器即可；如果是数字信号，还要增加判决、时钟提取和自动增益控制(AGC)等电路，图 3.11 给出了强度调制(IM)的数字光信号直接检测(DD)光接收机的组成框图。

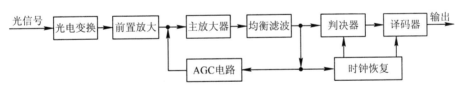

图 3.11 直接检测数字光接收机框图

在图 3.11 中，光接收机前置放大的作用是将检测器(PIN 或 APD)进行光电转换后的微弱电信号进行预放大，以便后级作进一步处理。在光纤通信系统的接收机中，常用两种器件检测光能，即 PIN 二极管和 APD(雪崩光电)二极管。

PIN 二极管是一种耗尽层光电二极管，是光纤通信系统中最常用的光电检测器。图 3.12 是 PIN 二极管的基本结构。其中，在掺杂浓度较高的 N 区和 P 区中间夹了一层掺杂浓度非常低的(近似于纯的或本征的)N 型半导体材料，入射光可通过一个极小的入射孔照射到本征材料的空穴载流子上。由于本征材料的耗尽层很宽，足以使大多数入射到光电二极管的光子都被耗尽层吸收，即大多数光子被其中的价带电子吸收，使其具有较高的能量生成载流子，形成电流。实际上，PIN 光电二极管与 LED 的工作原理正好相反。通过入射孔径射入 PIN 光电二极管的光被本征材料吸收，使其中的电子由低能

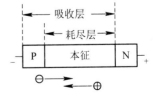

图 3.12 PIN 光电二极管的结构

级跃迁到高能级，即由价带跃迁到导带。导带中的新增加的电子在数量上与价带中增加的空穴是相等的。因此，若要在光电二极管中形成电流，价带中的电子必须吸收足够的光能使其跨越禁带(Energy Gap)。因而只有频率或波长满足一定条件的光信号才能被光电检测器吸收。

图 3.13 表示了 APD(雪崩光电二极管)的基本结构。APD是一种 PIPN 组成的四层结构。光入射到二极管并被较薄的、重掺杂的 N 层吸收，使 IPN 结的电场强度增强。在强反向电场的作用下，PN 结内部产生雪崩式的碰撞电离作用。当一个载流子获得足够能量后就再去碰撞其他束缚电子，而这些被电离的载流子又会继续去碰撞，产生更多的电离子。这

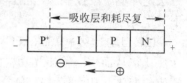

图 3.13 APD 光电二极管的结构

个过程持续不断就像雪崩一样，实际上它就相当于内部增益或载流子放大。因此，APD 光电二极管比 PIN 更灵敏，而且对外部放大功能要求更低。APD 的缺点是具有相对较长的渡越时间以及由于雪崩放大造成的附加内部噪声。

光电检测器最重要的特性有以下几点：

(1) 响应度。响应度是光电检测器转换效率的度量，是光电二极管输出电流与输入光功率之比，单位是安培/瓦特(A/W)。响应度一般是针对特定的波长或频率给定的。

(2) 暗电流。暗电流是指在没有入射光的情况下光电二极管的漏电流，它是由二极管热生载流子引起的。

(3) 渡越时间。渡越时间是指光产生的载流子通过耗尽区所需要的时间，这一参数决定了光电二极管的最大比特率。

(4) 光谱响应。光谱响应这一参数用来确定对于给定光电二极管的波长响应范围。一般光谱响应可在图表上表示为波长或频率的函数。

(5) 光灵敏度。光灵敏度就是光接收机能够进行光检测并能给出可用输出电信号的最小输入光功率。对于某一特定的波长，光灵敏度通常以 dBm 或 dBμ 的形式给定。

一台性能优良的光接收机应具有无失真地检测和恢复微弱信号的能力，这就要求前放应有低噪声、高灵敏度和足够的带宽。根据不同的应用要求，前置放大有三种方案：低阻抗前放、高阻抗前放和跨(互)阻抗前放。均衡滤波部分主要是对受线路光纤色散和带宽影响的光脉冲进行波形均衡，以利于后续的判决再生电路，因此和均衡滤波电路一起，判决再生电路主要用来抑制数字脉冲信号在光/电变换和传输交换过程中产生的畸变与噪声，形成标准的数字脉冲信号。

3.1.5 光放大器与中继器

上面介绍的光发送机和光接收机就可以构成一个短距离的光纤传输系统，如图 3.14 所示。较其他传输媒质来说，光纤的损耗较小，因此，光纤传输系统用在长距离传输中更具优势。虽然光纤的损耗小，但也不可能一次直接传输距离无限长，当两点间距离超过一定长度时，就必须补偿光纤损耗，否则信号将受到过度衰减变得太弱而不能可靠检测。因此，和其他长距离传输系统一样，用于长距离传输的光纤传输系统需要增加中继系统作周期性损耗补偿。目前，中继方式主要有两种，一种是电中继，一种是光中继。采用这两种方式的长距离传输系统如图 3.15 和图 3.16 所示。

图 3.14　短距离光纤传输系统

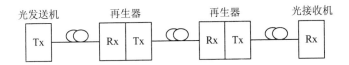

图 3.15　采用再生器作周期性损耗补偿的点到点连接

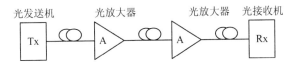

图 3.16　采用光放大器作周期性损耗补偿的点到点连接

图 3.15 中的再生器即电中继器，它实际上是一个接收机和一个发送机对。它首先检测到达的微弱变形光信号，然后将其转变为电信号，经放大整形后变成波形规则的电比特流，再调制光发送机，恢复原光比特流继续沿光纤传输。图 3.15 的系统收发端一般采用 IM-DD 方式。图 3.16 中的损耗补偿是用光放大器来实现的，它将接收到的微弱光比特流信号直接放大而不需将其转换为电信号，这种类型的放大器最成熟的是掺铒光纤放大器(EDFA)，拉曼光纤放大器也是一种很有前途的光放大器。

3.1.6　光纤链路设计

光纤通信系统与其他通信系统一样由发送机、接收机以及各种功能相对独立的装置组成。信号在通过系统传播过程中，各种功能装置都会对信号产生损耗及增益。

链路估算通常是对光发送机中的光源和光接收机的光检测器之间的链路进行功率计算。对于无光中继的光传输系统只包括一个光源(如 LED 或 LD)和一个光检测器(PIN 或 APD)，通过光缆和连接器连接而成。因此，光纤通信系统的链路估算是由光源、光检测器、各种光缆以及各种连接器的损耗构成的。

典型的光纤链路损耗包括以下几种：

(1) 光缆损耗。光缆损耗取决于光缆长度、材料以及材料的纯度。光缆损耗通常用 dB/km 表示，并且一般在每公里零点几个分贝至几个分贝之间。

(2) 连接器损耗。机械连接器通常用来连接两根光缆，如果机械连接器连接得不理想，光能量就会泄漏掉，造成光功率的降低。连接器损耗一般用每个连接器的损耗来表示，损耗在零点几个分贝至 2 分贝之间。

(3) 光源与光缆接口损耗。用于光源与光缆之间的机械接口很难做到匹配，因此，光功率中起码有一小部分不能耦合到光缆中，对于光纤传输系统相当于零点几个分贝的功率损耗。

(4) 光缆与光检测器接口损耗。套在光检测器外并连接在光缆上的机械接口也很难做到匹配。因此，离开光缆的光功率有很小的一部分不能进入光检测器，这样也就相当于零点几个分贝的功率损耗。

(5) 熔接损耗。如果要求很多节光缆用于远距离通信，光缆之间可通过熔合连接在一起。由于熔接有缺陷，每个熔合处的损耗范围在零点零几个分贝至零点几个分贝之间。

(6) 光缆弯折。如果光缆弯折的角度过大，光缆中的信号传播特性就会发生明显变化。弯折严重时光线不再以全反射形式传播，光缆中出现折射现象。在纤芯与包层分界面的折射光会进入包层，对信号造成零点几个分贝至几个分贝的净损耗。

对于各种通信系统或链路的预算，在接收端的实际有效功率等于发射功率与各种损耗之差。

3.1.7 WDM 系统

一条波分复用的光纤通信链路如图 3.17 所示，若干光发送机分别工作于各自的载波(λ_i)。借助 WDM 合波器复用为多路信号进入同一根光纤，传输至接收端，在此处借助一个 WDM 分波器将复用信号分离后，分别送到各自的接收机。链路中的 EDFA 用于补偿波分复用器/解复用器所带来的插入损耗。一个 EDFA 可以同时放大其窗口内所有的波长通道。

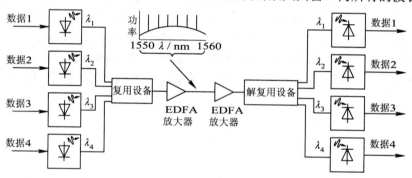

图 3.17 波分复用光纤通信链路

评价如图 3.17 所示的 WDM 加 EDFA 系统的性能常用的指标有：链路带宽、特定 BER 所需的光功率以及光信道间的串扰。

考虑一个如图 3.17 所示的四个光发送机的 WDM 链路，开通比特速率分别为 B_1、B_2、B_3、B_4，则总的速率为

$$B = \sum_{i=1}^{4} B_i \tag{3.9}$$

当所有的波长的比特速率相等时，系统容量与单波长链路相比增强了 4 倍。例如，若每个信道的速率是 2.5 Gb/s，则四个信道的 WDM 链路总速率为 10 Gb/s。如果复用的信道数提高到 32 个，则速率将变为 80 Gb/s，这是一个相当可观的数据速率。

但是，另一方面 WDM 链路的总容量取决于光放大器的带宽，以及在可用的传输窗口中信道之间的间隔。ITU-T G .692 标准建议的波长间隔为 100 GHz，该文档还指出：波长必须安置在 1537～1563 nm 的标准 EDFA 的放大范围内，以 193.100 THz(1552.524 nm)为中心频率(波长)。采用拉曼放大器或以硅酸盐光纤代替石英光纤，这一窗口还可扩展到 1616 nm。采用更小的信道间隔和带宽扩展的 EDFA，制造商可以提供商业级的 128 个波长的 WDM 链路。

3.2　移　动　通　信

　　随着社会经济的发展，人们的社会活动、信息交流日益频繁，人类社会已进入信息时代。在这样一个时代，人们一直有这样一种美好的愿望，即能实现任何人(Whoever)在任何时候(Whenever)、任何地方(Wherever)以任何方式(Whatever)与任何其他人(Whomever)进行通信，即通信的"5W"，这便是通信的最高目标。移动通信则是帮助人们实现这一愿望的有效途径。飞速发展、广泛普及的移动通信系统，其庞大的系统容量、日益完善的系统覆盖和不断提供的新业务，使得它越来越向着人们期待的通信的最高目标靠近。

　　什么是移动通信? 顾名思义，移动通信就是指通信的一方或双方在移动中(或暂时停留在某一非预定的位置上)进行信息传输和交换的通信方式。它包括移动用户(车辆、船舶、飞机或行人)和移动用户之间的通信以及移动用户和固定用户(固定无线电台或有线用户)之间的通信。按此定义，陆地移动通信、卫星移动通信、舰船通信、航空通信等都属于移动通信的范畴，移动通信已深入到我们日常工作、生活的许多领域。

3.2.1　移动通信的特点

　　移动通信与固定通信不同，它需要保障各移动用户在运动中的不间断通信，故它只能采用无线通信方式，同时由于通信双方或一方处于运动状态，位置在不断变化，因此移动通信与固定通信相比还具有以下特点:

　　(1) 移动通信的电波传播环境复杂，传播条件十分恶劣，特别是陆上移动通信更是如此。移动通信必须利用无线电波进行信息传输，无线电波这种传播媒质允许通信中的用户可以在一定范围内自由活动，不受束缚。但由于移动用户经常在城市、郊区、丘陵、山区等环境中移动，且移动台的天线较低，受周围的地形、地物影响较大，因而导致接收信号的强度和相位随时间、地点的变化而变化，即产生所谓的"衰落"。移动无线电波受地形、地物的影响，产生散射、反射和多径传播，形成瑞利衰落，其衰落深度可达 30 分贝;移动用户的运动还造成随机的调幅和调相，产生多普勒频移;地形、地物的遮蔽效应还会形成阴影衰落。因此，移动通信系统的通信距离除与电台功率、天线高度、工作频率有关外，还与电波传播环境密切相关。

　　(2) 干扰问题比较严重。在移动通信系统中，基站内往往设置有多部收、发信机，服务区内有许多移动台，它们的分布、距基站的距离随时在发生变化，它们同时工作会产生严重的干扰;在服务区内还存在着不少其他的移动通信系统，也会引起系统之间电台的干扰，如互调干扰、邻道干扰、同频道干扰、多址干扰等，再加上服务区内的汽车点火噪声和大量工业干扰，使移动通信中的干扰问题变得十分严重。因此在系统设计时，应根据不同形式的干扰，采取不同形式的抗干扰措施。

　　(3) 移动通信可利用的频谱资源非常有限，而移动通信业务量的需求却与日俱增。随着经济的发展，用户量的剧增与频率资源有限的矛盾日趋尖锐，如何提高通信系统的通信容量，始终是移动通信发展中的焦点。必须研究和采用节省频率资源、提高频率利用率的新技术、新体制，如高效窄带调制、波道窄带化、多波道共用、频率复用、数字化、智能天线、开发新频段和宽带多址等技术。此外，有限频谱的合理分配和严格管理是有效利用频谱资源的前提，这正是国际上及各国频谱管理机构和组织的重要职责。

(4) 移动通信系统交换控制、网络管理复杂。由于移动台在服务区内处于不确定的运动中，这种不确定运动可能要跨越不同的基站区，有时甚至要跨地区、跨国界；还有移动通信网络与其他网络的多网并行，需同时实现互联互通等。为此，移动通信网络必须具备很强的管理和控制能力，诸如用户的登记和定位，通信(呼叫)链路的建立和拆除，信道资源的分配和管理，通信的计费、鉴权、安全、保密管理以及用户过境切换和漫游的控制，等等。

(5) 移动台可靠性及工作条件要求较高。移动通信设备(主要是移动台)必须适于在移动环境中使用。移动台除应小型、轻便、低耗、价廉和操作、维修方便外，特殊情况下还应能在高低温、震动、尘土等恶劣的室外条件下稳定可靠地工作。

以上特点使得移动通信领域充满了挑战和希望，成为当今通信界最热门的领域。

3.2.2 移动通信系统

目前，移动通信系统的种类繁多，新型系统还在不断涌现。可以采用不同方法对移动通信系统进行分类，如按活动范围可分为陆上移动通信系统、航空移动通信系统和海上移动通信系统；按服务对象可分为公共移动通信系统和专用移动通信系统；按信号性质可分为模拟移动通信系统和数字移动通信系统；按覆盖方式可分为大区制移动通信系统和小区制移动通信系统；按通信业务可分为移动电话系统、无线寻呼系统、无绳电话系统、集群通信系统、无中心移动通信系统、移动卫星通信系统、个人通信系统等，详细介绍见第7章。

3.2.3 移动通信中的电波传播

无线通信系统通常由收发信设备、天馈系统和无线信道三部分组成，无线通信系统性能的优劣很大程度上与无线信道的特性有关。移动信道为典型的无线变参信道，其传输特性随时间的变化较快，移动通信系统的性能主要受到此信道的制约。

1. 移动通信电波传播方式

现代移动通信广泛使用 VHF(150 MHz)和 UHF(450 MHz、900 MHz、1800 MHz)频段，其无线电波主要是以空间波(即直射波、反射波和绕射波的合成波)的形式进行传播，其通信距离一般均小于视线距离。

(1) 直射波。在发射天线周边无阻挡的空间范围内，发射电波经直线传播直接到达接收天线，形成直射波(又称直接波)。很显然，直射波较其他传播方式传播距离短、幅度强。

(2) 反射波。移动通信环境建筑物众多、地形地物复杂，发射、接收天线相对较低，发射电波辐射至地形地物的表面，部分能量被其表面反射，经反射后的电波最终到达接收点，形成反射波。由于地形地物的复杂性，通常电波的反射路径可能不止一条。

(3) 绕射波。当接收机和发射机之间的无线路径被地形地物阻挡时，在地形地物的背面会形成绕射，即有部分电波绕至阻挡物的背面，此时接收场强衰减非常迅速，但绕射场依然存在并常常具有足够的强度。

除了以上三种传播方式外，移动电波传播路径上各种大大小小的障碍物还会形成散射波。

实际情况中，移动通信电波传播是直射波、反射波、绕射波、散射波等多种传播方式的合成，即接收信号是经多条传播路径到达的幅度和相位均不相同的多个信号的合成，如图 3.18 所示。正因为如此，造成了移动信道具有多径衰落、阴影效应、多普勒频移等显著特征。

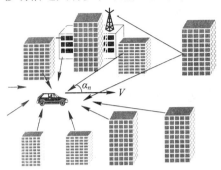

图 3.18　移动通信电波的传播方式

2. 移动通信电波传播的特征

对于陆上移动通信，通常移动台天线离地一般为 1～4 m，电波传播受地形地物的影响很大，而且由于移动台在不断运动，电波传播的路径也随之不断变化，影响电波传播特性的地形地物也不断变化，使移动通信的电波传播特性要比固定通信复杂得多，具有如下一些特点：

(1) 存在着严重的衰落现象。如图 3.18 所示，陆上移动通信系统中，移动台接收的电波除直射波外，还有从各种障碍物(包括大地)反射或散射传播到达接收点的电波，移动台接收信号应为这些不同途径传播来的信号的矢量合成，这就是人们常说的"多径传播"。由于路径不同，信号到达接收点的时间先后就不同，不同路径传来的信号相对于路径最短的那路信号(往往也是最强的)有着不同的时间差，这个时间差称为"多径时延"。在陆地移动环境下，随着地形地物的不同，多径时延可以达到数微秒。

多径传播各路径信号到达接收点的时刻不同，反映到相位上即其相位也各不相同，同时各路径信号的强度也各不相同。随着移动用户的移动，多径传播的传播环境也就不断变化，从而引起多径传播的路径、多径路数、多径时延、各路径信号强度等均不断变化，其结果造成多径信号合成的接收信号电平在大范围内快速随机地变化(起伏)，这种现象称为"衰落"，如图 3.19 所示。

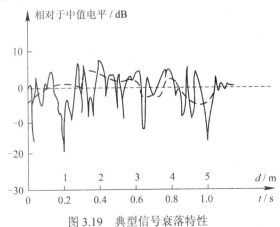

图 3.19　典型信号衰落特性

图 3.19 中横坐标是时间或距离($d = vt$，v 为车速)，纵坐标是相对信号电平(以 dB 计)。

可以看出，信号电平的变动范围深达 30～40 dB。信号衰落速率与移动台的运动速度、工作频率等因素有关，可以达到每秒数十次，因而将这种衰落称为"快衰落"。又由于这种衰落是由多径传播造成的，所以又称为"多径衰落"。在图 3.19 中，虚线表示的是信号的局部中值，其含义是在局部时间中，信号电平大于或小于它的时间各为 50%。

同时，移动台位置不断改变，电波在传播路径上遇到的建筑物、森林、山丘等障碍物阻挡情况也在变化，相应的障碍物产生的电磁场的阴影也在变化，这种由于移动台运动时障碍物变化引起的接收场强局部中值的变化称为"阴影衰落"。其衰落大小取决于障碍物的尺度和工作频率，衰落速率不仅和障碍物状况有关，而且与移动台的速度有关，但其衰落速率远小于上述多径效应引起的"快衰落"，故又称为"慢衰落"。

衰落对移动通信的影响是很大的，深度的衰落必然会引起通信质量的恶化，甚至是通信的中断，因而必须为接收电平留有足够的余量，并采用分集接收等技术来减轻衰落的影响。

(2) 存在着多普勒效应。移动台与发射天线间的相对运动会引起接收电波的频率发生变化，此变化称为多普勒频移。频移的大小与移动台运动的速度成正比，与电波的波长成反比，其值可达数十赫兹。多普勒频移使各条路径信号的相位产生附加的变化，引起传输信号的波形产生"晃动"和相位失真，从而影响通信质量。

(3) 存在着时延散布，引起信号波形展宽。由于多径传播，不同路径信号到达接收点的时间不同，即不同路径引起的传播时延不同，形成时延散布(通常我们把各路径间的最大时延差表示为 τ)，如图 3.20 所示。

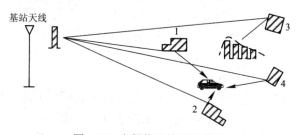

图 3.20 多径信号的时延散布

时延散布可使发送宽度为 T 的脉冲信号展宽成宽度为 $T+\tau$ 的信号，或者使本来发送的一串离散脉冲信号变为一串有重叠的信号，这便形成了数字通信中的码间串扰。为减小码间串扰的影响，时延散布 τ 一般应小于所传输信号码元宽度的一半。在移动通信合理覆盖区内，典型的时延散布为 0.1～12 μs(市区可达 6～12 μs，郊区为 1～7 μs)，对应的可传输的数字信号速率典型值为 41.66 kb/s～5 Mb/s(市区应小于 41.66～83.33 kb/s，郊区应小于 71.42～500 kb/s)。

3. 移动通信电波传播的预测

由于移动信道中电波传播的条件十分复杂和恶劣，以自由空间或平面大地为模型的电波传播衰耗的计算公式除特殊情况外已不再适用，要准确地计算信号场强或传播损耗是很困难的。为了掌握在各种地形地物条件下不同工作频率的电波传播特性，通常需要作大量的电波传播试验，得到大量的实测数据，研究统计规律，建立模型。其中，典型的是奥村(Okumura)模型。它是日本人奥村于 20 世纪 60 年代在东京及其周边 100 km 范围内，用 200 MHz、453 MHz、922 MHz、1310 MHz、1430 MHz 及 1920 MHz 电波进行大量实测，并对所得数据进行总结得出的相应曲线。

奥村模型是一种经验模型，是以准平坦地形的大城市市区的路径损耗为基础的一组曲线，对于其他地形环境，则需要加地形校正因子。任意地形环境下传播路径损耗可以表示为

$$L_A = L_T + K_T = L_{bs} + A_m(f,d) - H_b(h_b,d) - H_m(h_m,f) - K_T \tag{3.10}$$

式中，L_T 为市区准平坦地形传播损耗中值；K_T 为各种地形时传播损耗的修正值，它可能包括多项。如郊区丘陵地形包括郊区地形修正因子 K_{mr} 和丘陵地形修正因子 K_h、K_{hf}；L_{bs} 为自由空间传播损耗；$A_m(f,d)$ 为市区准平坦地形基准损耗中值(相对于自由空间，$h_b = 200$ m，$h_m = 3$ m)；$H_b(h_b,d)$ 为基地台天线高度增益因子；$H_m(h_m,f)$ 为移动台天线高度增益因子；h_b 为基地台天线高度，单位为 m；h_m 为移动台天线高度，单位为 m；f 为工作频率，单位为 MHz；d 为通信距离，单位为 km。

3.2.4   组网技术

1. 移动通信的工作方式

移动通信的工作方式根据通信方向不同可分为单向通信系统和双向通信系统两大类。如无线寻呼系统就是一种只能由寻呼中心向寻呼接收机(俗称 BB 机、BP 机)单方向传递信息的单向通信系统；而移动电话则是一种可双方向通话的双向通信系统。移动通信的工作方式也可据通信时频道的使用方式不同分为单工、半双工和双工等三种制式。

1) 单工制

单工制是通信双方利用按键控制收信和发信的一种方式，任一时刻用户只能处于发信或收信状态。当 A 方发话时，先按下"收发控制按钮"(简称 PTT)，这时 A 方发信机处于发射状态，B 方则应松开 PTT 处于接收状态才能收信。B 方回答时，则应 B 方按下 PTT，A 方松开 PTT，B 方才能发话，A 方才能收听。

单工制又分同频单工和异频单工两种。通信双方收发使用同一频率的称为同频单工；收发使用不同频率的称为异频单工。单工制通信方式如图 3.21 所示，图中括号内的 f_1 或 f_2 为异频单工。这种制式常用于简单的专用调度系统，如公安、部队的对讲指挥通信或车辆无线调度系统等。

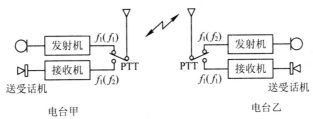

图 3.21   单工制通信方式

2) 双工制

双工制是通信双方均可同时收发的工作方式，即任一方在发话的同时仍能收听对方的方式，它不必按键发话，像普通电话一样使用方便。大多数双工制系统收发使用相隔足够距离的不同频率工作，称为频分双工(FDD)，如图 3.22 所示。模拟蜂窝移动通信系统、GSM 及 CDMA 数字蜂窝移动通信系统等都采用了频分双工体制。

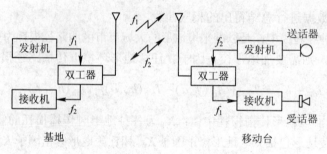

图 3.22　双工制通信方式

3) 半双工制

半双工制是指基地台采用双工方式即收发信机同时工作，而移动台仍采用按键发话的异频单工制工作，如图 3.23 所示。

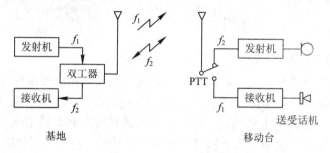

图 3.23　半双工制通信方式

单工、半双工、双工制各有其特点，究竟采用哪一种方式应根据不同移动通信系统的实际需要来选定。

2. 大区制与小区制

一般来说，移动通信网的服务区域覆盖方式可分为两类，一是小容量的大区制结构，另一是大容量的小区制结构。

1) 大区制

由移动通信中电波传播特性可知，一个基站仅能为一定覆盖区内的移动用户提供服务，这样的覆盖区称为无线区。大区制移动通信网是指用一个或者用尽量少的基站来覆盖整个服务区，如图 3.24 所示。

大区制移动通信网希望用一个基站来覆盖整个服务区，因此基站一般都采用较大的发信功率，如 30～50 W 或更高；基站天线一般架设在服务区的中心，高度往往很高，以有效接收移动台的微弱信号，尽可能扩大服务区域，其覆盖半径最大可达 30～50 km。为解决因移动台的发射功率小、天线低矮而造成的移动台能收到基站信号(下行信号)而基站收不到移动台信号(上行信号)的问题，可在适当地点设立若干个分集接收台(如图 3.24 所示)，以保证服务区内的双向通信质量。

大区制结构的特点是网络结构简单、建网成本低、

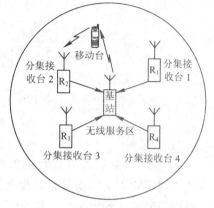

图 3.24　大区制结构

控制简单，适用于用户密度不大、通信容量较小的系统，因此这种体制获得了广泛的应用，如车辆调度、警察、消防、救护等通信系统一般都采用大区制。

为解决大区制移动通信网系统容量有限、覆盖有限、频率利用率低的问题，美国贝尔实验室的科学家提出了小区制(蜂窝)的概念。

2) 小区制

小区制是将整个服务区划分成若干个小无线区，每个小无线区分别设置一个基站，负责与本区内所有移动台的无线电通信；同时设置一个或几个移动电话交换中心(MSC)，实现对这些基站的统一控制与交换接续，实现服务区内移动用户与移动用户、移动用户与固定电话用户之间的通信联络，如图 3.25 所示。

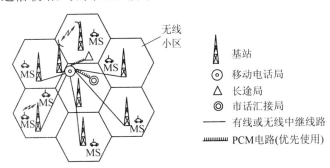

图 3.25　小区制结构

小区制通过频率重复使用技术，能够有效地解决信道数有限和用户数量大的矛盾。小区制中同一小区使用相同的频率组，相邻小区使用不同的频率组，空间相隔几个小区后使用过的频率组可重复使用而互不干扰，这就是频率复用。因为无线区越小，同频复用时的距离也就越小，这样一个较大的服务区内，同一个或一组频率可以被重复使用的次数也就越多，这实际上等效于增加了单位面积上使用的频道数，提高了通信区域的容量密度，从而有效地提高了频谱利用率。同时，随着用户数的不断增加，无线区还可以进一步划小(称为小区分裂)，进一步提高频谱利用率和系统容量，在一定程度上不断适应用户数增长的需要。

通过无线区的彼此邻接，小区制能根据需要扩大移动通信网的覆盖区域，实现大区域(地区、省、全国，甚至全球)覆盖。小区制移动通信系统中，虽然相邻小区使用不同信道，但小区制蜂窝移动通信网可以采用位置登记和越区信道切换、漫游通信等技术，使移动用户能在很大范围内得到连续的服务，并且可通过联网实现国内或国际漫游。

采用小区制后，单个基站的服务半径不大，这样基站和移动台都可以用较小的功率发信，有利于减小电台之间的相互干扰，延长移动台电池的持续工作时间，如现在移动台的功率可降到几百毫瓦。但是，在这种结构中，移动用户在通话过程中，从一个小区转入另一个小区的概率增加，移动台需要经常更换工作信道而不引起通话中断(这个过程称为越区切换)，由于基站、移动台数目众多，所以造成系统控制交换非常复杂，建网的成本很高。

从理论上分析，无线区越小，频率利用率越高，用户容量也越大。随着移动通信的发展和移动用户数目的巨增，无线区的半径也越来越小，从半径 1 km 至数公里的宏小区，到半径 200~300 m 的微小区，半径 100 m 以下的微微小区也已出现。然而，无线区的微小化也会带来一些不利因素，如移动台在一次通话过程中越区的概率将增加，通话中信道切换的频度增加。所以，对可能在高速运载体上使用的移动电话系统，其基站的覆盖半径不宜过小。

小区半径过小还会使系统的控制接续复杂程度大为提高，系统投资也大为增加。城区中小区的半径主要取决于此区域内的用户密度，当用户密度很高，无法再通过小区裂变来满足容量需求时，可通过增加新的频段获得更多的无线频道来增加系统容量，如目前广泛使用的 GSM 网络就是使用了 900 M 及 1800 M 两频段的双频网络。目前，公用蜂窝移动电话系统中基站的覆盖半径市区大约为 0.6～3 km，郊区为 3～6 km 左右。半径在 200～300 m 的微小区甚至更小的微微小区则适用于运动速度较低的系统，如公用无绳电话系统。

3. 区域覆盖

小区制面临的首要问题是如何进行无线服务区的划分。影响无线区域划分的因素有很多，如服务区域范围、用户数及容量密度。就目前大多数移动通信网的无线区组成来看，可根据用户的区域分布分为带状网和面状网。带状网是指无线电场强覆盖区域呈带状，其业务范围要在一个狭长的带状区域内进行，也称链状网，主要用于铁路、高速公路和沿江通信，如图 3.26 所示。当业务覆盖区域为面状时，构成面状网，蜂窝移动电话网和公用无绳电话网一般都属于面状网。

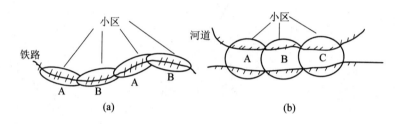

图 3.26　带状网

1) 无线区的形状

由于电波传播和地形地物有关，因此小区的划分应根据环境和地形条件而定。为了研究方便，假定整个服务区的地形地物相同，并且基站采用全向天线，它的覆盖区域大体是一个圆，即无线小区是圆形的。又考虑到用多个圆形小区彼此邻接来覆盖整个区域时，圆形小区之间必然会有很多重叠区域。在考虑重叠区域后，每个小区的覆盖区域用圆的内接正多边形来近似，将是实际的。不难看出由正多边形彼此邻接构成平面时，只能是正三角、正方形和正六边形，如图 3.27 所示。

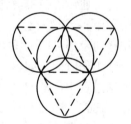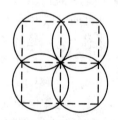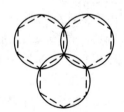

图 3.27　小区的形状

以上三种图形比较，正六边形和圆的近似程度最好，而且用正六边形彼此邻接填满整个服务区所需的正六边形个数最少，见表 3.1。换而言之，在其他条件都相同时，面状网无线区域组成方式以正六边形为最佳。因此，在系统设计中无线小区都采用正六边形。又由于正六边形相邻排列的布局结构与蜂窝很相似，所以采用小区制的移动电话系统又被称作蜂窝(房)移动电话系统。

表 3.1　三种小区形状的比较

小区形状	正三角形	正方形	正六边形
邻区距离	r	$\sqrt{2}\,r$	$\sqrt{3}\,r$
小区面积	$1.3r^2$	$2r^2$	$2.6r^2$
交叠区宽度	r	$0.59r$	$0.27r$
交叠区面积	$1.2\pi r^2$	$0.73\pi r^2$	$0.35\pi r^2$

2) 单位无线区群

小区制移动通信系统提高频谱利用率和系统容量的关键在于频率复用。蜂窝移动电话系统设计时采用正六边形作为覆盖服务区的最小单元，由若干个正六边形无线区彼此邻接排布，构成单位无线区群，再由若干无线区群彼此邻接排布构成整个服务区。为了防止同频干扰，构成单位无线区群中的各个无线区不能使用相同的无线信道，在不同的无线区群中相同的无线信道则可重复使用，如图 3.28 所示，图中数字为使用的频率组的编号。

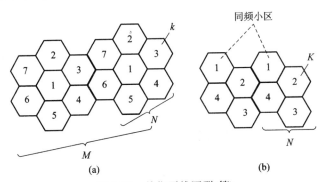

图 3.28　单位无线区群(簇)

(a) TACS 系统 7 小区无线区群；(b) GSM 系统 4 小区无线区群

设一蜂窝系统有 S 个可用的双向信道。该系统每个区群有 N 个小区，每个小区分配 K 个信道($K<S$)，也就是说该系统有 N 个信道组，每个信道组有 K 个信道。由此可知：

$$S = N \cdot K$$

如果区群(簇)在系统中复制了 M 次，则双向信道的总数 C 可以作为容量的一个度量，故有

$$C = MNK = MS$$

由上式可以看出，通过采用小区制频率复用，系统的容量大大提高了。N 减小，同频小区间的间隔可以更近，覆盖同样大小的地理区域，区群数 M 增加，从而使容量 C 增大。因此，N 越小越好。但间隔近了同频道干扰也就增强了，故无线区群中小区数目 N 的值必须在频率利用率与系统性能间进行折中：

$$N = i^2 + ij + j^2$$

i、j 为不同时取 0 的正整数。如：

$$N=4，i=0，j=2；N=7，i=1，j=2$$

3) 中心激励与顶点激励

如果基地台位于小区的中心，采用全向天线，在理想情况下小区的覆盖区域是一个圆

形，这称为"中心激励"方式，如图 3.29(a)所示。若在每个蜂窝的相间的三个角顶点上设置基地台，并采用三个互成 120°的扇形定向天线，同样能够实现小区覆盖，这称为"顶点激励"方式，如图 3.29(b)所示。

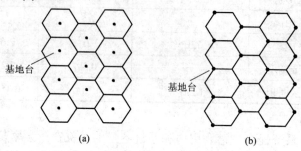

图 3.29 无线区的激励方式

(a) 中心激励；(b) 顶点激励

由于"顶点激励"方式采用定向天线，对来自 120°主瓣以外的同信道干扰信号而言，天线的方向性能提供一定的隔离度，从而降低了同信道的干扰。

假设采用 7 小区复用，对于 120°扇区，第一层的干扰源数目由 6 下降到 2。这是因为 6 个同频小区中只有 2 个能接收到相应信道组的干扰，参见图 3.30。在图 3.30 中，考虑在标有"5"的中心小区的右边扇区的移动台所受到的干扰，在中心小区的右边有 3 个标"5"的同频小区的扇区，3 个在左边。在这 6 个同频小区中，只有 2 个小区辐射的信号能进入中心小区，因此，中心小区的移动台只会受到来自这两个小区的前向链路的干扰。倘若不采用定向小区，则中心小区将受到周边全部 6 个同频小区的干扰。同频干扰的降低，可以降低同频复用的距离，增加频率复用的次数，所以顶点激励能进一步提高频谱的利用率。

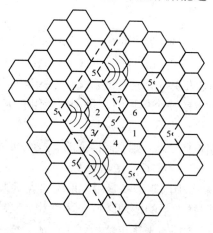

图 3.30 定向小区的干扰

4) 小区的分裂

以上的分析是假设整个服务区的用户密度是均匀分布的，所以无线覆盖区的半径是相同的，每个无线区分配的信道数也是相同的。但是在实际的移动通信网中，各地区的用户密度通常是不均匀的，例如，用户密度市区比郊区高，而商业地带比城市其他地区高。因此，小区的服务半径的大小应该由该小区的用户密度来确定，即用户密度较低的郊区无线覆盖区的半径较大，而用户密度较高的市区和市中心小区无线覆盖区的半径则小一些。

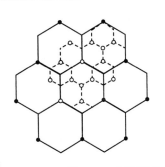

图 3.31　小区裂变

● 原基地
○ 新基地

移动电话网在建网初期，无线覆盖区的半径可以较大一些，随着用户数的不断增长，原有无线小区的用户密度上升，话务阻塞率增高，服务等级下降，此时就可以采用小区分裂的方法进行扩容，即将原有无线区一分为三或一分为四。由于新的小区半径缩小，整个系统服务区的小区数增多，频率复用次数增加，系统的容量就可以大大增加了，如图 3.31 所示。

从理论上说，通过小区的多次分裂，系统的容量是无限制的，但小区的最小半径受到移动电话交换机处理越区信道切换能力的限制，同时基站越多，系统的投资也越高，所以移动电话小区的半径通常在 1～1.5 km 左右。

4. 多信道共用

移动通信系统中，为保证一定的用户容量，基站的无线信道数往往不止一个，这多个无线信道在众多用户间如何有效分配，是移动通信组网要研究的一个问题。移动通信信道的分配有固定信道分配和动态信道分配两种方式。

(1) 固定信道分配。固定信道分配方式是将系统内的 n 个用户分成 m 个组，每组的 n/m 个用户固定分配使用某一个或几个信道，这种方式系统简单。但由于各组业务量不可能完全一样，因而会造成有的组业务量大，阻塞率高；有的组业务少，信道大部分时间空闲，而各组之间信道不能调剂，故系统的频道利用率低。

(2) 动态信道分配。动态信道分配方式是将服务区内的所有信道为所有用户所共用，并不固定分给某个或某些用户。当某一用户发起呼叫时，由控制中心发出信道指配指令，为起呼的移动台指配一空闲信道，此用户通话结束后信道即释放。动态信道分配方式中使用最广的是专用呼叫信道方式。

专用呼叫信道方式也叫专用控制信道方式，这种方式是在系统中设置专用的呼叫信道，专门用于处理移动用户的主呼、向移动用户发起选呼、指配通话用的话音信道等。所有移动用户只要不通话就停留在这个呼叫信道上守候。移动用户主呼时，主呼信号通过专用呼叫信道发往控制中心；控制中心通过专用呼叫信道给主叫和被叫用户指配通话用的空闲信道，移动台根据指令转入分配的空闲信道进行通话；通话结束后再返回到专用呼叫上守候。移动台被呼时，基地台在专用呼叫信道上发出选呼信号，被呼移动台应答后按基地台的指令转入分配的空闲信道进行通话。

专用呼叫信道方式用专门的信道处理呼叫，因而处理呼叫的速度快、同抢率低，比较适合于信道数较多、容量较大的移动通信系统，如所有的公用蜂窝移动电话系统、大部分的集群通信系统。对一些小容量的专用移动通信网，用户数和共用信道数不多，此时专用呼叫信道的信道利用率不高，因而一般不采用这种方式。但是由于专用呼叫信道方式大都采用数字信令，可提供排队、多级用户权限、动态重组等功能所需的复杂信令，因此即使在容量不很大的集群系统中也有广泛的应用。

5. 交换与接续

移动通信中，无线用户之间、无线用户与有线用户之间建立通话时需要进行接续与交换。由于移动用户位置的不确定性、无线信道的共用与频率的空间复用等特点，对移动交换控制提出了特殊的要求，特别是大容量公用移动电话网，不仅具有市话网的控制交换功能，还具有移动通信所特有的交换技术，如移动台位置登记、寻呼、通话中的信道转换(越区切换)、漫游等。

1) 位置登记与寻呼

在移动通信系统中，用户可在系统覆盖范围内任意移动，因而必须要有一个高效的位置管理系统来跟踪用户的位置变化。在拥有众多无线小区、众多用户的大服务区域内，要寻呼某个移动台，如果事先不知道它所处的位置(小区)，就要对所有无线小区依次进行寻呼，或者对所有无线小区进行一齐呼叫，这样就有可能使得呼叫接续时间比通话时间还长，时间和线路的使用效率都不够高。

为此，通常以一个 MSC 服务区域为交换区，在一个 MSC 服务区域中，人为地把它所管辖的无线小区划为若干个位置区 RA(Registration Area)，位置区的编号通过基站的广播信道报告给区域内的移动台。移动用户登记入网的区域称做这个移动台的"家区"。家区将把每个移动台的位置信息及用户识别码等，送入 MSC 的原籍位置寄存器(HLR)中。移动台不断地接收基站广播的位置区编号，将之与上一次保存的位置区编号进行比较，当发现两者不一致时，即表明移动台进入了新的位置区，此时移动台将自动向新的位置区域进行登记，即向被访问的 MSC 位置寄存器(VLR)报告原籍位置区编号及自己的识别码等，并由被访问的 MSC 将这一移动台新的位置信息通知它的家区，使 MSC 的原籍位置寄存器存入变更后的位置信息，以便在移动用户被呼时，MSC 能根据被呼移动用户的位置信息，决定应该呼叫的被访问的 MSC 区域，这一过程就是"位置登记"或"位置更新"。

除以上情况外，其他事件也可以触发移动台执行位置登记操作，如开/关机登记、基于定时器登记、基于距离登记、参数改变登记、指令登记等。通过位置登记，MSC 可及时获取移动台当前所属位置区，为移动台的起呼与被呼做好准备。

当有用户呼叫某个移动台时，系统不能也没有必要知道移动台的具体位置，只需根据移动台位置登记的结果，确定其所在的位置区，命令此位置区内所有的基站一齐发出被呼移动台的识别码，被叫应答后就由接收应答的小区基站为其服务，这种功能称为"寻呼"。

位置登记和寻呼都要占用系统信道资源，并且这两者还是一对矛盾。位置登记区越大，位置更新的频率越低，其信道开销就越小，但每次呼叫寻呼时的基站数目就越多，用于寻呼的开销就越大；另一方面，如果位置区过小，移动台每进入一个小区就发送一次位置更新信息，这时用户位置更新的开销就非常大，但寻呼的开销就很小。因此，实际系统中位置区的大小要有一个折中的值。

2) 越区频道切换

当正在通话的移动台从一个小区驶入相邻的另一个小区时，在 MSC 控制下移动台从当前通话小区无线信道上切换到目的小区的无线信道上，并保证通信的连续性，这一过程称为越区切换。

当移动台在通话过程中从一个小区向另一个小区运动时，会时刻检测正在提供服务的基站的信号强度，并将之及时向控制中心报告，当控制中心发现此基站信号强度下降至某一门限时，就通知其相邻基站对用户信号进行监测和报告，控制中心对各基站监测数据进行比较后，确定信号最强的新基站准备为该移动用户服务，并让该基站准备一对新的空闲业务信道，指示新基站启用这对信道和通知移动台(经过原基站原信道)切换到新业务道上，继续通话。所有这些测量和选择过程完全由交换中心在移动台的配合下自动完成，真正切换时间只有上百毫秒左右，对通话质量没有影响。

3) 漫游

在蜂窝移动通信系统中，移动用户登记注册和结算的移动交换区称为归属区，俗称"家区"，在其中活动时称为本地用户。当移动台从归属区(家区)活动到另一个移动交换区(被访区)控制区后，入网通信服务功能称为漫游。漫游包括位置更新、跟踪交换两种主要功能，当归属业务区与被访业务区的无线覆盖区地域相连且又正在通信时，还应包括越局频道转换功能。

(1) 位置更新。当移动台漫游到被访移动交换区后，在下行控制频道上接收到业务区识别码发生了变化，知道自己已漫游，移动台即自动向被访局发出位置登记信息。被访移动电话局收到位置登记信息后，通过移动电话局间的信令链路，将此移动台目前实际所处位置以及临时给此用户分配的漫游号码通知归属移动电话局。如果允许此移动台漫游，则归属移动电话局就更新移动台的位置信息，并向被访移动电话局回发此用户的有关信息。被访局收到后，向移动用户发位置登记认可信息，这样便完成了位置更新。经过位置更新，漫游移动台便可在被访移动交换区中发出呼叫，并为被呼做好了准备。

(2) 跟踪交换。跟踪交换是指人们不需要知道移动用户是否漫游，以及漫游到什么地方，移动电话网能自动将一个给漫游用户的呼叫转移至用户实际所处的被访移动电话局。当有一个给移动台的呼叫时，通过向移动台的归属局查询，获得此用户目前所处的位置信息，根据此位置信息选择路由，直接将此呼叫接至被访移动电话局，即实现了跟踪交换。

(3) 越局频道转换。越局频道转换与越区频道切换类似，只不过此切换发生在两个相邻移动交换区的相邻小区间，通过移动电话局间的信令链路完成。

3.3　数字微波通信

数字微波通信是在数字通信和模拟微波通信基础上发展起来的一种先进的利用微波作为载体传送数字信息的通信传输手段，它兼有数字通信和微波通信两者的优点。由于微波具有在空间直线传播的特点，故这种通信方式亦称为视距数字微波中继通信。

虽然数字微波中继通信至今只有 20 多年的发展历史，但由于它有通信容量大、传输质量稳定、上下话路方便、建站较快、投资较少等优点，因此受到世界各国的普遍重视，曾和卫星、光纤一起被称为现代通信传输的三大支柱，并获得迅速的发展，成为国家通信干线的一个重要组成部分，也普遍应用于各种专用通信网。随着集成电路和数字信号处理技术的发展，数字微波中继通信将变得更加经济、有效、灵活和方便，其应用领域也在不断地拓展。

3.3.1　微波通信概述

1. 微波通信的工作频段

微波是指波长为 1 m～1 mm，或频率为 300 MHz～300 GHz 范围内的电磁波。微波通信是指用微波波段电磁波进行的通信。微波波段还可以细分如下：

分米波：波长为 1 m～10 cm；

厘米波：波长为 10 cm～1 cm；

毫米波：波长为 1 cm～1 mm。

2. 微波通信的特点

微波通信自第二次世界大战后期开始应用，历经由模拟到数字，使用频段由低向高的发展过程；其频谱利用率由于技术的进步而得到不断的提高，应用领域也由长途电信、彩色电视传输，拓展到一点多址、无线接入、无线局域网等领域。微波通信的发展应用历程，是它以下特点的充分体现：

(1) 微波波段的频带宽，通信容量大。长波、中波和短波波段的总带宽还不到 30 MHz，而厘米波波段的带宽达 27 GHz，它几乎是前者的 1000 倍。显然，占有频带越宽，可容纳同时工作的无线电设备就越多，通信容量就越大，而且可以减少设备相互之间的干扰。

(2) 适于传输宽频带信号。微波通信设备工作在微波频段，与短波、甚短波通信设备相比，在相同的相对带宽(即绝对带宽与载频的比值)条件下，载频越高，其波道的绝对带宽就越宽。

(3) 天线增益高、方向性强。当天线面积给定时，其增益与波长的平方成反比。由于微波波段的波长短，因此很容易制成高增益的天线。另外，在微波波段的电磁波具有近似光波的特性，因而可以利用微波天线把电磁波聚集成很窄的波束，得到方向性很强的天线。

(4) 外界干扰较小。随着频率的升高，外部干扰和噪声会逐渐下降，当频率高于 1000 MHz 时，工业干扰、天电干扰及太阳黑子的变化基本上不起作用。因此，在微波波段，通信传输的可靠性和稳定性能得到较好的保证。

(5) 通信灵活性大。与有线通信相比，由于不需要架电缆或光缆，它在抵御水灾、台风、地震等自然灾害及跨越高山、水域等复杂的地理环境方面具有较大的灵活性。同时根据应用场合的需求，可灵活地选用不同容量的微波设备，最少可以用十几个波道传输，容量需求大时也可以用几百个到几千个波道传输。

(6) 投资少、建设快。在通信容量和质量基本相同的条件下，按话路千米计算，微波线路的建设费用只有电缆、光缆线路的 1/3～1/2，建设微波电路所需要的时间也比有线线路要短，特别是高频段的一体化微波设备，其天线及微波收发信机设备体积都很小，可安装于室外或塔顶、架设简单、调试简易快速，可大大节省建设周期。

(7) 中继传输。在微波波段，电磁波按直线传播，考虑到地球表面的弯曲和空间传输损耗，通信距离一般只有几十千米，即常说的视距。要进行远距离长途通信时，就必须采用中继(接力)传输方式，将信号多次转发，才能到达接收点。如一条 2500 km 的微波线路，中间大约有中继站 50 个。因此，这种通信方式叫做微波中继通信。

中继通信并不是微波通信的惟一方式，当采用大功率发射机及低噪声接收机和高增益天线时，微波也可以经高度为 5～10 km 的对流层散射回到地面，通信距离一次可达几百千米，称为散射通信；或利用流星余迹对电波的散射作用而达到超过视距的通信，这就是"流星余迹通信"，但这些系统应用较少。

根据上述分析可以看出，微波中继通信，尤其是数字微波采用了数字中继和更高的频段克服了噪声的累积，采用 QAM 调制提高了频带利用率，使其具有通信容量大、传输质量高等优点，但微波通信同光纤通信相比，其通信容量、通信质量的稳定性等方面就远不及光纤通信，但因其组网灵活、建网迅速，并能适应各种业务传输的需要，因而微波通信与光纤通信在未来通信网中有相互补充、相互完善的趋势。

3.3.2　数字微波通信系统

数字微波通信系统由微波发送机、接收机和中继站组成。数字微波中继通信系统中继站按转接方式不同可以分为再生转接、中频转接和微波转接三种，如图 3.32 所示。下面对数字微波中继通信系统中的三种转接方式分别给以说明。

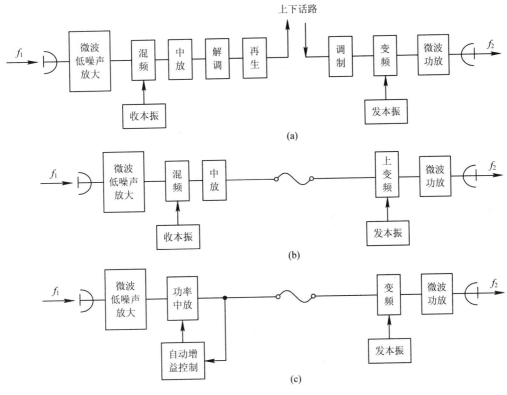

图 3.32　中继接力方式

(a) 再生转接；(b) 中频转接；(c) 微波转换

(1) 再生转接。载频为 f_1 的接收信号经天线、馈线和微波低噪声放大器放大后与接收机的本振信号混频，混频输出为中频调制信号，经中放后送往解调器，解调后信号经判决再生电路还原出数据码元。此数据码元再对发射机的载频进行数字调制，再经上变频和功率放大后以 f_2 的载频经由天线发射出去，如图 3.32(a)所示。这种转接方式采用数字接口，可消除噪声积累，也可直接上、下话路，是目前数字微波通信中最常用的一种转接方式，采用这种转接方式时，微波终端站和中继站的设备可以通用。

(2) 中频转接。中频转接采用中频接口，是模拟微波中继通信常用的一种中继转接方式，如图 3.32(b)所示。由于省去了调制解调器，因而设备比较简单，电源功率消耗较少。但中频转接不能上、下话路，会形成噪声干扰的积累，通信质量会随着中继站数的增加而恶化。因此，它实际上只起到增加通信跨距的作用。

(3) 微波转接。微波转接方式和中频转接相似，只不过前者在微波频率上放大转接，后者在中频上放大转接，如图 3.32(c)所示。微波转接的方案较为简单，设备的体积小，中继站的电源消耗也较少，当不需要上、下话路时，在部分中继站采用也是一种较实用的方案。

近年来，由于微波射频放大器高线性功率输出幅度的提高，产生了一种价格低廉、安装容易的微波射频直放中继站(简称直放站)。它是有源、双向、不进行频率变换的信号放大装置，由一个微波低噪声宽频带放大器、一个微波宽频带线性功率放大器以及微波分路滤波器组成，无论是模拟微波中继通信还是数字微波中继通信都可以配套使用。直放站因无变频系统，结构大为简化，体积甚小，可以直接安装在天线支架上。

此外，还有利用金属反射板改变波束方向的无源中继方式。这种转接方法维护简单，无需供电，但在山顶上要建一定面积的天线反射板，其抗风结构要求很高，造价也不便宜。它主要用于克服某些难以建有源中继站的地区地形障碍。

3.3.3 微波信道电波传播

微波中继通信是利用微波的视距传播来传输信号的。微波视距传播具有质量较稳定、受外界干扰较小的优点，但是它也会受大气及地面的影响，产生衰落与传播失真。电波在自由空间(均匀、理想的介质)传播时，虽不产生反射、折射、吸收和散射等现象(也就是说，总能量并没有被损耗掉)，但其能量会因向空间扩散而衰减，这是因为电波由天线辐射后，便向周围空间传播，到达接收地点的能量仅是总能量的一小部分。距离越远，这部分能量越小。

假定收、发天线之间相距为 d，且都采用无方向性天线(即电波在立体空间全方向性辐射)，系统的工作波长为 λ，则自由空间传播损耗的定义为

$$L_{bs} = 10\lg\left(\frac{4\pi d}{\lambda}\right)^2 = 20\lg\frac{4\pi d}{\lambda} \text{ dB} \tag{3.11}$$

或

$$L_{bS} = 92.44 + 20\lg d + 20\lg f \text{ dB} \tag{3.12}$$

式中，d 为收发两地之间的距离，单位为 km；f 为工作频率，单位为 GHz。

例如，工作频率 $f = 2$ GHz，站距 $d = 50$ km，按式(3.11)可计算出其自由空间传播损耗为

$$L_{bS} = 92.44 + 20\lg 50 + 20\lg 2 \approx 132 \text{ dB}$$

由式(3.11)可以看出，自由空间传播损耗 L_{bS} 只与工作频率和收发两地间距有关。若工作频率提高一倍，或传输距离增加一倍，则自由空间传播损耗将增加 6 dB。因此，对于发射频率很高的系统，或者传播条件比较恶劣的地区，适当地缩短站间距离是提高传输信道可靠性的有效途径。

微波通信中实际使用的天线均为有方向性天线，设收发天线增益分别为 $G_R(dB)$、$G_T(dB)$，收发两端馈线系统损耗分别为 $L_{FR}(dB)$、$L_{FT}(dB)$，收发两端分路系统损耗分别为 $L_{BR}(dB)$、$L_{BT}(dB)$。

所以，在自由空间传播条件下，发射功率为 $P_T(dBm)$，则接收机的输入功率 $P_R(dBm)$ 为

$$P_{RO}(dBm) = P_T(dBm) + (G_T + G_R) - (L_{FT} + L_{FR}) - (L_{BR} + L_{BT}) - L_{bS} \tag{3.14}$$

例如，已知发射功率 $P_T = 1$ W，工作频率 $f = 3.8$ GHz，两站相距 45 km，$G_R = G_T = 39$ dB，

$L_{FR} = L_{FT} = 2\ dB$，$L_{BR} = L_{BT} = 1\ dB$。自由空间传播损耗为

$$L_{bS} = 92.44 + 20\ \lg45 + 20\ \lg3.8 \approx 137\ dB$$

$$P_T = 1\ W = 10\ \lg1000\ mW = 30\ dBm$$

则接收机的输入功率为

$$P_{RO}(dBm) = P_T(dBm) + (G_T + G_R) - (L_{FT} + L_{FR}) - (L_{BR} + L_{BT}) - L_{bS}$$
$$= 30 + (39 + 39) - (2 + 2) - (1 + 1) - 137$$
$$= -35\ dBm$$

即

$$P_{RO} = 10^{-\frac{35}{10}}\ mW = 10^{-3.5}\ mW = 0.32\ \mu W$$

3.3.4　SDH 数字微波通信系统

同步数字体系(SDH)作为新一代数字传输体制，在数字微波传输网中得到广泛的应用。SDH 微波网可以看做大容量光纤传输网不可缺少的补充和保护手段。在 SDH 传输网中，它可以和光纤通信线路串接使用；也可以作为光纤环形网的一部分或光纤传输系统的备用系统来使用。

图 3.33 为加拿大北方电信的 STM-4 数字微波通信设备的组成框图。STM-4 的传输速率为 622.080 Mb/s，它占用两个 40 MHz 带宽的微波信道。

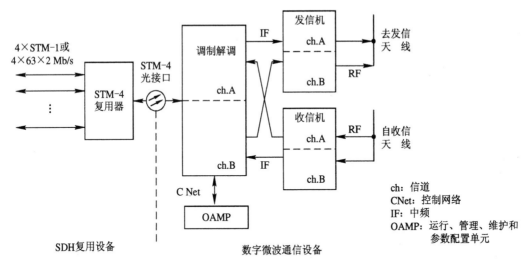

图 3.33　STM-4 数字微波终端站的组成

STM-4 数字微波通信设备的终端站，主要包括 SDH 复用设备和 SDH 微波通信设备。

(1) SDH 复用设备主要完成对四个 STM-1 或 4×63 个 2 Mb/s 数据流的复用，然后通过 STM-4 速率的光接口送到微波通信设备的调制解调器。

(2) STM-4 数字微波通信设备是由中频调制解调器、微波收发信机以及 OAMP(操作、管理、维护和参数配置部分)三部分组成。

送入中频调制解调器的信号是 STM-4 光信号，它首先经光/电变换送入中频调制器，得到 512QAM 调制信号。在微波收发信机中，主要包括上、下变频器，微波收发本振源等。

OAMP 单元主要完成系统的操作、管理、维护以及参数配置等功能。

由图 3.49 中可以看出，STM-4 信号的传输容量是分摊于 ch.A 和 ch.B 两个微波波道中传输的，每个微波波道的带宽为 40 MHz。

3.3.5 数字微波通信的应用

目前，数字微波在通信系统的主要应用场合有：

(1) 干线光纤传输的备份及补充，如点对点的 SDH 微波、PDH 微波等。主要用于干线光纤传输系统在遇到自然灾害时的紧急修复，以及由于种种原因不适合使用光纤的地段和场合。如在农村、海岛等边远地区和专用通信网中为用户提供基本业务的场合，这些场合可以使用微波点对点、点对多点系统，微波频段的无线用户环路也属于这一类。

(2) 城市内的短距离支线连接，如移动通信基站之间、基站控制器与基站之间的互联、局域网之间的无线联网等，既可使用中小容量点对点微波，也可使用无需申请频率的微波数字扩频系统。

(3) 未来的宽带业务接入(如 LMDS)。

(4) 无线微波接入技术。

3.4 卫 星 通 信

3.4.1 概述

1. 卫星通信的概念

卫星通信是在微波接力通信技术和航天技术基础上发展起来的一门新兴的通信技术。可以说，卫星通信是地面微波接力通信的继承和发展，是微波接力通信向太空的延伸，是微波接力通信的一种特殊形式。

卫星通信，简单地说，是利用人造地球卫星作为中继站转发微波信号，在地球上(包括地面、水面和低层大气中)的两个或多个地球站之间进行的通信。这里所说的地球站是指设在地球表面(包括地面、海洋或大气层)的无线电通信站，而把用于实现通信目的的人造地球卫星称为通信卫星。

通信卫星按结构划分可分为无源卫星和有源卫星。无源卫星只能反射无线电信号，现在已被淘汰。现在发展应用的主要是有源卫星，它可以转发无线电信号。卫星按相对于地球站的位置可分为运动卫星和静止卫星。运动卫星适用于极高纬度地区的通信，应用广泛的是静止卫星。当卫星轨道为圆形且在赤道平面上时，卫星距地面约 35 860 km，且其飞行方向与地球的自转方向相同时，卫星绕地球一周的时间与地球自转周期相等，这时从地面上任何一点看去，卫星均处于静止状态，这种卫星称为地球同步卫星。以同步卫星作为中继站构成的通信系统，称为同步卫星系统，其示意图如图 3.34 所示。图中，地球站 A 以载频 f_1 向通信卫星发射信息，称为上行线路；通信卫星接收站 A 发来的信息，经转换放大，使用另一载频 f_2 将信号送回地球站 B，这段通信线路称为下行线路。上行线路使用的频率称为上行频率；下行线路使用的载频称为下行频率。

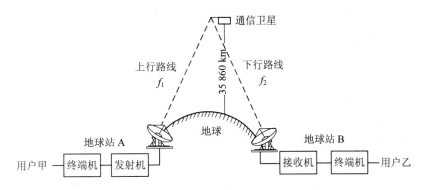

图 3.34 卫星通信系统示意图

　　静止卫星与地球的相对位置关系如图 3.35 所示。由图可见，卫星至地球两切线夹角为 17.34°。两切点间地球赤道弧线长为 18 100 km。这是一颗静止卫星电波波束覆盖区，凡在覆盖区内的地球站都能以该卫星为中继站相互通信。从图中可看出，若在静止卫星的圆形轨道上，以 120° 的相等间隔配置三颗卫星，则地球表面上除南、北极地区外，其余部分均在其电波波束覆盖范围之内，而且部分地区为两颗卫星波束的重叠区，借助于重叠区内地球站的中继，则可实现位于不同卫星覆盖区内地球站之间的通信。因此，只要用三颗静止卫星就可以实现全球通信。这一特点显然是任何其他通信手段所不具备的。目前，由国际通信卫星组织(INTERSAT)负责建立的世界卫星通信系统，就是利用静止卫星实现全球通信的，该系统担负着大约 80% 的国际通信业务和全部国际电视转播业务。

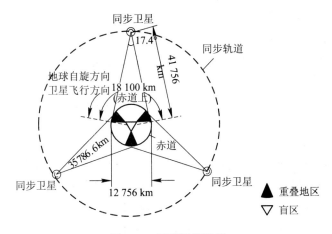

图 3.35 同步通信卫星

　　若根据卫星轨道离地面最大高度 h 的不同，可分为高轨道卫星($h > 20\,000$ km)、中轨道卫星(5000 km $< h <$ 20 000 km $=$ 和低轨道卫星($h < 5000$ km)。

　　由于通信卫星的作用相当于离地面很高的中继站，因此只有两个地球站都能同时"看"到卫星时，才能经卫星转发无线电信号进行通信。当卫星的运行轨道属于低轨道并且只利用一颗卫星进行通信时，那么相距较远的两个地球站便不能同时"看"到卫星了。这时，如果要进行远距离实时通信，必须利用多颗低轨道卫星，这就是通常所说的低轨道移动卫星通信系统。否则，只能采用延迟(存储)转发方式，称之为延迟转发式卫星通信系统。当卫星运行轨道较高时，相距较远的两个地球站便可同时"看"到卫星，并且可将一个地球站发出的信号，经卫星处理后立即转发给另一地球站，因此称之为立即转发式卫星通信系统。

2. 卫星通信的特点

卫星通信与其他通信手段相比，它具有以下一些优点：

(1) 通信距离远，且建站费用与通信距离几乎无关。由图 3.35 可见，利用静止卫星进行通信，其最大通信距离可达 18 100 km 左右。只要这些地球站与卫星间的信号传输满足技术要求，通信质量便有保证，地球站的建设费用不因通信站之间的距离远近、两通信站之间地面上自然条件的恶劣程度而变化。

(2) 卫星通信覆盖面积大，便于实现多址通信。卫星通信由于是大面积覆盖，在卫星天线波束所覆盖的整个区域内的任一地点都可设置地球站，这些地球站可以共用一颗通信卫星来实现双边或多边通信。这种能同时实现多方向、多地点通信的能力称为"多址联接"，或者说多址通信，如图 3.36 所示。这使得卫星通信系统较其他系统灵活、机动得多。不仅大型地球站可通过卫星进行通信，而且飞机、汽车、轮船甚至行人均可利用自己的"小型地球站"通过卫星进行通信。

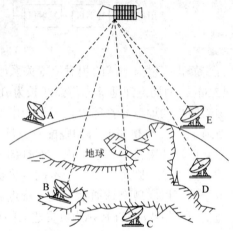

图 3.36　卫星波束覆盖范围内的多址通信

(3) 工作频带宽，通信容量大，适用于多种业务传输。卫星通信由于也采用微波波段，可供使用的频带很宽，而且一颗卫星上可设置多个转发器。随着新体制、新技术的不断发展，卫星通信容量越来越大，传输的业务类型也就越来越多样化，这就为各种通信业务，例如电话、传真、电视、高速数据、Internet 接入等的传输创造了条件。除光缆、毫米波通信外，还没有其他通信手段能提供这样大容量的通信。

(4) 通信线路稳定可靠，传输质量高。由于卫星通信的无线电波主要是在大气层以外的宇宙空间中传播，那里几乎是真空状态，电波传播非常稳定，而且通常情况下，只经过卫星一次转接，噪声影响小，所以通信质量高。

(5) 机动灵活。卫星通信不仅能作为大型固定地球站之间的远距离干线通信，而且可以在车载、船载、机载等移动地球站间进行通信，甚至还可以为个人终端提供通信服务。

正是由于卫星通信与其他通信手段相比有上述一些突出的优点，仅仅经过 30 年的时间，便得到了迅速的发展。目前，它已成为现代化通信的一种重要手段。

当然，利用静止卫星通信也还存在一些问题和不足：

(1) 卫星通信需要高度可靠和长寿命的通信卫星。由于卫星发射过程及在轨道上所处环境极为恶劣，加之静止卫星处于离地球数万千米之外，作为中继站，既无人值守，更无人维修，在卫星上使用的都是经过精选的可靠性高、寿命长的元器件。即使如此，由于受太阳能电池的寿命以及控制用的燃料数量等的限制，通信卫星的寿命仍然有限，起初通信卫星的寿命约为三年，现在可以工作到十年以上。

(2) 卫星通信要求地球站有大功率发射机和高灵敏度接收机。由于发射卫星运载工具能力的限制，因此卫星的重量和体积不能太大，这就限制了卫星的电源容量和发射功率，加上 3 万多千米的传播损耗，因此从卫星发出的信号到达地球站时已很微弱，这就要求地球站有大功率发射机和高灵敏度的接收机。

(3) 卫星通信信号延迟较大。我们知道，电磁波以光速(30 万千米/秒，即 3×10^8 m/s)在自由空间传播。在静止卫星通信系统中，卫星与地球站之间相距约 3.6 万千米，信号从一个地球站发射，经过卫星转发到另一个地球站时，单程远达 7.2 万千米左右。在进行双向通信的情况下，一问一答，往返共约 14.4 万千米，电波传播需要 0.48 s。因此，打电话时要得到对方的回话，必须额外等候 0.48 s，给人以不习惯的感觉。

(4) 通信安全性还有待加强。卫星通信的大覆盖也带来其信号容易被截获、容易受到攻击等问题。

3. 卫星通信的电波传播

目前，大多数卫星通信系统选择在如表 3.2 所示的频段工作。

表 3.2　卫星通信的主要工作频段

波段	L 波段	C 波段	X 波段	Ku 波段		Ka 波段
频率	1.6/1.5 GHz	6.0/4.0 GHz	8.0/7.0 GHz	14.0/12.0 GHz	14.0/11.0 GHz	30/20 GHz

目前，大部分国际通信卫星尤其是商业卫星使用 C 频段，为了避免 C 频段的拥挤，以及与地面网的干扰问题，目前也已开始使用 Ku 频段。

卫星通信的无线电波，主要在大气层以外的自由空间内传播，传输损耗主要取决于自由空间传播损耗，故卫星通信的电波传播信道是稳定的，可以看成是恒参信道。这和地面微波中继通信以及对流层散射通信系统不同。但是，有时根据情况还要考虑对流层等对电波传播的影响。另外，还存在着日凌中断及多普勒频移等现象。

由于地球、卫星、太阳的相对运动，卫星通信会产生"日凌中断"现象。每年春分和秋分前后、当地中午前后的一段时间里，同步卫星处于太阳与地球之间，这时地球站天线在对准卫星的同时可能也会对准太阳。太阳是个炽热的球体，这时强大的太阳噪声使通信无法进行，这种现象通常称为"日凌中断"，如图 3.37 所示。

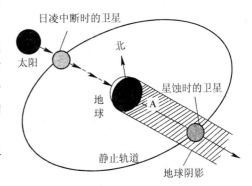

图 3.37　星蚀与日凌中断

这种中断每年发生两回，每回延续约 6 天，每天出现中断的最长时间与地球站天线口径、工作频率有关。例如，工作在 4 GHz、10 m 天线的地球站，日凌中断期间一天中出现太阳干扰最长时间约为 3 min。对静止卫星通信系统来说，日凌中断是难以避免的。

在卫星通信系统中，运动卫星相对于地球做高速运动，即使是静止卫星也仍存在摄动和漂移现象，因而多普勒频移普遍存在于通信卫星与地球站之间，所产生的多普勒频移的最大值是由两收发终端之间的相对运动速度和工作频率决定的，两收发终端的相对运动速率越高，工作频率越高，则所产生的多普勒频移也越大。对于非同步轨道卫星，多普勒频移最高可达数万赫兹。

3.4.2　卫星通信系统的组成与网络结构

1. 卫星通信系统的组成

　　一个静止的卫星通信系统通常是由空间分系统、通信地球站分系统、跟踪遥测及指令分系统、监控管理分系统等四大部分组成，如图3.38所示。其中，空间分系统、通信地球站分系统直接用来进行通信，跟踪遥测及指令分系统、监控管理分系统则用来保障通信的进行。

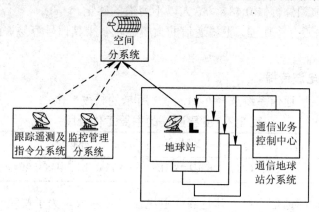

图 3.38　卫星通信系统的基本组成

　　空间分系统即通信卫星，它是卫星通信中最关键的设备。下面以静止卫星为例，介绍通信卫星的设备组成和各部分的功能。静止通信卫星一般由控制系统、天线系统、通信系统、遥测与指令系统和电源系统五大部分所组成，如图3.39所示。下面就通信系统作一简单介绍。

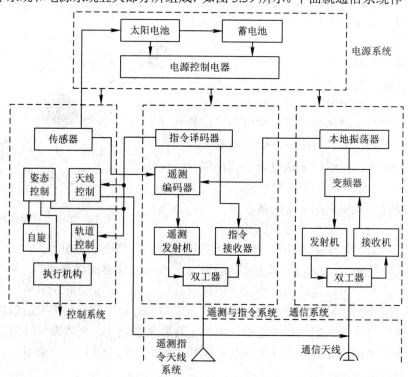

图 3.39　静止通信卫星的组成

　　通信卫星上的通信系统实际上就是转发器，是通信卫星中直接起中继站作用的部分，它是通信卫星的主体设备和核心。转发器通常分为透明转发器和处理转发器两大类。

　　透明转发器(也称非再生式转发器)是指收到地面发来的信号后，对信号进行低噪声放大、变频、功率放大后发回地面，对接收信号不做任何其他处理的转发器，即只是单纯地完成转发任务的转发器。因此，透明转发器对工作频带内的任何信号都是"透明"的通路，较简单，但也容易受到攻击。

　　按其变频次数的不同分类，透明转发器可分为一次变频和二次变频两种方案，见图3.40(a)和图 3.40(b)。

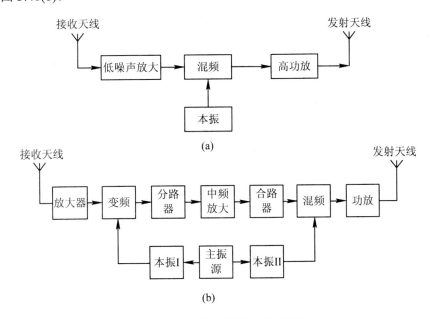

图 3.40　透明转发器的组成示意图
(a) 一次变频方式；(b) 二次变频方式

　　处理转发器(也称再生式转发器)是指除了进行转发信号外，还具有信号处理功能的转发器，其组成如图 3.41 所示。

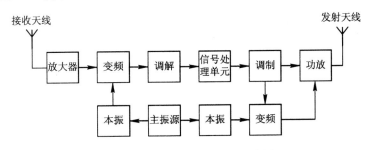

图 3.41　处理转发器的组成示意图

　　地球站是组成卫星通信网络的地面节点，一切信号的发与收，都需通过地球站进行，用户通过它们接入卫星线路，进行通信。一般地说，一个典型的双工地球站设备包括天线分系统、发射分系统、接收分系统、终端分系统、电源分系统、监控分系统等，如图 3.42所示。

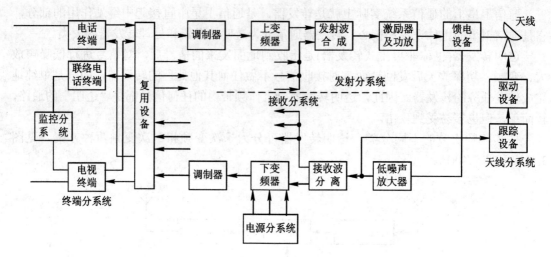

图 3.42   地球站组成框图

地球站发射分系统的任务是将已调波信号经过变频、放大等处理后，输送给天馈(馈电)系统，发向卫星。它的组成主要包括调制器、中频放大器(中放)、上变频器、微波频率源、自动功率控制、合路器(发射波合成器)和高功放等设备，如图 3.43 所示。

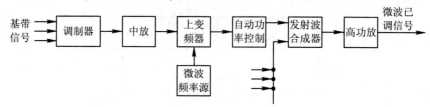

图 3.43   地球站发射分系统的基本组成框图

地球站接收分系统的任务是将接收到的来自卫星转发的微弱射频信号进行放大、变频等处理之后，再经解调，最后将还原出的信息送给用户。它的组成主要包括低噪声放大器、分路器、下变频器、中频放大器和解调器，如图 3.44 所示。

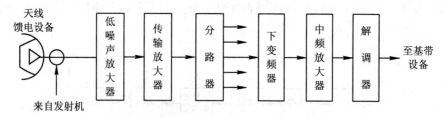

图 3.44   地球站接收分系统的基本组成框图

对接收分系统的基本要求包括噪声温度要低、频带要宽、增益要大、动态范围要大、失真要小等。其他分系统的功能介绍从略。

2. 卫星通信系统的网络结构

与地面通信系统一样，每个卫星通信系统都有一定的网络结构，使各地球站通过卫星按一定形式进行联系。

由多个地球站构成的通信网络，可以是星状网，也可以是网状网，如图 3.45 所示。

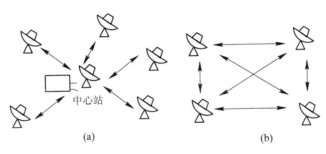

图 3.45　卫星通信的网络结构

(a) 星状网；(b) 网状网

在星状网络中，外围各边远站仅与中心站直接发生联系，各边远站之间不能通过卫星直接相互通信(必要时，经中心站转接才能建立联系)。这样，中心站可以为大站，而众多的边远站可以为尺寸较小的小站，以便大幅度降低建设费用。

网状网络中的各站，彼此可经卫星直接沟通。

除此之外，也可以是上述两种网络的混合形式。网络的组成，根据用户的需要，在系统总体设计中加以考虑。

3. 卫星通信系统的工作方式

在一个卫星通信系统中，各地球站中各个已调载波的发射或接收通路，经过卫星转发器可以组成很多条单跳或双跳的双工或单工卫星通信线路。整个系统的全部通信任务，就是分别利用这些线路来完成的。

在各种卫星通信线路中，单跳单工线路是最基本的线路形式，它是由一条上行线路和一条下行线路构成的，如图 3.46 所示。这里所说的单工，指的是单方向工作，通信的双方一端固定为发信站，另一端为收信站。

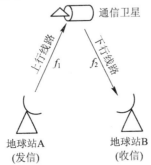

图 3.46　单跳单工卫星通信线路示意图

当地球站有收、发信设备和相应的信道终端时，加上收、发共用天线，便可组成双工卫星通信线路。实际上，双工线路就是由两条共用同一卫星但传播方向相反的单工线路构成的。

在静止卫星通信系统中，大多是单跳工作，即只经一次卫星转发后就被对方接收。但也有双跳工作的，即发送的信号要经两次卫星转发后才被对方接收。双跳工作大体有两种场合：一是国际卫星通信系统中，分别位于两个卫星覆盖区内且处于其共视区外的地球站之间的通信，必须经共视区的地球中继站，构成双跳的卫星接力线路，如图 3.47(a)所示；

二是在同一卫星覆盖区内的星形网络中，边远站之间，需经中心站的中继，两次通过同一卫星的转发来沟通通信线路，如图 3.47(b)所示。

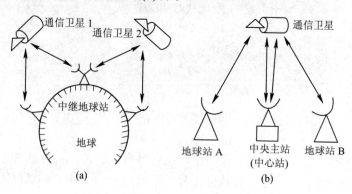

图 3.47　双跳卫星通信线路示意图

　　卫星通信系统是一个非常复杂的通信系统，其中涉及了众多的通信技术，如多址技术、编码调制技术、信道分配技术、信号处理技术等。这些内容与前面的章节相似，这里就不再介绍。

3.4.3　VSAT

1. VSAT 的概念与特点

　　VSAT 是英文 Very Small Aperture Terminal 的缩写，直译为"甚小孔径终端"，意译为"甚小天线地球站"，通常是指天线口径小于 2.4 m、G/T 值(天线增益与噪声温度之比)低于 19.7 dB/K 和高度软件控制的小型地球站，也称为卫星小数据站或个人地球站(IPES)。

　　VSAT 是 20 世纪 80 年代中期利用现代技术开发的一种新的卫星通信系统。利用这种系统进行通信具有灵活性强、可靠性高、成本低、使用方便以及小站可直接装在用户端等特点。借助 VSAT 用户数据终端可直接利用卫星信道与远端的计算机进行联网，完成数据传递、文件交换或远程处理，从而摆脱了本地区的地面中继线问题，这在地面网络不发达、通信线路质量不好或难于传输高速数据的边远地区，使用 VSAT 作为数据传输手段是一种很好的选择。

　　VSAT 卫星通信系统提供的业务包括电信业务、计算机互联网业务，以及数据、音频、视频等广播业务。VSAT 卫星通信在提供传统的话音、数据等交互业务的同时，随着网络的宽带化，VSAT 设备发展了远程教育、远程医疗、电视会议等功能。随着广播业务的发展，利用卫星通信的广域覆盖特性和宽带卫星广播技术，可实现新闻和数据分发及广播、数据音频视频广播到户、卫星寻呼、Web 广播、视频点播(VOD)、IP 数据音频和视频广播。宽带卫星数据传输作为计算机互联网的一部分，可提供方便的文件软件下载和 Internet 接入、企业的 Internet 互连、ISP 骨干业务、电子邮件、电子商务、金融证券等服务。目前，VSAT 广泛应用于银行、饭店、新闻、保险、运输、旅游、军事等部门。

　　VSAT 之所以获得如此迅猛的发展，除了它具有一般卫星通信的优点外，还有以下主要特点：

　　(1) 地球站通信设备结构紧凑牢固，全固态化，尺寸小，功耗低，安装方便。VSAT 通常只有室外单元和室内单元两个模块，为了使收发信机到达天线的损耗最小，一般都把收发信机直接装在天线背后，组成小巧的室外单元；室内单元更是高度集成。因而整个设备占地面积小，对安装环境要求低，可以直接安装在用户处(如安装在楼顶，甚至居家阳台上)。由于设备轻巧、机动性好，因而尤其适于建立车载或便携式移动卫星通信，用于军事或抢险救灾等应急通信保障。

通常，卫星通信系统分为空间段(无线电波传输通信及通信卫星)和地面段两部分。地面段又包括地面收发系统及地面延伸电路。由于 VSAT 能够安装在用户终端，不必汇接中转，因此可直接与通信终端相连，并由用户自选控制，不再需要地面延伸电路。这样，大大方便了用户，并且价格便宜，具有明显的经济效益。

(2) 组网方式灵活多样，适应不同用户的需要。

2. VSAT 的组网方式

VSAT 网由中心站、小型站和微型站三种地球站组成(后两种站也称远端站)，天线口径约为 11 m、3.5～5 m 和 1.2～3 m。全网有一个或多个配备较大口径天线的中心站，这些站配置数据交换设备，并在其中之一配置全网的控制和管理中心(简称网控中心)。小型 VSAT 地球站可以有几百个，微型站可以多达几千甚至几万个。

在 VSAT 系统中，网络结构形式通常分为星状式、网状式和混合式三类，它们各具特点：

(1) 星状式网络是目前应用最广的一种结构，由一个主站(处于中心城市的枢纽站)和若干个 VSAT 小站(远端站)组成，如图 3.48 所示。主站具有较大口径(一般为 11～18 m)的天线和较大的发射功率，并通过地面线路连到计算中心或地面电话网或数据网上，进行信息交换。主站除负责一般的网络管理外，还要承担各 VSAT 小站之间信息的接收和发送，即具有控制转发功能，这样可以使小站设备尽量简化，并降低造价。

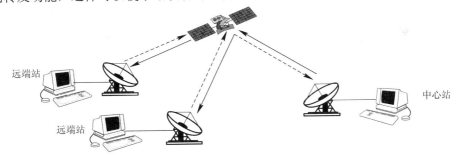

图 3.48　VSAT 网络的单跳方式

一个 VSAT 网络系统可以容纳数百至 1000 个以上的小站。网络内所有小站都与主站建立直达链路，可直接通过卫星(小站—卫星—主站)沟通联络。小站与小站之间不能直接进行通信，必须经过主站转接。通信链路按"小站—卫星—主站—卫星—小站"方式构成，即要两次通过卫星，俗称"双跳"联通，因而具有较大(约 0.54 s)的传输迟延。双跳传输适用于数据业务或录音电话，而用户间进行直接通话需要有一个适应过程。

星状式网络特别适合于各小站与中心站间需要经常传输各种综合业务(如数据、图像、视频、话音信号等)的场合。

(2) 在网状式网络中，中心站借助于网络管理系统，负责向各 VSAT 小站分配信道和监控它们的工作状态，但各 VSAT 小站之间的通信自行完成，不需要经过中心站(主站)接转。通信链路按"小站—卫星—小站"的单跳通信方式实现，因而适用于小站间需要经常通信的场合。为实现这一点，每个小站相应地要复杂一些，造价要高一些，同时网络管理也相对较复杂。

(3) 混合式网络融星状式网络和网状式网络于一体，网络更能适应不同用户的需求。

VSAT 系统综合了诸如分组信息传输与交换、多址协议以及频谱扩展等多种先进技术，可以进行数据、话音、视频图像、图文传真和诸机信息等多种信息的传输。通常情况下，星状网以数据通信为主兼容话音业务，网状式和混合式以话音通信为主兼容数据传输业务。

如同一般卫星通信一样，VSAT 的一个基本优点是可利用共同的卫星实现多个地球站之间的同时通信，这称做"多址联接"。实现多址联接的关键是各地球站所发信号经过卫星转发器混合与转发后，能为相应的对方所识别，同时各站信号之间的干扰要尽量地小。实现多址联接的技术基础是信号分割。只要各信号之间在某一参量上有差别(如信号频率不同、信号出现的时间不同或所处的空间不同等)，就可以将它们分割开来。为达到此目的，需要采用一定的多址联接方式。

3. VSAT 的多址协议

VSAT 数据网中，其突出的特点是大量分散的 VSAT 小站共享卫星信道与中枢站(主站)通信，各 VSAT 小站数据业务差异又非常之大，数据的规模可从 40 bit 到 10^6 bit 以上；响应时间可从几秒钟到几小时，其数据速率由 100 b/s 到 1.544 Mb/s。因此，对 VSAT 网络设计时，多址方式及由其决定的吞吐量、时延和稳定性等便成了至关重要的问题。

VSAT 数据通信业务中，一部分是随机地使用卫星信道，因此它们对卫星信道的利用本质上是统计性质的(此特点的信道可称统计信道)，而另一部分业务则要求在一段时间内固定连续地使用信道(此特点的信道可称为确定信道)。统计信道用竞争型的多址方案，而确定信道则用固定分配的多址方案。概括地说，选择多址方式要符合下列要求：

(1) 较高的卫星信道利用率（即吞吐量）；

(2) 较短的平均和峰值时延；

(3) 信道可能出现拥挤时有良好的稳定性；

(4) 能承受信道传输差错和设备产生故障的韧性；

(5) 短的电路建立和恢复时间；

(6) 便于实现且费用低廉。

按上述要求，可供 VSAT 选择的多址方式有随机分配、固定分配和可控分配等三种。

(1) 随机分配多址方案。主要适用于网中所有各 VSAT 站的数据量小、响应时间要求短的业务类型，如一个具有 80%效率的 56 kb/s 的 TDMA 信道，可为 40 个具有平均数据率为 1120 b/s 的 VSAT 站服务；但相同的信道若使用 RA/TDMA 模式，可以为具有小数据量业务和每 3 min 出现一次业务的 1440 个 VSAT 站服务。可见 RA/TDMA 方案对大量小站具有吸引力。

(2) 固定分配多址方案。对于具有连续或半连续使用信道特点的数据业务，采用随机分配方案便不合适了，对此可采用固定分配多址方案。

(3) 可控分配多址方案。此方案适用于大数据量的 VSAT 和小数据量的 VSAT 兼容于一个网络中的情况。即大数据量的站向中枢站提出申请，批准后分给它不争用的时槽，使其批量数据及时传输，同时通知其余站不得占用那些时槽。对小数据量的 VSAT 站则采用随机分配方案。

习　题

1. 计算下列波长的光波的频率。

(1) 370 nm　　(2) 1310 nm　　(3) 1550 nm　　(4) 7800 Å　　(5) 6328 Å

2. 比较半导体 LED 与 LD 的区别。

3. 试比较 PIN 与 APD 光检测器的异同。

4. 已知某单模光纤，其纤芯和包层的折射率分别为 1.5 和 1.45，试求该阶跃光纤的 NA。

5. 试求上题光纤的截止频率。

6. 已知下列脉冲展宽常数和光纤的长度，求 RZ 和 NRZ 编码信号在光纤传输时的最大比特率。

(1) $\Delta t = 10$ ns/m，$L = 100$ m；

(2) $\Delta t = 20$ ns/m，$L = 1000$ m；

(3) $\Delta t = 200$ ns/m，$L = 2$ km。

7. 已知光电二极管的禁带宽度如下，求该二极管可检测的最低光频率。

(1) 1.2 eV；

(2) 1.25 eV。

8. 已知某一光纤链路参数有：光纤长度为 24 km，LD 的输出光功率为 2 mW，光纤的损耗为 0.6 dB/km，光源与光纤之间的连接损耗为 2.2 dB，光纤与光检测器之间的连接损耗为 1.8 dB。忽略光纤的连接损耗、弯曲损耗，确定光检测器接收的光功率(以 dBm 和 W 为单位)。

9. 什么是移动通信？它对社会生产和生活有何应用价值？

10. 移动通信有哪三种工作方式？

11. 移动通信系统与固定通信系统相比较具有哪些特点？

12. 试述当今移动通信技术的发展趋势。

13. 陆上移动通信电波传播有何特点？

14. 什么是多径衰落？在陆上移动通信中为什么会发生多径衰落？多径衰落有什么特性？

15. 移动通信中的电波传播受哪些因素的影响？

16. 试从各个方面比较多径衰落和阴影衰落。

17. 试述研究陆上移动通信电波传播特性的基本方法。

18. 移动通信中主要采用哪些分集技术？

19. 移动通信对数字调制有何要求？适合于移动通信的数字调制有哪几种方式？

20. 与大区制移动通信系统相比，小区制有什么优点？

21. 什么是中心激励和顶点激励？为什么目前蜂窝工移动电话网一般采用顶点激励？

22. 什么是"位置登记"?

23. 移动数据通信技术主要有哪些?

24. 数字移动电话系统对话音编码的要求有哪些?

25. 什么是"漫游"? 漫游通信要经过哪些步骤?

26. 蜂窝移动电话网中移动用户"过区切换"须经过哪些步骤?

27. 什么是多址? 常用的多址方式有哪几种? 目前数字蜂窝系统主要采用哪几种多址方式?

28. 什么是微波通信? 微波通信的工作频段(波长)为多少?

29. 微波通信的主要特点有哪些?

30. 与模拟微波传输相比,数字微波传输具有哪些主要特点?

31. 微波接力通信系统由哪几部分组成?

32. 按转接方式分类,数字微波中继站有几种类型? 它们各有何特点?

33. 已知发信功率 $P_T = 1$ W,工作频率为 8 GHz,两微波站相距 40 km,$G_T = G_R = 40$ dB,收端或发端的馈线和分路系统传输损耗 $L_T = L_R = 4$ dB,衰落因子 $V_{dB} = -20$ dB,求收信机的输入功率。

34. 分集接收技术通常有哪些种类? 合并方式主要有哪些?

35. 什么是卫星通信? 简述卫星通信的主要优缺点。

36. 什么是同步卫星通信? 它有哪些优缺点?

37. 卫星通信有什么特点? 还存在哪些技术问题?

38. 卫星通信正在使用的工作频段有哪几个?

39. 卫星通信系统是由哪些部分构成的?

40. 什么叫双跳传输? 它应用在哪些场合?

41. 什么是卫星通信的日凌中断现象?

42. 静止通信卫星主要由哪几部分组成? 各分系统的功能是什么?

43. 什么是透明转发器? 什么是处理转发器? 透明转发器与处理转发器有何区别?

44. 卫星通信地球站主要由哪几部分设备组成? 各部分设备的功能分别是什么?

45. 什么是 VSAT? 它有什么特点?

46. VSAT 有哪几种组网方式?

第 4 章　现代交换技术

交换(Switching)技术又称转接技术，其思路是建立一个交换中心，设置一部或多部交换机，将信息在用户间进行转移，这样可以大大减少用户线路数。交换作为通信网络乃至信息网络的核心，现已融入了更多先进的技术，最终将实现综合化与宽带化的交换平台。交换经历了由模拟到数字、布控到程控、电路交换到分组交换以及宽带 ATM 交换和光交换的发展历程。

本章重点介绍交换的基本概念、交换机的工作原理、ATM 交换，同时简要介绍光交换和移动交换技术。

4.1　交换机的基本概念

一台交换机通常由交换网络、接口、控制系统三部分组成，它们之间的关系如图 4.1 所示。接口的作用是将来自不同终端(如电话机、计算机等)或其他交换机的各种传输信号转换成统一的交换机内部工作信号，并按信号的性质分别将信令传送给控制系统，将消息传送给交换网络。交换网络又称接续网络，其任务是实现各入线与出线上信号的传递或接续。控制系统则负责处理信令，按信令的要求控制交换网络以完成接续，通过接口发送必要的信令，协调整个交换机的工作。

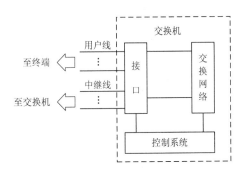

图 4.1　交换机组成示意图

4.1.1　交换网络

1. 模拟和数字

模拟和数字反映了交换接续的两种不同实现方法。所谓模拟方式，是指通过交换机交换接续的是模拟信号；所谓数字方式，是指通过交换机交换接续的是数字信号。当然，对数字方式而言，如果交换机所接终端(比如我们目前最常用的电话机)产生的信号是模拟信号，则有一个 A/D 或 D/A 转换的过程。

数字交换与模拟交换的接续方法有较大的不同。前面已经提到，接线器的作用是将指定输入线的信号传输到指定的输出线，最直接的方法是以机械的方式使交叉接点接通。但在实际的数字交换中，不采用这种交叉接点闭合的方式，而是仿效计算机总线技术，即将输入的数字信号存储在一个固定的缓存器中，然后在控制系统的控制下读出，经总线送到指定的输出端。

2. 空分和时分

空分和时分是交换网络的两种不同的实现方式。空分是指空间分隔，时分是指时间复用。空分交换由空分交换网络来实现。不同通话话路是通过空间位置的不同来进行分隔的，即在空间位置上实现的一种交换方式。时分交换是指对时分复用的信号进行交换。时分复用通常采用脉冲编码调制(PCM)。模拟的话音信号经过脉码调制后，就变成了 PCM 信号。对 PCM 信号进行交换叫做"脉码时分交换"，也称"时隙交换"，通过数字接线器来实现。关于"时隙交换"和"数字交换"的详细内容，我们在后面还要具体介绍。

3. 电交换与光交换

电交换与光交换反映交换的信息载体的两种不同形式。电交换是指对电信号进行的交换，即交换的信息载体是电流或电压形式的电信号；光交换是对光信号直接进行的交换，它不需将光缆送来的光信号先变成电信号，经过交换后再复原为光信号。由于被交换的信息载体从电变成了光，从而使光交换具有宽带特性，且不受电磁干扰。光交换系统被认为是可以适应高速宽带通信业务的新一代交换系统。

4.1.2 控制系统

1. 布控和程控

布控和程控是交换设备控制部分的两种不同的实现方法。布控是布线逻辑控制的简称，程控是存储程序控制的简称。

所谓布控，是指将交换机各控制部件按逻辑要求设计好，并用电路板布线的方法将各元器件固定连接好，交换机的各项功能即能实现的一种控制方法。这种交换机的控制部件做成后不好修改，灵活性很小。

所谓程控，是指将对交换机的控制功能先按一定的逻辑要求设计成软件形式，存放在计算机内存中，然后由这台计算机来控制交换机的各项工作。即把各种控制功能、步骤、方法编成程序，放入存储器，利用存储器，由所存储的程序控制整个交换机的工作。整个交换机要在全部硬件设备(包括计算机)与交换软件的配合下才能工作。若要改变交换机功能，增加交换机的新业务，只需要修改程序就可实现。

2. 集中控制与分散控制

集中控制与分散控制是指由程控交换系统的控制机构所配置的两种结构方式。这里所讨论的系统是指一台或若干台处理机控制的交换机的控制部分，其结构方式分为集中控制和分散控制。

设某一台交换机的控制部分由 n 台处理机组成，它实现 f 项功能，每一项功能由一个程序来提供，系统有 r 个资源，如果在这个系统中，每一台处理机均能控制全部资源，也能执行所有功能，则这个控制系统就叫做集中控制系统，如图 4.2 所示。

集中控制的主要优点是处理机对整个交换系统的状态能全面了解，处理机能控制所有资源。因为各

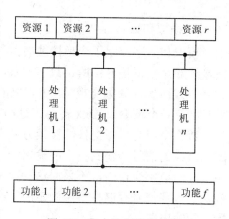

图 4.2　集中控制系统结构

功能间的接口主要是软件间的接口，所以改变功能也主要是改变软件，比较简单。主要缺点是它的软件包括所有功能，规模很大，因此系统管理相当困难，同时系统也相当脆弱。

在上述系统中，如果每台处理机只能控制部分资源，只能执行交换系统的部分功能，那么这个控制系统就是分散控制系统。在分散控制系统中，各台处理机可分为容量分担和功能分担两种方式工作。

(1) 容量分担方式是每台处理机只分担一部分用户的全部呼叫处理任务，即承担这部分用户的信号接口、交换接续和控制功能。按这种方式分工的每台处理机所完成的任务都是一样的，只是所面向的用户不同而已。容量分担的优点是处理机的数量随用户数量的增加而增加，缺点是每台处理机都要具有呼叫处理的全部功能。

(2) 功能分担方式是将交换机的信令与终端接口功能、交换接续功能和控制功能等基本功能，按功能类别分配给不同的处理机去执行。功能分担的优点是每台处理机只承担一部分功能，可以简化软件，若需增强功能，在软件上也易于实现。缺点是在容量小时，也必须配备全部处理机。

在大、中型的交换机中，通常将这两种方式结合起来使用。当着眼点放在提高处理能力时，就采用容量分担的工作方式；当着眼点放在简化软件时，就采用功能分担的工作方式。

在分散控制系统中，处理机之间的功能分配可能是静态的，也可能是动态的。所谓静态分配，就是资源和功能的分配一次完成，各处理机根据不同的分工而配备一些专门的硬件。这样做使软件没有集中控制时复杂，另外还可以做成模块化系统，在经济和可扩展性方面显示出优越性。所谓动态分配，就是指每台处理机可以处理所有功能，也可以控制所有资源，根据系统的不同状态，可对资源和功能进行最佳分配。这种方式的优点在于当有一台处理机发生故障时，可由其余处理机完成全部功能，缺点是这个动态分配非常复杂，从而降低了系统的可靠性。

根据各交换系统的要求，目前生产的大、中型交换机的控制部分多采用分散控制方式的分级控制系统或分布式控制系统。

4.2　时　隙　交　换

现用图 4.3 来说明时隙交换的概念。设有 n 条 PCM 复用线进入数字交换网络，任一条 PCM 复用线的任一个话路时隙的 8 bit 编码信息，通过交换网络交换到其他 PCM 复用线或本复用线的任一时隙中去。

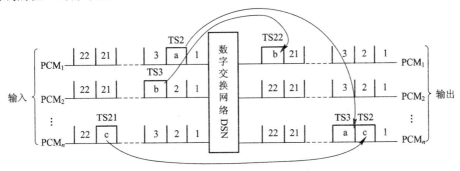

图 4.3　时隙交换示意图

图 4.3 中表示了第一条 PCM 复用线的第 2 时隙与第 n 条 PCM 复用线的第 3 时隙、第二条 PCM 复用线的第 3 时隙与第一条 PCM 复用线的第 22 时隙、第 n 条 PCM 复用线的第 21 时隙与第 2 时隙之间所实现的交换。

数字交换机中的接续网络或交换网络称为数字交换网络，其功能就是完成时隙交换，也就是要完成任意 PCM 复用线上任意时隙之间的信息交换。在具体实现时应具备以下两种基本功能：

(1) 在一条复用线上进行时隙的交换功能；

(2) 在复用线之间进行同一时隙的交换功能。

时分数字交换要解决的两个问题：一是时分复用，二是时隙交换。前者由复用器和分路器来实现，后者由数字交换网络来实现。

由于复用器与串/并变换、分路器与并/串变换关系密切，下面分别讨论复用器和串/并变换、分路器和并/串变换。

4.2.1 复用器与分路器

复用器又叫并路器，它的作用是把 PCM 复用线的复用度提高。复用器的组成框图如图 4.4 所示。

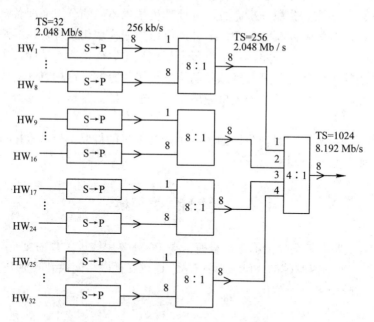

图 4.4 复用器组成框图

从图 4.4 中可知，在复用器中先把串行传送的 PCM 信号变为并行传送，即进行串/并变换(S→P)，然后再进行并路。为什么要进行串/并变换呢?

我们知道 30/32 系统的 PCM 一次群，每帧 125 μs，每个时隙 3.9 μs，8 位码串行传送，故每位码为 488 ns，传送码率为 2.048 Mb/s。如果将时隙 32、数码率为 2.048 Mb/s 的信号提高到 1024 个时隙时，仍采用串行码传送，则其码率将达到 64 Mb/s($32 \times 2.048 \approx 64$ Mb/s)以上。这样高的数码率对接线器工作速率的要求太高，在目前技术上难以实现。因此，我们既要提高复用度，又要求其码率不致于太高，就必须把 PCM 8 位串行码变换为 8 位并行码，这时在复用度提高到 1024 个时隙时，并行码的码率只达到 8.192 Mb/s，这一码率是目前接线器的工作速率能够适应的。

　　由图 4.5 可知，采用串/并变换后，一条复用线变成了 8 条，每 1 个比特位占用 1 条线，一个时隙的 8 位码在 8 条线上并行输送，其数码率仅为 256 kb/s，再经 8∶1 复用后，其数码率变为 $256 \times 8 = 2.048$ Mb/s，随后又经 4∶1 复用后变为 $2.048 \times 4 = 8.192$ Mb/s。其时隙数为 1024 个时隙。

　　复用器(含串/并变换)框图的输入是 8 条线，每条线是一端脉码的串行码，在一帧内有 256 bit(即 32 时隙 × 8 位码)，码率为 2048 kb/s。框图的输出仍是 8 条线，但每条线代表的内容与输入处不同，输出处每条线是代表 8 端脉码共 256 个时隙(每端 32 个时隙)的某一位码，虽然在一帧内仍是 256 个比特，码率也仍是 2048 kb/s，但框图的输入和输出在每条线上代表的内容却是不相同的，如图 4.5 所示。

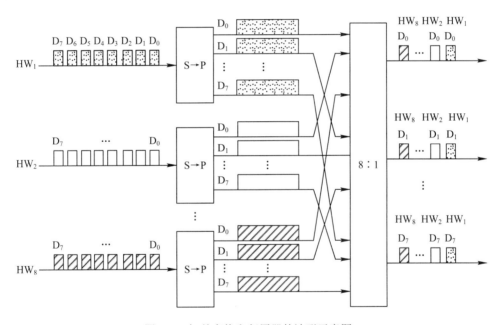

图 4.5　串/并变换和复用器的波形示意图

　　分路器的作用是把交换网络输出的信息编码先进行分路，然后再进行并/串变换(P→S)，使它恢复为原来的复用度和数码率，所以分路器的组成框图与图 4.4 复用器的组成框图刚好相反。

4.2.2　时间接线器(T 接线器)

　　时间接线器(Time Switch)也称时分接线器或 T 接线器，其功能是完成一条 PCM 复用线上各时隙间信息的交换。时间接线器主要由信息存储器(IM，Information Memory)和控制存储器(CM，Control Memory)所组成，如图 4.6 所示。

　　信息存储器用来暂时存储要交换的脉码信息，又称为"缓冲存储器"。控制存储器是用来寄存脉码信息时隙地址的，又称为"地址存储器"。

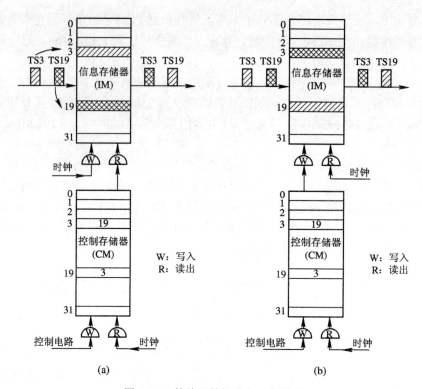

图 4.6　T 接线器的组成和工作原理

(a) 顺序写入，控制读出；(b) 控制写入，顺序读出

　　T 接线器中 IM 的存储单元数由输入 PCM 复用线每帧内的时隙数所决定，IM 中每个存储单元的位数取决于每个时隙中所含的码位数。例如，图 4.6 中 PCM 复用线每帧有 32 个时隙，则 IM 容量应为 32 个存储单元，其每一时隙有 8 位码，则 IM 每一存储单元至少要存 8 位码。

　　CM 的存储单元数与 IM 的存储单元数相等，但每个存储单元只需存放 IM 的地址码。图 4.6 的这个例子中只需存储 5 位码，因为 SM 的地址只有 32 位($2^5 = 32$)。

　　T 接线器的工作方式有两种：一种是"顺序写入，控制读出"，如图 4.6(a)所示；另一种是"控制写入，顺序读出"，如图 4.6(b)所示。顺序写入和顺序读出中的"顺序"是指按照信息存储器地址的顺序，可由时钟脉冲来控制；而控制读出和控制写入的"控制"是指按控制存储器中已规定的内容来控制信息存储器的读出或写入。至于控制存储器中的内容则是由处理机控制写入的。

　　下面先介绍第一种方式——"顺序写入，控制读出"的工作原理。

　　如图 4.6(a)所示，T 接线器的输入和输出线各为一条有 32 个时隙的 PCM 复用线。如果占用 TS3 (第 3 时隙)的用户 A 要和占用 TS19 的用户 B 通话，在 A 讲话时，就应把 TS3 的话音脉码信息交换到 TS19 中去。在时钟脉冲控制下，则当 TS3 时刻到来时，把 TS3 中的话音脉码信息写入 IM 内的地址为 3 的存储单元内。由于此 T 接线器的读出是受 CM 控制的，则当 TS3 时刻到来时，从 CM 读出地址 3 中的内容"19"，以这个"19"字为地址去控制读出 IM 内地址是 19 中的话音脉码信息。当 TS19 时刻到来时，从 CM 读出地址 19 中的内容"3"，以这个"3"字为地址去控制读出 IM 内地址是 3 中的话音脉码信息，这样就完成了把 TS3 中的话音信息和 TS19 中的话音信息交换的任务了。

由于 PCM 通信是采用发送和接收分开的方式，即为四线通信，因此数字交换是四线交换。在 B 用户讲话 A 收听时，就要把 TS19 中的话音脉冲信息交换到 TS3 中去，这一过程与上述过程相似，即在 TS19 时刻到来时，把 TS19 中的脉码信息写入 IM 的地址为 19 的存储单元内，读出这一脉码信息，这就是在 CM 控制下的下一帧 TS3 时刻了。

从上所述可知，T 接线器在进行时隙交换的过程中，被交换的脉码信息要在 IM 中存储一段时间，这段时间小于 1 帧(125 μs)，这也就是说，在数字交换中会出现时延。另外也可看出，PCM 信码在 T 接线器中需每帧交换一次，如果说 TS3 和 TS19 两用户的通话时长为 2 min，则上述时隙交换的次数达 96 万次，计算如下：

$$\frac{2\times60}{125\times10^{-6}}=9.6\times10^{5}$$

对于第二种方式——"控制写入，顺序读出"的 T 接线器的工作原理，与上述"顺序写入，控制读出"方式的 T 接线器相似，所不同的只是 CM 用来控制 IM 的写入，IM 的读出则是随时钟脉冲的顺序而输出的。

对于时间接线器，不论是顺序写入还是控制写入，都是将 PCM 复用线中的每个输入时隙内的信码对应存入 IM 的一个存储单元，这意味着由空间位置的划分来实现时隙交换，所以时间接线器是按空分方式工作的。弄清这一概念，对掌握 T 接线器的工作原理是很有帮助的。

4.2.3 空间接线器(S 接线器)

空间接线器(Space Switch)也称空分接线器或 S 接线器，其作用是完成不同 PCM 复用线之间的信码交换，即当接入数字交换网络的复用线为 2 条或 2 条以上时，需要采用 S 接线器来完成复用线之间的交换。

S 接线器主要是由交叉接点矩阵和控制存储器所组成的，如图 4.7 所示。

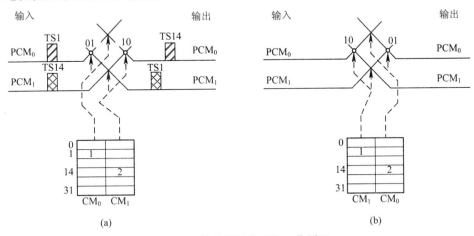

图 4.7 S 接线器的组成和工作原理

(a) 输入控制方式；(b) 输出控制方式

图 4.7 表示出 2×2 的交叉接点矩阵，它有 2 条输入复用线和 2 条输出复用线。控制存储器的作用是对交叉接点矩阵进行控制，其控制的方式有两种：

(1) 输入控制方式，如图 4.7(a)所示。它是按输入复用线来配置 CM 的，即每一条输入复用线有一个 CM，由这个 CM 来决定该输入 PCM 线上各时隙的信码要交换到哪一条输出

PCM 复用线上去。

(2) 输出控制方式，如图 4.7(b)所示。它是按输出 PCM 复用线来配置 CM 的，即每一条输出复用线有一个 CM，由这个 CM 来决定哪条输入 PCM 线上哪个时隙的信码要交换到这条输出 PCM 复用线上来。

现以图 4.7(a)为例来说明 S 接线器的工作原理。设输入 PCM_0 的 TS1 中的信码要交换到输出 PCM_1 中去，当时隙 1 时刻到来时，在 CM_0 的控制下，使交叉点 01 闭合，使输入 PCM_0 的 TS1 中的信码直接转送至输出 PCM_1 的 TS1 中去。同理，在该图中把输入 PCM_1 的 TS14 的信码在时隙 14 时由 CM_1 控制的 10 交叉点闭合，送至 PCM_0 的 TS14 中去。因此，S 接线器能完成不同的 PCM 复用线间的信码交换，但是在交换中其信码所在的时隙位置不变，即它只能完成同时隙位置内的信码交换。故 S 接线器在数字交换网络中不单独使用。

在图 4.7(a)中，假定 PCM_0 的 TS0、TS2、TS4……时隙中信码需要交换到输出 PCM_1 的 TS0、TS2、TS4……时隙中去，则在 CM_0 的控制下，交叉点 01 在 1 帧内就要闭合、打开若干次。因此，在数字交换中的空间接线器的交叉接点是以时分方式工作的。

图 4.7(b)所示的输出控制方式的 S 接线器的工作原理，与上述输入控制方式的工作原理相同，此处不再赘述。

4.2.4　数字交换网络

数字交换网络有各种不同的结构，最简单的只有一单级 T 接线器，对于大型网络可以是多级 T 接线器组成的多级 T 型网络，也可以与 S 型接线器结合，构成 TST、TSST、TSSST、STS、SSTSS 等结构，以适应大、中、小型数字交换机的需要。

图 4.8 为 TST 三级组成的数字交换网络，两侧为时间接线器，中间为空间接线器。这是一种较为典型的网络。假设输入时分复用线与输出时分复用线各有 10 条，说明两侧各需 10 个 T 接线器，左侧为输入，右侧为输出，中间由空分接线器的 10×10 的交叉接点矩阵将它们连接起来。如果每一时分复用线的复用度即时隙数为 512，那么每个 T 接线器中有一个 512 个单元的信息存储器，有一个 512 个单元的控制存储器。因此，每个 T 接线器可完成 512 个时隙之间的交换。

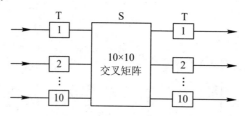

图 4.8　TST 数据交换网络结构示意图

空分接线器具有 10×10 的交叉接点矩阵，完成 10 条出线和入线之间的交换，并有 10 个控制存储器，每个控制存储器也应有 512 个单元。这样，TST 网络即可完成 5120 个时隙之间的交换。

随着集成电路技术的不断发展，世界上不少专业厂家(如加拿大的 Mitel 公司、意大利的 SGS 公司、美国的 Motorola 公司等)已生产出很多用于组成数字交换网络的芯片，这些芯片可以接若干条 PCM 复用线，其结构与前面第 4.2.2 节中介绍的 T 接线器相似。例如，Mitel

公司的 MT8980、MT9080 芯片，可分别接 8 条和 16 条 PCM 复用线，分别完成 256×256
和 1024×1024 时隙的交换。当然，对于大型的数字程控交换机而言，1024 时隙是远远不够
的，当需要交换更多的时隙时，可以用多个芯片组合成更大容量的数字交换网络。

4.3　分　组　交　换

1. 基本原理

分组交换是在传统的存储转发式报文交换的基础上发展起来的一种新型的数据交换技
术。分组交换方式的工作过程是分组终端将用户要发送的数据信息分割成许多一定长度的
数据段，每个数据段除了用户信息外，还另加上了一些必要的操作信息，如源地址、目的
地址、用户数据段编号及差错控制信息等。所有这些信息按照规定的格式装配成一个数据
信息块，称之为“分组”。与发送端连接的分组交换机收到报文信息后，将其分成若干个分
组存入存储器，并进行路由选择。给每个分组选择一条最佳路由，把该分组经一个或多个
转接交换机最后送到收信终端所连接的交换机，该分组交换机再将该分组送给收信终端。
分组交换原理示意如图 4.9 所示。在图中，发信终端 Hs 将报文 P 分成 3 个分组 P1、P2 和
P3，附加上一些必要的操作信息后，选择不同路径的节点交换机 N*i*，传送到收信端 Hr。P1
经 N1—N2—N4 到 N6，P2 经 N1—N4 到 N6，P3 经 N1—N3—N5 到 N6。如果收信端接收
的分组是经由不同的路由传输而来的，分组之间的顺序会被打乱，收信终端必须将接收的
分组重新排序。

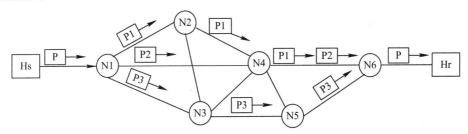

图 4.9　分组交换原理示意图

2. 分组的复用

在分组交换网中，使用的终端有两种，一种是分组终端，另一种是非分组终端。所谓
分组终端，就是通过分组多路复用后的通信线路，能够直接同分组交换网进行通信的终端，
即分组终端具有数据信息分组的交换和处理能力。而若使用非分组式终端(一般终端)，则要
通过网内的分组装拆设备 PAD 将用户数据分成等长的数据块。不管是用哪一种终端，都采
用时分多路复用方式把分组信号动态地分配给传输信道，使多个终端共用一条通信线路，
这就是统计时分复用，如图 4.10 所示。采用统计时分复用的终端，除了要完成时分复用的
基本功能外，还要完成对数据的缓冲存储和对信息流进行控制，以解决用户争用线路资源
时产生的冲突。

动态分配传输信道的方式，可在同样的传输能力条件下，传送更多的信息。它允许每
个用户的数据传输速率高于其平均速率，最高可达到线路总的传输能力。

为了使多个终端共用一条线路，即来自不同终端(数据源)的数据分组在一条线路上交织

地传输，可以把一条物理的线路分成许多逻辑上的子信道，线路上传输的数据组都附加上表示某一子信道的逻辑信道号，这些逻辑信道号在接收端成为区分不同数据源(终端)的标志。

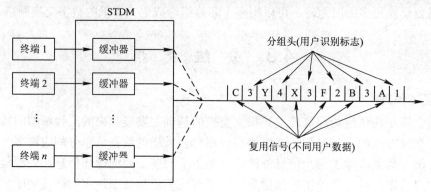

图 4.10　统计时分复用(STDM)原理示意图

3．分组的格式

分组是交换和传输处理的对象，每个分组都带有控制信息和地址信息，使其可以在分组交换网内独立地传输，并以分组为单位进行流量控制、路由选择和差错控制等处理。另外，为了可靠地传输分组数据块，还在每个数据块上加上了高级数据链路控制(HDLC)的规程标识、帧校验序列，都以帧的形式在信道上传输的，如图 4.11 所示。

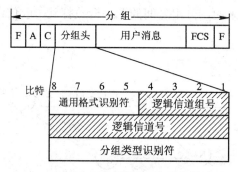

图 4.11　分组格式

每个分组长度通常为 128 个字节，也可根据通信线路的质量选用 256、512 或 1024 个字节。分组头有 3 个字节，其中通用格式识别符由第 1 字节的第 5～8 比特组成，第 8 比特用来区分传输的分组是用户数据还是控制数据；第 7 比特用来传送确认比特，"0"表示数据分组由本地 DTE-DCE 确认，"1"表示进行端到端 DTE-DTE 确认；第 6 和 5 比特为模式比特，"01"表示分组的顺序编号按模 8 方式工作，"10"表示按模 128 方式工作。

逻辑信道组号和逻辑信道号共 12 比特，用以表示在 DTE 与交换机之间，即终端与通信线路之间的时分复用信道上以分组为单位的时隙号，在理论上最多可同时支持 4096 个呼叫，实际上支持的逻辑信道数取决于接口的传输速率以及与应用有关的信息流的大小和时间分布。分组类型识别符用来区分各种不同的分组，共有呼叫建立分组、数据传输分组、恢复分组和呼叫释放分组四类。

4．分组的传输

在分组交换网中，对分组流的传输处理有两种方式：一是虚电路，二是数据报。

1) 虚电路

在虚电路方式中，发送分组前，先要建立一条逻辑连接，即为用户提供一条虚拟的电路，如图 4.12 所示。假设 A 要将多个分组送到 B，它首先发送一个"呼叫请求"分组到 1 号节点，要求到 B 的连接。1 号节点决定将该分组发到 2 号节点，2 号节点又决定将之发送到 4 号节点，最终将"呼叫请求"分组发送到 B。如果 B 准备接收这个连接的话，它发送一个"呼叫接收"分组，通过 4 号、2 号、1 号节点到达 A，此时，A 站和 B 站之间可以经由这条已建立的逻辑连接即虚电路(图中 VC_1)来传输分组、交换数据。此后的每个分组都包括一个虚电路标识符，预先建立的这条路由上的每个节点依据虚电路标识符就可知道将分组发往何处。在分组交换机中，设置相应的路由对照表，指明分组传输的路径，并不像电路(时隙)交换中那样要确定具体电路或具体时隙。

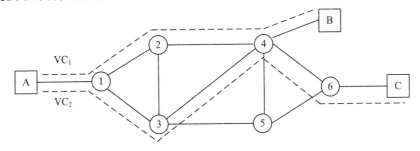

图 4.12　虚电路原理示意图

虚电路方式的一次通信具有呼叫建立、数据传输和呼叫释放三个阶段。数据分组按建立的路径顺序通过网络，目的节点收到的分组次序与发送方是一致的，目的节点不需要对分组重新排序，因此重装分组就简单了，而对数据量较大的通信传输效率较高。

2) 数据报

在数据报方式中，单独处理每个分组。以图 4.13 为例，假设 A 站有三个分组的消息要送到 C 站，它将 1、2、3 号分组一连串地发给 1 号节点，1 号节点必须为每个分组选择路由。收到 1 号分组后，1 号节点发现到 2 号节点的分组队列短于 3 号节点的分组队列，于是它将 1 号分组发送到 2 号节点，即排入到 2 号节点的队列。但是对于 3 号分组，1 号节点发现此时到 3 号节点的队列最短，因此将 2 号分组发送到 3 号节点，即排入到 3 号节点的队列。同样原因，3 号分组也排入到 3 号节点。在以后通往 C 站路径的各节点上，都作类似的处理。这样，每个分组虽然有同样的目的地址，但并不走同一条路径。另外，3 号分组先于 2 号分组到达 6 号节点也是完全可能的。因此，这些分组有可能以一种不同于它们发送时的顺序到达 C 站，需要对它们重新排序。

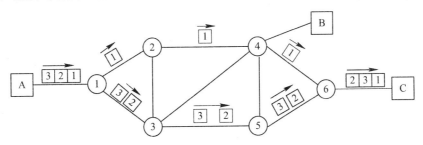

图 4.13　数据报原理示意图

数据报分组头装有目的地址的完整信息，以便分组交换机进行路由选择。用户通信不需要经历呼叫建立和呼叫清除的阶段，对短报文消息传输效率较高。

5. 分组交换的特点

(1) 传输质量高。分组交换机之间传送的每个分组都要通过差错控制功能进行检验，当出现差错时，可以进行纠错或要求发送终端重发，因此分组内容出现差错的概率非常小，传输质量也得到了较大的提高。

(2) 可靠性高。在分组交换方式中，即使网内的某一局部发生故障，网络也能保证高可靠性的服务。因为在分组交换网中，每一个交换机都至少与两个相邻的交换机相连，能够使分组自动选择避开故障点的迂回路由进行传送。

(3) 可实现不同种类终端之间的通信。分组交换是存储交换方式，分组交换机把从发送终端送出的报文消息变换为接收终端能够接收的形式进行传送。因此在分组交换网中，能够实现通信速率、编码方式、同步方式以及传输控制规程不同终端之间的通信。

(4) 分组多路通信。由于在分组中既含有用户数据信息又含有用户地址信息，分组型终端只要通过一条用户线与分组交换机相连接，就能同时与多台终端进行报文消息的发送和接收。

(5) 技术实现复杂。分组交换机要对各种类型的"分组"进行分析处理，为其提供路由，为用户提供速率、代码和规程的变换，为网络的维护管理提供必要的报告信息等，要求交换机具有较高的处理能力。

表 4.1 是电路交换方式与分组交换方式的比较。

表 4.1　电路交换方式与分组交换方式特点的比较

项　　目	电路交换	分　组　交　换
接续时间	较长	较短
信息传输时延	短，偏差也小	较短，偏差较大
信息传输可靠性	一般	高
对业务过载的反应	拒绝接收呼叫(呼损)	减少用户输入的信息流量(流量控制)，延时增大
信号传输的透明性	有	无
异种终端之间的通信	不可以	可以
电路利用率	低	高
交换机费用	一般	较高
实时会话业务	适用	轻负载下适用

4.4　ATM 交换

人们一般习惯把电信网分为传输、复用、交换和终端等几个部分。但随着程控时分交换和时分复用的发展，电信网中的传输、复用和交换这三个部分已越来越紧密地联系在一起了，开始使用传递方式(Transfer Mode)来统一描述。目前，通信网上的传递方式可分为同步传递方式(STM)和异步传递方式(ATM)两种。如数字电话网中的数字复用等级都属于同步传递方式，其特点是在由 N 路原始信号复合成的时分复用信号中，各路原始信号都是按一定时间间隔周期性出现的，所以只要根据时间就可以确定现在是哪一路的原始信号。而异步传递方式的各路原始信号不一定按照一定的时间间隔周期性地出现，因而需要另外附加一个标志来表明某一段信息属于哪一段原始信号从而形成信元。来自不同信息源(不同业务和不同发源地)的信元汇集到一起，在一个缓冲器内排队，队列中的信元逐个输出到传输线路，在传输线路上形成首尾相接的信元流。信元的信头中写有信息的标志(如 A 和 B)，说明该信元去往的地址，网络根据信头中的标志来转移信元，如图 4.14 所示。

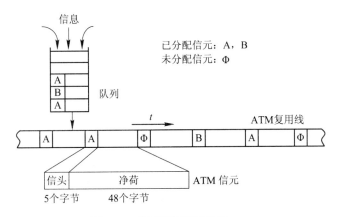

图 4.14　信元和复用示意图

　　如果在某个时刻图 4.14 的队列排空了所有信元，这时线路上就会出现未分配的信元(信头中含有标志Φ)；如果在某个时刻传输线路上找不到可以传送信元的机会(信元都已排满)，而队列已经充满缓冲区，这时后面来的信元就要丢失，信元丢失会导致业务质量的降低。

　　由于信息源产生信息是随机的，信元到达队列也是随机的，因此速率高的业务信元来得十分频繁，十分集中；速率低的业务信元来得则很稀疏。这些信元都按先来后到的顺序在队列中排队。队列中的信元按输出次序复用在传输线路上，具有同样标志的信元在传输线路上并不对应着某个固定的时间(时隙)，也不是按周期出现的。也就是说，信息和它在时域中的位置之间没有任何关系，信息只是按信头中的标志来区分的。这种复用方式叫做异步时分复用(Asynchronous Time Division Multiplex，ATDM)，又叫统计时分复用(Statistic Time Division Multiplex，STDM)。

　　现代通信网中广泛使用的是电路交换和分组交换两种方式。电路交换方式主要适用于电话业务，分组交换方式主要适用于数据业务。而 ATM 采用的是信元交换方式，它是一种新的交换方式，既能像电路交换方式那样适用于电话业务，又能像分组交换方式那样适用于数据业务，并且还能适用于其他业务。

1. ATM 的概念

　　ATM 是一种寻址型特殊分组传递方式，采用异步时分交换技术。它将数字化话音、数据及图像等所有的数字信息分割成固定长度的数据块，在每个数据块前加上一个包含地址等控制信息的信元头，从而构成一个信元(Cell)，实际上是固定长度的分组。信元长度为 53 个字节，其中信头为 5 个字节，其余 48 个字节用来传送信息，称为信息段。ITU-T 建议的信元格式如图 4.15 所示。

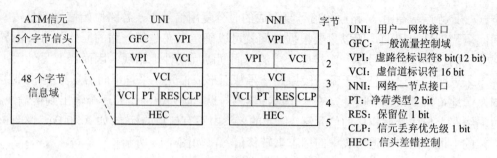

图 4.15　ATM 信元格式

ATM 将信息流分割成固定长度的信元，这些固定长度的信元在信道上以统计时分复用的方式进行传输和交换，并采用硬件电路高速地对信头进行识别和交换处理。因此，ATM 交换技术融合了电路交换技术和分组交换技术的优点。

2. 虚信道与虚路径

ATM 的主要特点之一，就是携带用户信息的全部信元的传输、复用和交换过程，均是在虚信道上进行的。

虚信道(Virtual Channel，VC)是在两个或多个端点之间运送 ATM 信元的通信通路，由信头中的虚信道标识符(VCI)来区分不同的虚信道。它可用于用户到用户、用户到网络以及网络到网络之间的信息转移。

虚路径(Virtual Path，VP)是一种链路端点之间虚信道的逻辑联系。虚信道在传输过程中将组合在一起构成虚路径。物理传媒和 VC、VP 的关系如图 4.16 所示。虚路径就是在给定的参考点上具有同一虚路径标识符(VPI)的一群虚信道，VPI 也在信头中传送。

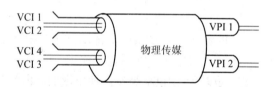

图 4.16　物理传媒和 VC、VP 的关系

ATM 交换技术中的接续分为虚信道连接(VCC)和虚路径连接(VPC)两种。虚信道连接的意义是指虚信道的一个或多个连接，以在网络上提供点至点或一点至多点的信元转移。虚信道连接 VCC 和虚路径连接 VPC 的关系如图 4.17 所示。VCC 由多段 VC 链路组成，每段 VC 链路有各自的 VCI，因此，在 VCC 上，任何一个特定的 VCI 都没有端到端的意义。每条 VC 链路和其他与其同路的 VC 链路一起，组成了一个虚路径连接 VPC。这个 VPC 可以由多段 VP 链路连接而成，每当 VP 被交换时，VPI 就要改变，但是整个 VPC 中的全部 VC 链路都不改变自己的 VCI 值，正如在图 4.18 中，VCIy 在整个 VPC 中都不改变它的值。因此，可以得出结论：VCI 值改变时支持它的 VPI 也一定相应地变化了，而 VPI 改变时，其中的 VCI 不一定变化。换句话说，VP 可以单独交换，而 VC 交换时必然和 VP 交换一起进行。

VP 交换是将一条 VP 上所有的 VC 链路全部转送到另一条 VP 上去，而这些 VC 链路的 VCI 值都不改变，如图 4.18 所示。VP 交换的实现比较简单，往往只是传输通道中某个等级数字复用线的交叉连接。

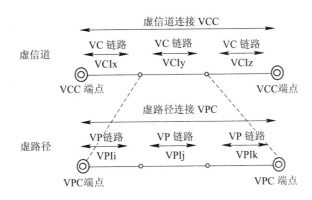

图 4.17　VCC 和 VPC 的关系

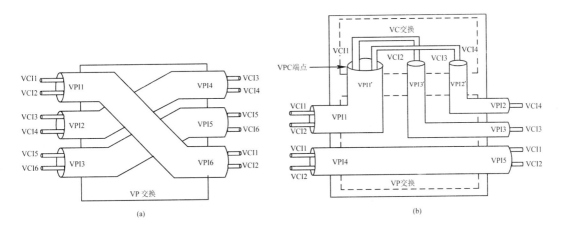

图 4.18　VC 和 VP 交换示意图

VC 交换要和 VP 交换同时进行。当一条 VC 链路终止时，VPC 也就终止了。这个 VPC 上的 VC 链路可以各奔东西，加入到不同方向的新的 VPC 中去(如图 4.18 所示)。VC 交换和 VP 交换合在一起才是真正的 ATM 交换。ATM 交换的实现方法与采用的技术将在后面详细介绍。

对于交换型业务而言，基本的 ATM 选路实体是虚信道(VC)，复用器/分路器和交换机对虚信道进行处理。虚信道在虚路径上进行集中，虚路径通过复用器/分路器和虚路径交换机选路(插分电路和交叉连接)。

3. ATM 交换的基本原理

ATM 交换的基本原理如图 4.19 所示。图中的交换节点有 n 条入线($I_1 \sim I_n$)和 q 条出线($O_1 \sim O_q$)，每条入线和出线上传送的都是 ATM 信元流，而每个信元的信头值都表明该信元所在的逻辑信道。不同的入线(或出线)上可以采用相同的逻辑信道值。ATM 交换的基本任务就是将任一入线上的任一逻辑信道中的信元，交换到所需的任一出线上的任一逻辑信道上去。例如，图中入线 I_1 的逻辑信道 x 被交换到出线 O_1 的逻辑信道 k 上；入线 I_1 的逻辑信道 y 被交换到出线 O_q 的逻辑信道 m 上等。这里交换包含了两方面的功能：一是空间交换，即将信元从一条传输线改送到另一条传输线上去，这个功能又叫做路由选择；另一个功能是时间交换，即将信元从一个时隙改换到另一时隙。应该注意的是：ATM 的逻辑信道和时隙并没有固定的关系，逻辑信道的身份是靠信头值来标志的，因此时间交换是靠信头翻译来完成的。例如，I_1 的信头值 x 被翻译成 O_1 上的 k 值。以上空间交换和时间交换的功能可以用一张翻译表来实现，图 4.19 中列出了该交换节点当前的翻译表。

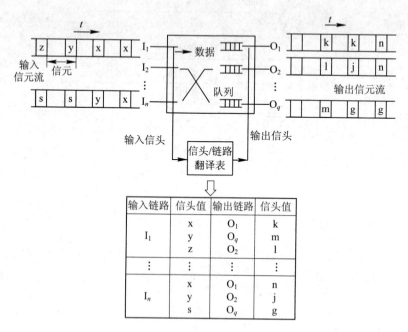

图 4.19　ATM 交换的基本原理

由于 ATM 是一种异步传送方式，输入、输出线路上的信元都是异步统计复用的，每个逻辑信道上信元的出现是随机的。因此，可能会出现在同一时刻两条或多条输入线路上的信元要求转到同一条输出线路上去，即存在竞争(或称碰撞)。例如，I_1 的信道 x 和 I_n 的信道 x 都要求交换到 O_1，前者使用 O_1 的信道 k，后者使用 O_1 的信道 n。为了不使碰撞时引起信元丢失，交换节点中应提供一系列缓冲区，供同时到达的信元排队用。这个队列造成了信元在交换节点内的时延，这个时延是随机的，它与缓冲器的位置、结构以及缓冲长度有关。当缓冲器存满后，就会产生信元丢失，因此，缓冲排队方式直接影响交换节点性能的好坏。

目前，根据缓冲器位置可将信元排队方式分成下面五类。

1) 输入排队方式

输入排队方式为每条输入线路设置专用缓冲器来解决可能出现的信元碰撞。每条输入线路上的信元都先存入缓冲器，然后由仲裁逻辑裁决可以"放行"的信元，裁决可有多种不同的方法。例如，对所有输入队列轮流查询或者根据输入队列的长度来选择优先者等办法。

采用输入排队的方式，使输入缓冲的位置可以和交换结构分开，简化了交换单元的设计，亦可避免缓冲器以几倍于端口的速率进行操作，有利于采用现有技术实现输入缓冲，如图 4.20 所示。输入排队方式的最大缺点是存在队头阻塞(Head of Line Blocking，HOL)现象，即当一个缓冲队列的队头没有接到"放行"命令时，其后面的所有信元都必须在队列中等待，即使它的目的地是一条空闲的出线，也不能越过队头而进行交换，因而导致性能下降(吞吐率降低、平均时延加大等)。

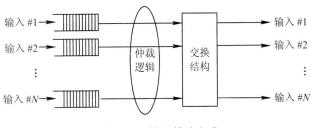

图 4.20　输入排队方式

2) 输出排队方式

输出排队方式在每条出线处设置缓冲 FIFO，不同入线竞争同一出线的信元可在同一个信元时间内同时到达该出线，但它们必须在输出 FIFO 中排队，然后依次逐个送到出线上去，如图 4.21 所示。显然，在输入端无需加仲裁器。采用该方式的交换机，不存在 HOL 阻塞和排队时延大的缺点，同时控制较简单，易于实现一点到多点和广播方式。但要求输出缓冲器的写入速率是输入端口速率的 N 倍(N 为入线总数)，以便在 N 条入线的信元同时要去同一出线时，不会出现信元丢失。

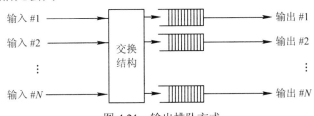

图 4.21　输出排队方式

3) 中央排队方式

中央排队方式是在交换结构的中央设一个缓冲器，这个缓冲器被所有的入线和出线公用。所有入线上的全部输入信元都直接存入中央缓冲器，然后根据路由表选定每个信元的出线，并按先进先出的原则读取信元。

采用中央排队方式的交换单元，缓冲器的利用率最高，即如果出、入线的负荷相同，允许的信元丢失率也相同，采用中央排队的交换单元需要的缓冲容量最小。但中央排队方式控制逻辑复杂，要求缓冲器的存取速率高，如当交换单元为 $N \times N$ 时，存在 N 个信元同时交换到一条出线上的可能，为防止输入信元丢失，必须要求缓冲器的存(或取)速率为入(或出)线速率的 N 倍，如图 4.22 所示。

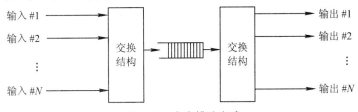

图 4.22　中央排队方式

4) 输入/输出排队方式

输入/输出排队方式将输入排队和输出排队这两种方式结合起来，在输入端和输出端都有缓冲器，可以解决输出排队方式中突发性业务(这类业务的峰值比特率远远高于平均比特率，如 LAN 的数据传送)信元丢失问题。因此，当前不能处理的信元不会被丢弃，而是保存在输入缓冲器中，如图 4.23 所示。

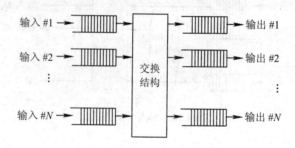

图 4.23　输入/输出排队方式

5) 重环回排队方式

在重环回排队方式中，输出端口竞争的处理方法是将在当前时隙中无法输出的信元，通过一组重环回缓冲器重新送到输入端口。通常情况下，它可达到输出排队方式的性能。但如果在某一时隙要求环回的信元数大于重环回端口数，则要丢弃交换单元中的某些信元。另外，重环回信元可使同一个逻辑信道的信元产生输出错序，必须采取相应的输出排序措施，如图 4.24 所示。

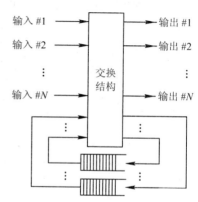

图 4.24　重环回排队方式

通常，我们从下面几个方面考虑各种排队方式的性能：吞吐率，缓冲器利用率，排队时延和时延变化(抖动)，缓冲排队的控制逻辑，缓冲存储的规模(容量和数量)，缓冲存储器的存取速率，实现点到多点和广播通信的难易。以上几种信元排队方式性能的比较如表 4.2 所示。

表 4.2　信元排队方式性能比较

性能 排队方式	吞吐率	缓冲器 利用率	时延	控制	规模	存储器 读/写速度	实现点 到多点
输入排队	低	较低	时延大 抖动大	仲裁逻辑 较复杂	大	低	困难
输出排队	高	共享式较高 专用式较低	小	简单	共享式小 专用式大	共享式较高 专用式较低	容易
中央排队	高	最高	小	复杂	小	最高	较容易
输入/输出排队	较高	一般	较小	较复杂	较小	较低	容易
重环回排队	较高	较高	大	较复杂	较小	较低	容易

这几种信元排队方式中，输出排队方式和中央排队方式由于具有吞吐率高、排队时延小、易于实现点对多点通信、缓冲器利用率高等优点，成为多种交换机的优选方式。虽然它们对缓冲器的读/写速率要求较高，但随着 VLSI 技术的进步及并行处理技术的使用，这一问题可逐步得到解决。因此，其重点在于解决复杂的缓冲器读/写控制逻辑问题。

4.5　软　交　换

1. 软交换的概念

传统的电话网和 ISDN 网络向用户提供的每一项业务都与交换机直接有关,业务提供和控制都由交换机来完成。因此,每提供一项新的业务都需要先制订规范,再对网络中的所有交换机进行改造,周期较长。为满足用户对新业务的要求,人们在电话网和 ISDN 的基础上提出了智能网的概念。智能网的核心思想就是将呼叫控制和接续功能与业务提供分离,交换机只完成基本的呼叫控制和接续功能,而业务提供则由叠加在电话网和 ISDN 网上的智能网来提供。这种呼叫控制与业务提供的分离大大增强了网络提供业务的能力和速度。但是这种分离还只是第一步。随着 IP 网络技术的发展,出现了很多新型承载网络希望接入 IP 网络的需求,如各种接入网、移动网、帧中继网、数据网等。因此,从简化网络结构、便于网络发展的观点出发,有必要将呼叫控制与传输承载进行进一步的分离,并对所有的媒体流提供统一的传送平台。这样,就提出了分层结构的概念,即将未来的网络功能分成四层,即业务层、控制层、传送层和接入层,其中,控制层的核心功能实体就是软交换。

这种分层结构具有开放性和标准接口,使得呼叫控制与媒体层、业务层分离,因此具有以下优点:

(1) 通过在控制层与业务层间采用统一公开的接口来实现业务提供和网络控制的分离,便于新业务的快速提供。

(2) 通过呼叫控制与承载连接的分离,便于在承载层采用新的网络传送技术。

(3) 通过承载与接入的分离,便于各种现有网络技术的接入。

(4) 允许网络运营商从不同的制造商那里购买最合适的网络部件构建自己的网络,而不必受制于一家公司的解决方案。

可以说,这种完全分层的全开放的体系结构吸取了 IP、ATM、智能网、电话网、ISDN 等技术的精髓,是宽带 IP 网络发展和业务提供的关键所在。

2. 软交换的网络结构及功能

软交换是为下一代网络中具有实时性要求的业务提供呼叫控制和连接控制功能的实体,是下一代网络呼叫控制的核心,也是目前电路交换网向分组交换网演进的主要设备之一,其体系结构如图 4.25 所示。

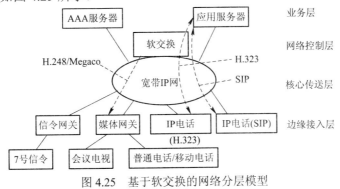

图 4.25　基于软交换的网络分层模型

在该体系结构中，网络从底向上按纵向划分成四层：边缘接入层、核心传送层、网络控制层和业务层，各层之间采用标准化接口。

1) 边缘接入层

边缘接入层负责将各种不同的网络和终端设备接入软交换体系结构，集中各种业务，并利用公共传送平台将其传送到目的地。接入层的设备包括各种不同的网络、终端设备以及各种网关设备。这些网络或终端设备可以是公众交换电话网、ATM 网络、帧中继网络、移动网络、各种 IP 电话终端及模拟终端等，它们通过不同的网关或接入设备接入核心网络。

媒体网关。媒体网关(MG)负责将各种终端和接入网络接入核心分组网络，主要用于将一种网络中的媒体格式转换成另一种网络所要求的媒体格式，如在电路交换网络业务和分组网络(如 IP、ATM)媒体流之间进行转换，包括话音压缩、传真中继、回声消除和数字检测等。

信令网关。信令网关(SG)提供 No.7 信令网和分组网之间信令的转换，其中包括综合业务用户部分(ISUP)、事物处理应用部分(TCAP)等协议的转换。信令网关通常和软交换设备合设在一处，也可以单独设置。

2) 核心传送层

核心传送层对各种不同的业务和媒体流提供公共的传送平台，多采用基于分组的传送方式，目前比较公认的核心传送网为 IP 骨干网。其他各层如业务层、控制层、接入层都是直接挂接在 IP 骨干网上，在物理上都是 IP 骨干网的终端设备。这些设备之间的业务流和信令流都是通过 IP 传输的。

3) 网络控制层

网络控制层完成呼叫控制、路由、认证、资源管理等功能，其主要实体为软交换设备，有时也称做媒体网关控制器。软交换与媒体网关间的信令可使用 H.248/Megaco(Media Gataway Control Protocal，媒体网关控制协议)，它可用于软交换对媒体网关的承载控制、资源控制及管理。软交换与 IP 电话设备间信令可使用 SIP 或 H.323。

4) 业务层

业务层/应用层在呼叫控制的基础上向最终用户提供各种增值业务，同时提供业务和网络的管理功能。该层的主要功能实体包括应用服务器、特征服务器、策略服务器、AAA(Authentication、Authorization、Accounting，认证、授权和计费)服务器、目录服务器、数据库服务器、SCP(业务控制点)、网管及安全系统(提供安全保障)。其中，应用服务器(Application Server)负责各种增值业务的逻辑产生和管理，并提供开放的应用编程接口(API)，为第三方业务的开发提供统一公共的创作平台；AAA 服务器负责提供接入认证和计费功能。

软交换是下一代网络控制层的核心设备，也是从电路交换网向分组网演进的关键设备之一。软交换的概念虽然是从媒体网关控制器、呼叫代理等概念发展而来的，但它在功能上又进行了进一步的扩展，除了完成呼叫控制、连接控制和协议处理功能外，还将提供原来由会议电话网设备提供的资源管理、路由以及认证、计费等功能。同时，软交换所提供的呼叫控制功能与传统交换机所提供的呼叫控制功能也有所不同，传统的呼叫控制功能是和具体的业务紧密结合在一起的。由于不同的业务所需要的呼叫控制功能不同，因此在软交换系统中，为了便于各类新业务和增值业务的引入，要求软交换所提供的呼叫控制功能是各种业务的基本呼叫控制功能。概括起来，软交换的主要功能如下：

(1) 媒体接入功能。软交换可以通过 H.248 协议将各种媒体网关接入软交换系统，如中继媒体网关、ATM 媒体网关、综合接入媒体网关、无线媒体网关和数据媒体网关等。同时，软交换设备还可以利用 H.323 协议和会话启动协议(SIP)将 H.323 终端和 SIP 客户端终端接入软交换系统，以提供相应的业务。

(2) 呼叫控制功能。呼叫控制功能是软交换的重要功能之一，它为基本呼叫的建立、维持和释放提供控制功能，包括呼叫处理、连接控制、智能呼叫触发检出和资源控制等。可以说呼叫控制功能是整个网络的灵魂。

(3) 业务提供功能。由于软交换系统既要兼顾与现有网络业务的互通，又要兼顾下一代网络业务的发展，因此软交换应能够实现现有 PSTN/ISDN 交换机提供的全部业务，包括基本业务和补充业务；同时，还应该可以与现有智能网配合提供现有智能网的业务；更为重要的是，软交换还应该能够提供开放的、标准的 API 或协议，以实现第 3 方业务的快速接入。

(4) 互连互通功能。目前，在 IP 网上提供实时多媒体业务可以基于 H.323 协议和会话启动协议 SIP 两种体系结构。其中，H.323 协议由 ITU-T 制定，SIP 协议由 IETF 提出，两者均可以完成呼叫建立、呼叫释放、业务提供和能力协商等功能。H.323 沿用了传统电路网可管理性和集中控制的特点，目前已比较成熟且已得到广泛应用；而会话启动协议则采用分布式结构，具有简单、可扩展性好、与 Internet 结合紧密等特点，已逐步得到应用，尤其是会话启动协议将会在第 3 代移动通信核心网和智能业务中得到广泛应用。因此软交换应能够同时支持这两种协议体系结构，并实现两种体系结构网络和业务的互通。

另外，为了沿用已有的智能业务和 PSTN 业务，软交换还应提供与智能网及 PSTN/ISDN 的互通。

(5) 资源管理功能。软交换可以对带宽等网络资源进行分配和管理。

(6) 认证和计费。软交换可以对接入软交换系统的设备进行认证、授权和地址解析，同时还可以向计费服务器提供呼叫详细话单。

3. 软交换的协议

H.248 是 IETF、ITU-T 制定的媒体网关控制协议，用于媒体网关控制器和媒体网关之间的通信；H.248 协议又称为 H.248/MeGaCo (Media Gataway Control Protocal，媒体网关控制协议)。

H.248/Megaco 协议是控制器和网关分离概念的产物。网关分离的核心是业务和控制分离，控制和承载分离。这样使业务、控制和承载可独立发展，运营商在充分利用新技术的同时，还可提供丰富多彩的业务，通过不断创新的业务提升网络价值。

H.248/Megaco 是在 MGCP 协议(RFC2705)的基础上，结合其他媒体网关控制协议特点发展而成的一种协议，它提供媒体的建立、修改和释放机制，同时也可携带某些随路呼叫信令，支持传统网络终端的呼叫。该协议在构建开放和多网融合的下一代宽带网络中发挥着重要作用。

4.6   数字程控交换机

数字程控交换机是电子计算机控制的交换机，由硬件和软件两大部分组成。数字程控交换机的基本结构可分为话路系统和控制系统两部分。对程控交换机按话路系统分，有空分模拟式和时分数字式，分别称为程控模拟交换机和程控数字交换机。鉴于目前数字交换和数字传输已大量取代模拟交换和传输，所以本书只介绍程控数字交换机的基本组成。

4.6.1　数字程控交换机的硬件组成

数字程控交换机的基本组成如图 4.26 所示。

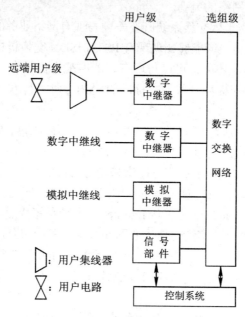

图 4.26　数字程控交换机的基本组成框图

数字程控交换机同样可分为话路系统和控制系统两大部分，但由于数字交换机的交换网络实现了数字化，采用了大规模集成电路，使得过去在公用设备(如绳路)实现的一些用户功能，如振铃、馈电等不能通过集成电路的电子接点，而不得不放在用户电路中来实现。另外，我国目前的电话网仍然有一部分是模/数混合网，还拥有一定数量的模拟交换机。模拟局与数字局间的中继连接需要一些接口电路。即使是数字局与数字局之间的连接，也要接口电路进行码型变换和同步调整。同时，随着数字化技术的发展，使许多非话业务的终端，如计算机的数据终端、传真、用户电报、数字用户、图文终端、ISDN 终端等都要进入交换机进行交换，也要求交换机配备与各种终端相适应的接口电路。因此，程控数字交换机拥有较为丰富的接口与终端。

数字程控交换机的话路系统由用户级、远端用户级、选组级(数字交换网络)、各种中继接口、信号部件等组成。

1. 用户级

用户级是模拟用户终端与数字交换网络(选组级)之间的接口电路，由用户电路和用户集线器组成。用户级的主要作用是对电话用户线提供接口设备，将用户话机的模拟话音信号转换成数字信号，并将每个用户所发出的较小的呼叫话务进行集中，然后送至数字交换网络，从而提高用户级和数字交换网络之间链路的利用率。

　　用户集线器具有话务集中的功能。由于每个用户忙时双向话务量约为 0.12～0.20 Erl，相当于忙时约有 12%～20%的时间在占用。如果每个用户电路直接与数字交换网络相连，数字交换网络的每条通路的利用率就较低，而且使交换网络上的端子数增加很多。采用用户集线后，就可将用户线集中后接出较少的链路送往数字交换网络，这样不仅提高了链路的利用率，而且使接线端子数减少了。

　　用户集线器多采用时分接线器，其出端信道数小于入端信道数。入端信道数和出端信道数之比称为集线比，在我国许多地区采用的集线比大多为 4：1，如 480 个用户公用 120 个端信道数。

　　用户电路是用户线与交换机的接口电路。由于某些信号(如振铃、直流馈电等)不能通过电子交换网络，因此把某些过去由公用设备实现的功能移到电子交换网络以外的用户电路来实现。归纳起来，目前，程控数字交换机中用户电路的功能有下列七项：

　　B(Battery feed)：馈电；

　　O(Over-voltage protection)：过压保护；

　　R(Ringing control)：振铃控制；

　　S(Supervision)：监视；

　　C(Codec & filters)：编译码和滤波；

　　H(Hybrid circuit)：混合电路；

　　T(Test)：测试。

　　图 4.27 是用户电路的功能框图。

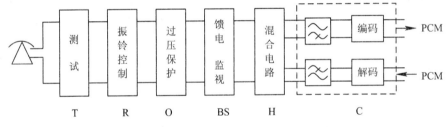

图 4.27　用户电路功能框图

　　除了上述基本功能外，某些特殊用户电路还具有极性转换、衰减控制、计费脉冲发送等功能。

　　上面所说的用户电路，是指连接普通电话用户的模拟用户电路。模拟用户电路主要完成 BORSCHT 七大功能，目前已用单片大规模集成电路(SLIC)来取代传统的分立元件、厚膜混合集成电路。该 SLIC 完成 BORSCHT 七大功能中的五个功能 BORSH，CT 两个功能则仍需单独的编译码器和滤波器集成电路来实现。

　　在数字程控交换机中，还有一种与数字用户终端连接的用户接口电路，叫数字用户电路。常见的数字用户终端设备有数字话机、个人计算机、数字传真机及数字图像设备等。数字用户终端设备能直接给出数字信号，它通过数字传输送至数字交换机。因此，要求数字交换机应有相应的接口电路，也能直接在数字传输线上发送和接收数字信号。这样数字交换机和数字用户终端设备之间所进行的，实际上是数字数据通信。为了可靠地实现数据的发送和接收，数字用户电路应具备码型变换、回波抵消、均衡、扰码和去扰码、信令提取和插入、多路复用和分路等功能。当然，数字用户电路还应与模拟用户电路一样，设置过压保护、馈电、测试等功能。当数字用户终端本身具备工作电源时，用户电路则可以免去馈电功能。数字用户电路的基本功能框图如图 4.28 所示。

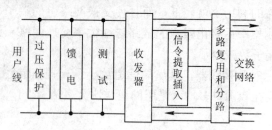

图 4.28　数字用户电路的基本功能框图

2．远端用户级

远端用户级是指装在距离电话局较远的用户分布点上的话路设备，其基本功能与局内用户级相似，也包括用户电路和话务集中器，只是把用户级装到远离交换局的用户集中点去，它是将若干个用户线集中后以数字中继线连接至母局。由于用户话音信号在经数字传输之前就已经数字化了，因此传到交换局的话音信号不必再进行 A/D 转换，即可直接经数字中继接口进入数字交换网络进行交换。远端用户级也可称为远端模块。

3．选组级

选组级一般称为数字交换网络，它是话路部分的核心设备，交换机的交换功能主要是通过它来实现的。

在数字交换机中，交换的数字信号通过时隙交换的形式进行，所以数字交换网络必须具有时隙交换的功能。

4．中继接口

数字程控交换机与模拟程控交换机一样，在交换网络(这里就是数字交换网络)与局间中继线之间，必须有中继接口来配合工作。根据中继线的类型，可有模拟中继接口和数字中继接口，分别称为模拟中继器和数字中继器。

模拟中继器是用于数字交换机与其他交换机之间采用模拟中继线相连接的接口电路，它是为数字交换机适应模拟环境而设置的。

模拟中继器的功能与用户电路相似，也有过压保护(O)、编译码及滤波(C)、测试(T)功能，不同的是它不需要馈电(B)和铃流控制(R)功能。在中继线采用二线制时，有 2/4 线转换(H)功能，还有线路信号的监视控制和中继线的忙闲指示功能。另外，由于中继线利用率高，因此对经模拟中继的话音信号无需像用户级那样进行话务集中。图 4.29 是模拟中继器的功能框图。

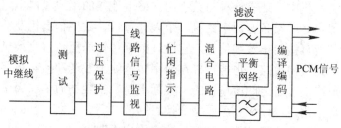

图 4.29　模拟中继器功能框图

　　数字中继器是数字交换机与数字中继线之间的接口电路，数字中继线一般采用 PCM 作为传输手段，一般为 PCM30/32。基群接口通常使用双绞线或同轴电缆传输信号，而高次群接口则逐步采用光缆传输方式。

　　数字中继器的主要作用是将对方局送来的 30/32 路 PCM 信号分解成 30 路 64 kb/s 的信号，然后送至数字交换网络。同样，它也把从数字交换网络送来的 30 路 64 kb/s 的信号，复合为 30/32 路 PCM 信号，送到对方局。

　　虽然 PCM 数字中继线传输的信号也是数字信号，但它的传输码型和数字交换机内传输和交换的信号码型是不同的，而且时钟频率和相位也会有差异，此外其信令格式也不一样。为此就要求数字中继器应具有码型变换、时钟提取、帧定位、帧同步和复帧同步、信令提取和插入、告警处理等功能，以达到协调彼此之间工作的目的。图 4.30 是数字中继器的功能框图。

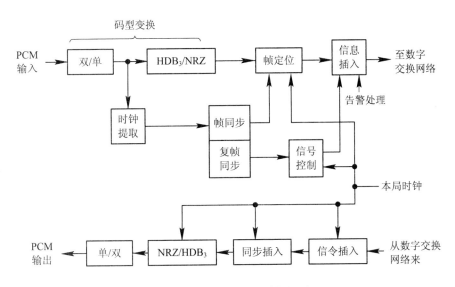

图 4.30　数字中继器功能框图

5．信号部件

　　信号部件分为信号音发生器及多频信号接收器和发送器。数字交换机中信号音发生器一般采用数字音存储方法，将拨号音、忙音等音频信号进行抽样和编码后存放在只读存储器中，在计数器的控制下发出数字化信号音的编码，经数字交换网络而发送到所需的话路上去。当然，在需要的时候，也可通过指定的时隙(如 TS0，TS16)传送。

　　多频信号发送器和接收器主要用于接收和发送多频(MF)信号，它包括音频话机的双音多频信号和局间多频信号。这些双音多频信号在相应的话路中传送，都是以数字化的形式通过交换网络而被接收和发送的，故在数字交换机中的多频接收器和发送器应能接收或发送数字化的多频信号。

　　数字程控交换机是在程控模拟交换机的基础上发展而成的，模拟程控交换机的控制系统一般采用单一中央处理器的集中控制方式。数字程控交换机开始出现并迅速发展时，各种微处理器也相继问世。因此，数字交换机通常采用引入微处理器的多机控制方式。采用多机控制的基本方式是设置多级处理机(两级或三级处理器)。

程控交换机的控制部分一般可分为三级：

第一级：电话外设控制级。这一级靠近交换网络以及其他电话外设部分，也就是与话路设备硬件关系比较密切的这一部分的控制。这一级的控制功能主要是完成扫描和驱动。其特点是操作简单，但工作任务非常频繁，工作量很大。

第二级：呼叫处理控制级。它是整个交换机的核心，是将第一级送来的信息，在这里经过分析、处理，又通过第一级发布命令来控制交换机的路由接续或复原。这一级的控制功能具有较强的智能性，所以这一级均为存储程序控制。

第三级：维护测试级。主要用于操作维护和测试，它包括人—机通信。这一级要求更强的智能性，所以需要的软件数量最多，但对实时性要求较低。

这三级的划分可能是"虚拟"的，它仅仅反映了控制系统程序的内部分工；也可能是"实际"的，即分别设置专用的或通用的处理机来完成不同的功能。如第一级采用专用的处理机——用户处理机，第二级采用呼叫处理机，第三级采用通用的处理机——主处理机。这三级逻辑的复杂性和判断标志能力是按照从一级至三级顺序递增的，而实时运行的重要性、硬件的数量和其专用性则是递减的。

数字程控交换机的硬件，除上述各部分外，还有外围设备(如磁带机、磁盘机、维护终端)、测试设备、监视告警设备，例如，可视(灯光)信号和可闻(警铃或蜂音)信号、录音通知设备等。

4.6.2　程控交换机的软件组成

程控交换系统的软件是为完成各项功能而运行于交换系统各处理机中的程序和数据的集合。按照计算机操作系统的概念来分，程控交换系统的运行软件可分为两大类：系统软件和应用软件。这里的系统软件多多少少相当于一个通用计算机的操作系统，是交换机硬件同应用软件之间的接口。按照上述概念，程控交换系统的软件组成分类如图 4.31 所示。

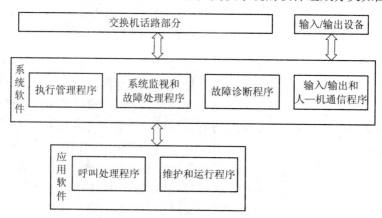

图 4.31　程控交换系统的软件组成框图

按照交换的概念来分，程控交换系统的软件组成有下面几部分。

1．在线程序

在线程序又称联机程序，它是指运行在交换系统各处理机中，对交换系统的各种业务进行处理的软件的总和，其中大部分业务具有比较强的实时性。根据功能的不同，在线程序通常由呼叫处理程序、执行管理程序、故障处理程序、故障诊断程序和运行管理程序五大子系统组成。

(1) 呼叫处理程序负责整个交换机所有呼叫的建立与释放以及交换机各种新服务性能的建立与释放。

(2) 执行管理程序或叫操作系统，它负责对交换系统(尤指处理机)的硬件和软件资源进行管理和调度。

(3) 故障处理程序亦称系统恢复程序，负责对交换系统作经常性的检测，并使系统恢复工作能力。

(4) 故障诊断程序是用于确定硬件故障位置的程序。多数程控交换机的故障诊断可达到某块印刷电路板(PCB)。故障诊断程序利用交换机控制台的显示屏幕和打印机显示或打印诊断结果。

(5) 运行管理程序用于维护人员存取和修改有关用户和交换局的各种数据，完成统计话务量和打印计费清单等各项任务。

2．支援程序

支援程序又称脱机程序，实际上是一个计算机辅助开发、生产以及维护软件的系统，多用于开发和生成交换局的软件和数据以及进行开通时的测试等。

支援程序按其功能可划分为设计、测试、生产和维护四个子系统。

(1) 设计子系统用在设计阶段，作为功能规范和描述语言(SDL)与高级语言间的连接器，各种高级语言与汇编语言的编译器，链接定位程序及文档生成工作。设计完成所得的程序模块以及经过编译得到的目的代码应存储于数据库中。

(2) 测试子系统检测所设计软件是否符合其规范。它的主要功能分为测试与仿真执行两种。测试功能是根据设计的规范生成各种测试数据，并在已设计的程序中运行这些测试数据，以检验程序工作结果是否符合原设计要求。仿真执行则是将软件的设计规范转换为语义等价的可执行语言，在设计完成前可根据仿真执行的结果检验设计规范是否符合实际要求。测试数据、运行结果及仿真执行结果均应存储于数据库中。

(3) 生产子系统用于生成交换局运行所需的软件。

(4) 维护子系统是对交换局程序的现场修改或称补丁的管理与存档。如果补丁所修改的错误具有普遍意义，则子系统应将其拷贝成多份并加载至其他交换局中。由于同一程序模块在各个交换机中的地址一般都不相同，因此需根据交换局的具体情况将程序模块加至该局的程序文件内，以加载至各交换机中运行。

支援程序的任务牵涉面很广，它不仅牵涉到从交换局的设计、生产到安装等交换局的运行前各项任务，还牵涉到交换局开始运行到以后整个寿命期间的软件管理、数据设计、修改、分析以及资料编辑等各项工作。

3．数据

数据部分包括交换局的局数据、用户数据及交换系统数据。

各交换局的局数据反映了交换局在交换网中的地位(或级别)以及本交换局与其他交换局的中继关系。数据包括对其他交换网的中继路由组织、数量、接收或发送号码、位长、计费费率、传送信号的方式等。

局数据的设计牵涉到在电话网内与本局直接连接各局的中继关系，应做到与各相关局在相关数据上完全一致，以避免各交换局间中继关系发生矛盾(例如，两个交换局间同一中继路由的信号方式或设备数量不一致等)。另外，在局数据中还包括该局使用的各种编号、长途区号、市话局局号等的号码长度。

用户数据则描述全部用户信息，它为每一个用户所特有。

市话局用户数据包括用户性质(号盘或双音频按键电话、同线电话、投币电话、用户交换机(PBX)中继线等)、用户类别(电话用户、数据用户等)、计费种类(定期或立即计费、家用计次表、计费打印机等)、用户地理位置(本局营业区或其他局营业区)、优先级别、话务负荷等。

注意：长话局或国际局无用户数据。

交换系统数据由设备制造厂家根据交换局的设备数量、交换网络的组成、存储器的地址分配、交换局的各种信号、编号等有关数据在出厂前编写。

在程控交换机中，所有有关交换机的信息都可以通过数据来描述，如交换机的硬件配置、运用环境、编号方案、用户当前状态、资源(如中继、路由等)的当前状态、接续路由地址等等。

在交换机的软件程序中，数据并不是彼此独立的，它们之间有一定的内在联系。为了快速有效地使用这些数据，一般按一定规则将它们以表格或文件的形式组织起来。

4.6.3 程控交换机的控制原理

程控交换机的主要任务是为用户完成各种呼叫接续，而程控交换机的硬件接续又是由软件来控制的。本节从电话呼叫出发，着重讨论交换软件即交换程序控制呼叫接续的基本原理。在具体讨论程序的结构、程序控制的原理之前，首先来看一看一般呼叫接续的过程，然后阐述状态迁移的概念。

1．呼叫接续过程

用户打电话的过程是主叫摘机，拨被叫号码，被叫应答，开始讲话，话毕挂机。对应于用户的这些操作，交换机应按顺序完成下列各阶段的动作：

(1) 送出拨号音；

(2) 接收拨号；

(3) 拨号数字分析；

(4) 呼叫被叫用户；

(5) 被叫应答；

(6) 切断。

以上就是程控交换机基本的呼叫接续过程。从控制观点看，如果我们把交换机外部的一些变化，诸如用户摘机、拨号、中继线占用等都叫做事件，处理机的基本功能之一就是收集所发生的事件(输入)，对收集到的事件进行正确的处理(内部处理)，最后发出要求采取动作的指令(输出)。

由上可见，交换的自动接续，就是中央处理机根据话路系统内发生的事件选择相应的指令来完成的。现将几个接续阶段用流程图表达，如图 4.32 所示。

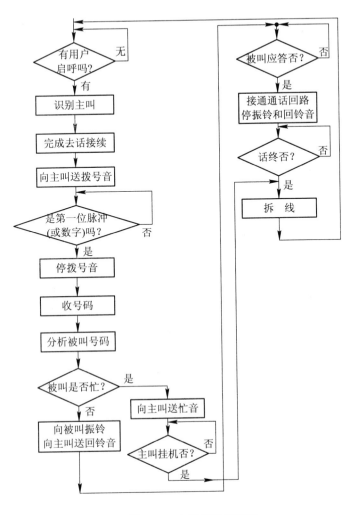

图 4.32　本局接续流程图

2. 状态迁移

把一次接续划分为很多较长时间内稳定不变的稳定状态，如空闲、收号、振铃、通话等。交换机由一个稳定状态变化到另一个稳定状态(实际就是交换动作)叫做状态迁移。所以引入这样的概念是因为当监视处理要求时，正好是交换机处于稳定状态，而执行所要求的处理时(称执行任务)，正好是使交换机从某一稳定状态变化到其他稳定状态，即状态迁移。

3. 呼叫处理程序的结构

我们把引起状态迁移的原因叫做"事件"，处理状态迁移的工作叫做"任务"，识别启动原因的处理叫做监视处理，也叫做输入处理。输入处理的程序叫做输入程序；分析事件以确定执行何种任务的程序叫做任务分析程序；控制状态迁移的程序叫做任务执行程序。在任务执行中把与硬件动作有关的程序，从任务执行中分离出来，作为独立的输出程序。另外，任务执行又分前后两部分，分别叫"始"和"终"。上述关系如图 4.33 所示。

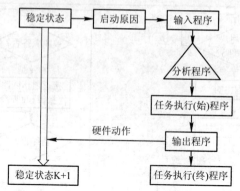

图 4.33 状态迁移与呼叫处理程序的关系

把任务分成"始"和"终"，是因为交换动作分软件处理和硬件处理的关系。例如，话路的某个部分从空闲状态转移到占用状态，在硬件动作之前软件先使它示忙，以免被其他部分占用，造成重接；等硬件动作后，还必须由软件进行监视。如由占用状态转迁到空闲状态时，软件发出指令使硬件动作完成后，软件再使它解除示忙。如果不按这个顺序进行，就会出现重接(混线)或复原不良的现象，也就是说，必须前后都有软件动作，中间夹着硬件的动作。

在以上程序中，输入程序、输出程序都和硬件动作有关，称为输出/输入程序。和硬件没有直接关系的，如任务分析和任务执行(始、终)程序，仅是处理机的内部处理信息的程序，叫做内部处理程序。由此可知，交换动作的基本形式是：首先由输入程序识别外部来的信息并分析这个信息，再决定执行哪一个任务，然后执行该任务(始)，输出程序使话路系统设备转移到另一个稳定状态，此后再执行任务的剩余部分(终)，这样反复执行处理的流程，就是交换处理(呼叫处理)程序的基本组成。

4. 呼叫处理基本原理

呼叫处理程序可以分为输入处理、内部分析处理和输出处理三大部分。

输入处理程序的主要任务是对用户线、中继线等进行监视、检测和识别，然后进入队列或相应存储区，以便其他程序取用。

输入处理可分为：
- 用户线扫描，监视用户线状态的变化；
- 中继线线路信号扫描，监视中继器的线路信号；
- 接收数字信号(包括拨号脉冲、双音频拨号信号和多频互控信号等)；
- 接收公共信道信号方式的电话号码；
- 接收操作台的各种信号。

分析处理就是对各种输入信息进行分析，以决定下一步干什么。分析处理由分析程序负责执行。

按照要分析的信息，分析处理可分为去话分析、号码分析、来话分析、状态分析等。

各种分析的基本性能如图 4.34 所示。

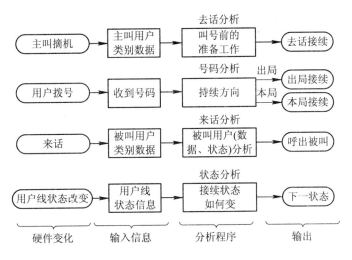

图 4.34　分析程序的基本性能

在进行分析处理后，分析程序给出结果，按照这个结果执行任务就是输出处理。输出处理包括：

- 通话话路的驱动、复原(发送路由控制信息)；
- 发送分配信号(例如，振铃控制、测试控制等信号等)；
- 转发拨号脉冲，主要是对模拟局发送；
- 发线路信号和记发器信号；
- 发公共信道信号；
- 发计费脉冲；
- 发处理机间通信信息；
- 发送测试码；
- 其他。

4.7　IP 交换机

1. IP 交换的基本概念

随着 Internet 网络规模的快速增长以及人们对多媒体业务的需求，要求 Internet 网络具有实时性、可扩展性和保证服务质量(QoS)的能力。但基于 IP 的网络已经不堪重负，路由器日趋复杂，仍无法满足通信优先级的要求，IP 协议也无法应付呈指数增长的用户以及多媒体通信对带宽的需求。在这种情况下，许多网络设备厂商正致力于将 IP 的路由能力与 ATM 的交换能力结合到一起，使 IP 网络获得 ATM 性能上的优势。为了克服传统的 IP 网络关键部件路由器转发包的速度太慢造成的网络瓶颈问题以及在各节点独立路由使得业务管理和 QoS 很难进行的问题，需要将 IP 与 ATM 相融合，即在 ATM 网络上运行 IP 协议。

传统的 IP over ATM 技术有 IETF(Internet Engineering Task Force)的 Classic IP over ATM 和 ATM 论坛的 LANE 等。但是它们存在着不少限制，主要有以下几点：

(1) 运行实时业务时不能保证服务质量(QoS)。

(2) 网络较大时 VC 连接数目很大，增加了路由计算的额外开销。

(3) 数据必须在逻辑子网间转发，没有充分利用交换设备的能力。

为了解决上述问题并且满足 Internet 规模快速增长和对实时多媒体业务的需求，需要将网络交换机(L2 层)的速度和路由器(L3 层)的灵活性结合起来，这就是 IP 交换，也称为第三层交换。IP 交换加上能保证提供分类服务、保证不同质量的一系列路由协议，就可以在 IP 网这种无连接的网络上提供端到端的连接，并能保证业务所需的 QoS。采用 IP 交换的新一代设备可以使网络带宽达到 T-bit 级。

IP 交换机和路由器主要有两个区别：

(1) 对待转发数据分组的信息结构进行分析的深度不同，这会直接影响转发数据分组的速度。

(2) 对网络节点间通信量的管理不同，IP 交换机要检查 OSI 模型中的数据链路层的信息头，以便在连接的两点之间建立一条路径，所有属于该路径的分组由此发出。如果采用了交换方式，那么管理者就可以专门辟出一定量的带宽来处理诸如多媒体应用和视频会议之类的通信。而路由则是根据 OSI 网络层中分组头的 IP 地址来进行选择的，路由器必须检查每个分组的 IP 地址，并分别为之选定一条最佳路径。这是一种无连接的网络服务，有利于从各种数据源中随意插入分组，并可为用户的通信量自动分配所需的带宽，但是无法规定网上传送的先后顺序，因此当业务量增大时，就会产生阻塞、延迟等问题。

2. IP 交换的关键技术

IP 交换的基本思想是为了克服网络层转发的瓶颈，进行高速链路层交换。IP 交换问题可以认为是地址转换问题，其关键任务是将 IP 子网地址与链路层地址相结合。这样，可以通过短标识的 VPI/VCI(ATM 中)与交换系统相连进行转发。

IP 交换采用直接路由技术，即通路中第一个节点选择路径，该通路子序列的交换采用第一次交换所选的路径。IP 交换只对数据流的第一个数据包进行路由地址处理，按路由转发，随后按已经计算的路由，在 ATM 网上建立 VC，以后的数据包沿 VC 直接传送，不再经过路由器，从而将数据包的转发速度提高到第二层交换的速度。

IP 交换中，将资源信息加入到路由协议中，各 VC 根据对 VC 的资源请求和网络中的可用资源进行路由选择。由于 VC 路由基于动态路由算法，可以在网络变化后重新进行路由选择，这就可以支持 IP 对 VC 的 QoS 请求和对网络中已经存在的业务负载进行路由选择。

由于采用直接路由，提高了对 QoS 路由和宽带管理的可选择性。而且直接路由允许逐步转换路由计算，对于 QoS 路由和宽带管理，就使得大 ISP 和骨干网无需中断就可以灵活转换路由计算。

3. IP 交换机的构成和特点

IP 交换机基本上是一个附有交换硬件的路由器，它能够在交换硬件中高速缓存路由策略。如图 4.35 所示，IP 交换机由 ATM 交换机硬件和一个 IP 交换控制器组成。

由于 IP 交换机是在 OSI 模型的网络层中引入了交换的概念，因此它没有一般的 IP 选路协议那样多的限制，可用在 Internet 业务提供者(ISP)之间或 ISP 与用户之间。IP 交换机最大的特点就是引入了流(Flow)的概念。所谓流，就是一连串可以通过复杂选路功能而相同处理的分组包。例如，流可以是从一点(单向或多向发送)发出通过具有 QoS 功能的端口转发的一连串分组。根据业务类型、源地址、目的地址、源端口、目的端口等因素，IP 交换机把流主要定义成两种：主机对(Host-Pair)流类型和端口对(Port-Pair)流类型。主机对流类型是指那些在具有相同源和目的 IP 地址之间传送的业务流。端口对流类型是指那些在具有相同源和目的 IP 地址之间又有相同的源和目的 TCP/UDP 端口之间传送的业务流。传输控制协议(TCP)和数据报协议(UDP)是 TCP/IP 传输层中的两个协议。其中 TCP 是面向连接的，相当于 OSI 的 TP4，UDP 是无连接的，相当于 OSI 的 TP0。

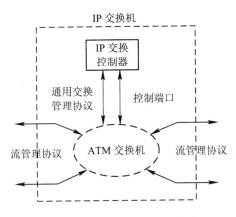

图 4.35　IP 交换机结构示意图

在图 4.35 中的交换机结构中，ATM 交换机硬件保留原状，但关于 ATM 信令适配的控制软件被去掉，代之以标准的 IP 路由软件，并且采用一个流分类器来决定是否要交换一个流以及用一个驱动器来控制交换硬件。

IP 交换机在工作时首先将流进行分类以便选择哪些流可以在 ATM 交换机上直接交换，哪些流需要通过路由器一个一个地分组转发。显然，那些包括众多业务量的长流应尽可能地直接交换。每串流的转发和处理都由流中的第一个分组所确定。一旦流被分类，整个流就可进入 ATM 交换机的超高速缓冲存储器进行处理，同时在 ATM 交换机上建立虚信道并建立直通(Cut-through)连接后直接转发，这样可减少路由器转发器的负载。

而对于那些只有一个或几个分组的短流仍然要直接通过路由器交换，但是现在的客户/服务器方式并不能建立交换连接，它仍需要在 ATM 交换机上建立虚信道。

无论是长流还是短流，在到达 ATM 交换机时都需要贴虚信道识别符(VCI)的标签以便虚信道识别，流上的每个分组经过 IP 交换机交换时都必须有 VCI 标签。IP 交换机在进行转发处理时，流标签只需要在 IP 交换网络中处理一次，而传统的路由器网络则需要在每个主机上都处理一次。这样就可大大提高网络传送的速度，减少网络成本。

4．IP 交换技术的发展

近几年来，IP 交换技术发展很快，出现了不少形式的 IP 交换技术，如 Ipsilon Network 的 IP Switching，Toshiba 公司的 CSR，Cisco 公司的 Tag Switching，Cascade 公司的 IP Navigator 及 IBM 公司的 ARIS(Aggregate Route-based IP Switching)等。而 IETF 的 MPLS 是定位于大型网络的 IP 交换标准。

1) IP Switching

Ipsilon Network 公司的 IP Switching 是一种高速路由器，它将转发功能映射到硬件交换机。从逻辑上可以看做是一个附有第三层转发功能的第二层交换设备，与第三层的数据转发模块高速互连。

IP Switching 采用低层流交换。在 IP Switching 中，所有的流被分为两类：一类是持续时间长、业务量大的数据流，在 ATM 交换机硬件中直接进行交换，速度快、时延短；另一类是持续时间短、业务量小、呈突发分布的数据流，通过 IP 交换控制器中的路由软件进行 hop-by-hop 转发。流在交换前必须标记。一个流只有在上行、下行链路都标记过后，才能直接通过 ATM 交换机进行交换。只有具有正确生存时间(TTL)域的包才能包括在交换流中。

2) Tag Switching(标记交换)

Cisco 公司的 Tag Switching 由转发和控制两部分组成，两者互相独立。转发机制是一种简单的标记交换机制，通过使用定长的标记来作决定，并对标记重写。控制机制通过一组模块来维持保留正确的标记传播信息，以第三层协议为基础，每个模块具有一定的控制功能，它解决了 IP 与 B-ISDN 之间不一致的问题。

Tag Switching 系统中处于边缘的路由器将每个输入帧的第三层地址映射为简单的标记(Tag)，然后把帧转化为打了标记的 ATM 信元，打了标记的信元被映射到 VC 上，在网络核心由支持 Tag Switching 的 ATM 交换机进行标记交换。目的地边缘路由器去掉信元中的标记，把信元转换为帧并将其送往接收者。

3) MPLS(多标记交换)

IETF 结合了一些 IP 交换技术的特点，主要以 Tag Switching 为基础成立了 MPLS 工作组来将网络层路由标记交换算法技术标准化。

MPLS 采用标记的包转发技术来实现简单、高性能的包转发机制。它通过用标记转发代替标准的基于目的端的 hop-by-hop 转发，从而简化了包转发机制，使 Internet 带宽很容易扩展到 T-bit 级。

MPLS 是控制驱动的。通过交换标记，网络中所有节点都会知道每个节点相对应的标记，这样就可以根据这些标记快速与目的地建立连接。由于转发机制与控制机制相互独立，而路由则属于控制机制的一部分，因而整个 MPLS 路由的基础是在数据还没到达之前，网络的可及性已经知道，而且入口与出口标记的对应关系也可以得到建立，因此它不需要外界信息的触发来建立路由表，这就避免了网络的可扩展性问题。

采用 IP 交换技术，将交换机的速度和路由器的可扩展性融合在一起，是解决 Internet 网络规模和性能问题的关键技术。IP 交换技术大大推动了 Internet 网络的发展，越来越受到网络通信界的重视。IP 交换虽然有了不少提议、方法甚至产品，但仍然存在不少问题有待进一步的解决。随着越来越多的研究人员对 IP 交换技术的投入，它将会越来越成熟，直到拥有自己的标准并得到广泛应用。

4.8　光　交　换　机

1. 光交换的优点

21 世纪的通信网应该是能提供各种通信业务的、具有巨大通信能力的 ISDN。网络业务将以宽带视频和高速数据及普通话音业务为主。为提供这些业务，需要高速、宽带、大容量的传输系统和宽带交换系统。

多年来，光纤已成为通信网的重要传输媒介。在一些发达国家，每秒数百兆比特的视频通信业务可能会像现在的电话通信一样普及，网络交换节点所需容量是现有电话网的 1000～10 000 倍，其交换节点容量至少是太比特(Tb/s)级的。

以电子技术为基础的交换方式，无论是数字程控，还是 ATM 交换，它们的交换容量都要受到电子器件工作速度的限制。在这种情况下，人们对光交换的关心日益增加，因为光技术在交换高速宽带信号上优于电交换，研究和开发具有高速宽带、大容量交换潜力的光交换技术势在必行。

光交换被认为是为未来宽带通信网服务的新一代交换技术，其优点主要集中在以下几个方面。

(1) 极宽的带宽。一个光开关就可能有每秒数百吉比特的业务吞吐量，可以满足大容量交换节点的需要。

(2) 运行速度快。由于电子器件受到电子电路的电阻电容延时和载流子渡越时间的限制，其运行速度最高只有 20 Gb/s 左右。电驱动的光开关也要受到电子电路工作时间的限制，而光控光开关时间可达 10^{-12} s 级，利用光控器件就能实现超高速的全光交换网。

(3) 光交换与光传输匹配可进一步实现全光通信网。从通信发展演变的历史可以看出交换遵循传输形式的发展规律：模拟传输导致机电制交换，数字传输导致引入数字交换。那么，传输系统普遍采用光纤，很自然导致光交换。通信全过程由光完成，从而构成完全光化的通信网，有利于高速大容量的信息通信。

(4) 降低网络成本，提高可靠性。光交换无需进行光电转换，以光的形式直接实现用户间的信息交换，省去了进入交换系统前后的光/电、电/光变换这一环节，这对提高通信质量和可靠性，降低网络成本都大有好处。

(5) 模拟传输与数字传输均可进行光交换。模拟传输与数字传输均可进行光交换，避免了宽带电交换系统功耗大、串扰严重等问题。

(6) 具有空间并行传输信息的特性。光交换不受电磁波影响，可在空间并行进行信号处理和单元连接，可做二维或三维连接而互不干扰，是增加交换容量的新途径。

(7) 光器件体积小，便于集成。从理论上说，光器件尺寸可趋向最小极限波长 λ 数量级 (λ 指光的波长)。在实际应用中，光器件与电子器件相比，体积更小、集成更高，并可提高整体处理能力。

2．光交换的基本方法

与利用电子技术的交换系统一样，光交换系统按其功能结构可分为光交换网络和控制回路两大部分。把光交换引入交换系统的主要研究课题是如何实现交换网络和控制回路的光化。采用光技术的交换网络与光传输系统有良好的亲和性，因此完全有可能使用。然而，要将光技术应用于处理控制设备，就应解决如同在光计算机中遇到的许多问题，包括光逻辑操作和数据处理算法。但至今还没有成熟的光计算机。所以，现在研制的光交换系统还是一个光交换网络与电子控制回路相结合的混合系统，并主要围绕交换网络进行研究。

从基本原理和结构上看，光交换网络除了有程控数字交换机中采用的空分交换、时分交换以外，还有波分交换、码分交换等方法。

(1) 空分交换。与空分电交换一样，空分光交换是几种光交换方式中最简单的一种。它通过机械、电或光三种不同方式对开关阵列进行控制，为光交换提供物理通道，使输入端的任一信道与输出端的任一信道相连。空分交换阵列与电交换相同，这里不再赘述。

(2) 时分交换。时分光交换即按照交换要求改变信道光时隙的排列顺序，通过输入/输出光时隙的位置改变，达到信道交换的目的。

时分光交换的原理与第 3 章所述的 T 接线器的工作原理相同，所不同的是要配置光存储器。常见的光存储器有光延迟线等。

(3) 波分交换。波分交换网络中，采用不同的波长来区分各路信号，从而可以用波分交换的方法实现交换功能。

图 4.36 所示给出了一种波分光交换机的原理框图。

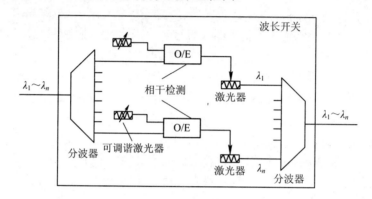

图 4.36　波分光交换机原理框图

波分交换的基本操作，是从波分复用信号中检出某一波长的信号，并把它调制到另一个波长上去。信号检出由相干检测器完成，信号调制则由不同的激光器来完成。为了使得采用由波长交换原理构成的交换系统能够根据具体要求，在不同的时刻实现不同的连接，各个相干检测器的检测波长应当是可以由外加控制信号来改变的。

(4) 码分交换。码分复用信号是靠不同的码来区分各路信号的，因此，可用把一种码变为另一种码的办法来实现交换功能。在码分交换中，选择合适的码字并把它们分配给各路信息，这是最基础的工作。选出的码应该是"正交"的，否则就不能由它来区分出各路信号。

在上述几种基本交换技术的基础上，还可以把两种或三种方式组合在一起，各取其长，从而达到提高交换速率、带宽和容量的目的。

4.9　移动交换机

1．移动电话交换机的结构和特点

移动电话系统与固定电话系统相比有两个重要差别：其一是用户是通过无线接口接入系统的；其二是用户是处于移动中的。

目前，模拟移动电话交换机多为综合式设备，即兼具 HLR 和 VLR 的功能，其一般结构如图 4.37 所示。

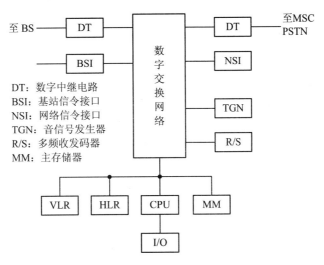

图 4.37 移动交换机的一般结构图

移动交换机和固定网程控交换机相比，其结构上的差异如下：

(1) 撤除了用户级设备。一般程控交换机用户电路数量大，约占整个交换机硬件设备的 60%左右。移动交换机没有这部分设备，因此其体积较小，所需机房面积和电源容量也较小。

(2) 增设基站信令接口 BSI 和网络信令接口 NSI。前者传送与移动台通信的信息以及基站控制和维护管理信息，后者向公用陆地移动通信网 PLMN 以及其他网络部件传送移动用户管理、频道转接控制、网络操作维护管理等信息。由于这些信息比较复杂，因此需设置专门的数据通道传送，这些通道与话音传输通路是分开的。

在模拟移动通信系统中，各个厂商设计的数据通道规程各不相同，因此不同厂商生产的基站和交换机无法配套，不同厂商生产的移动交换机也不能联网。20 世纪 80 年代末开发的数字移动通信系统已注意到这个问题，从一开始就着手制订统一的规程，这些规程都采用 OSI 分层结构协议，以电信网中已部署的 7 号共路信令为基础，这时 BSI 和 NSI 都将是 7 号信令系统的信令终端设备。

(3) 增设 HLR、VLR 数据库。

由此可见，移动交换机和一般交换机硬件上差别不大，主要区别在于交换软件和信令的不同。

2. 移动电话程序控制原理

移动交换机软件结构和一般交换机一样，也由操作系统和应用程序两大部分组成，不同之处主要在于应用程序中的呼叫处理软件以及数据库的内容和组织。

根据移动交换的特点，其呼叫处理程序应包括如下主要的功能。

1) 用户接入处理

对于 MS 始发呼叫，不存在用户线扫描、拨号音发送和收号等处理过程，MS 接入和发号通过无线接口信令一次性完成。与此同时，MS 还将其自身的 IMSI(International Mobile Station Identification)国际移动台识别号码一起发送给交换机。交换机的功能只是检查 MS 的合法性及其呼叫权限，如有需要，交换机还可通过无线信令指示 MS 发送 IMEI(International

Mobile Equipment Identification)国际移动台设备号，据此检查移动台设备的合法性。

对于来自 PSTN 交换局或其他移动交换机的呼叫，其接入处理和一般交换机相同，也包括中继线扫描和中继信令的收发处理。

2) 信道分配

信道分配是移动呼叫的特有功能。一般来说，每个小区分配有固定数目的话音信道，由交换机按需分配给启呼或终接 MS，也可由基站控制器分配。如果话音信道全忙，或者向始发 MS 发送释放指令，或者发送呼叫排队指令，待信道空闲后自动完成排队队列中的呼叫接续，以提高呼叫接通率。

3) 数字分析

数字分析的基本任务和一般交换机类似，也采用表格驱动的方法。但是它基于的是移动电话编号计划，各个交换机表格设计不一样。另有一点与一般交换机不同的是，由于移动台漫游，交换机收到的被叫 MS 的号码不一定能表示 MS 的当前位置，据此数字分析得出的局向只是该 MS 的原籍交换局。为了节省话路，可以先根据被叫号码向被叫 MS 的 HLR 检索它的漫游号 MSRN，然后据此进行数字分析，得到 MS 实际所在区域的局向。

由于固定网交换机不具备向 HLR 检索数据的信令能力，因此固定用户呼叫 MS 总是先将该呼叫接至最近的移动交换机，然后由该移动交换机检索 MSRN 后，确定接续局向，这一过程称之为"重选路由"(Rerouting)。

4) 路由选择

路由选择原则上和一般交换机相同，主要特点体现在选路策略上。呼叫异地 MS，可以通过移动专网连接，也可以借助 PSTN 网完成接续；呼叫漫游 MS，可以采取重选路由方法，也可以不采取重选路由。这些都可视网络规划和交换机而异。

5) 信道转接

信道转接是移动交换软件特有的一项重要功能。一般交换机呼叫处理软件进入通话阶段后基本上就没有什么任务了，移动交换机必须继续监视话音信道质量，必要时进行信道转换，以保持 MS 在移动过程中的通话连续性，这对交换和信令提出了新的要求。我们将在后面专门讨论。

6) 移动计费

移动计费的特殊性源于两个方面，一是规范不同，一个明显的不同之处是固定电话呼叫只向主叫收费，而移动台作为被叫时一般也要收费，其理由是被叫 MS 和主叫 MS 一样，也要占用无线信道，而无线信道是系统公用资源；二是用户的移动性，移动台常常不在其原籍地，它的呼叫由被访移动交换机处理，但是计费数据应送回其原籍交换机或计费中心，这就对信令有特殊的要求。另外，当频道转接时，呼叫跨越几个交换局，计费应由首次接入的交换机全程管理。

其他涉及单纯话路接续的功能均与一般交换机相同，不再赘述。

3. 移动交换专用技术

移动通信的特点决定了移动通信特有的交换技术，它包含位置登记技术、一齐呼叫功能、通话中的信道转换(区域切换)技术、无线信道的控制技术以及当移动台集中时解决信道异常紧张的措施等，可参考本书 3.2 节。

习　题

1. 说明模拟交换、数字交换、空分交换、时分交换、布控交换和程控交换的基本概念。

2. 程控交换系统的控制部件中双处理机配置有哪几种方式？各自的优缺点是什么？

3. 试说明数字交换网络的基本功能。具体实现时应具备哪两种基本功能？

4. 交换终端中复用器的功能是什么？为什么要进行串/并变换？

5. 试述 T 接线器、S 接线器和 TST 三级数字交换网络的工作原理。

6. 为什么说分组交换技术是数据交换方式中较好的一种方式？

7. 线路传输资源分配有哪两类技术？各采取什么方法实现？各自有什么优缺点？

8. 分组头格式由哪几部分组成？各部分的含义是什么？

9. 试比较虚电路和数据报两种方式的优缺点。

10. 说明虚电路与逻辑信道的区别和联系。

11. 试比较电路交换、分组交换和 ATM 交换这三种交换技术的特点。

12. ATM 信元的格式是什么样的？UNI 和 NNI 信元格式有何不同？

13. ATM 系统中，什么叫虚信道？什么叫虚路径？它们之间存在什么样的关系？

14. ATM 网络中，VCC 和 VPC 的含义是什么？

15. 参照图 4.20。如果要把入线 I_1 上的逻辑信道 y 交换到出线 O_2 的逻辑信道 z 上，把入线 I_n 上的逻辑信道 s 交换到出线 O_q 的逻辑信道 m 上，试画出 ATM 交换的入线和出线上信元复用排列图，并填写交换控制用的信头和链路翻译表的内容。

16. 信元缓冲排队方式有哪几种？试比较其性能特点。

17. 试述 ATM 交换结构的分类及其特点。

18. 程控数字交换机基本结构包含哪几部分？每一部分的作用是什么？

19. 数字交换机模拟用户电路的基本功能是什么？

20. 模拟中继接口与模拟用户接口有何区别？可完成哪些功能？

21. 数字中继接口电路可完成哪些功能？提取信令送到交换机何处？又从交换机何处取得信令插入到汇接电路的 PCM 码流中？

22. 数字多频信号如何通过数字交换网络进行发送和接收？

23. 试述程控交换软件的基本组成及其特点。

24. 程控交换机软件为什么要把程序和数据分开？用户电话号码属于哪一种数据？

25. 试说明呼叫处理程序的结构。

26. 内部分析程序有哪几种？各自的任务是什么？

27. IP 交换机的基本原理是什么？它是如何完成 IP 分组交换的？

28. 什么叫 MPLS？它有哪些性能特点？

29. 为什么光交换技术是未来发展的方向？

30. 试述移动电话交换机的基本组成和特点。

第5章 电话通信网

电话通信网是最早建立起来的、也是遍布全球最大的通信网络。虽然现在各种先进的通信手段不断涌现，但电话通信仍然是最有效、使用最广泛的通信业务，电话通信网已成为人们日常生活、工作所必需的传输媒体。本章重点介绍电话网的结构、编号计划以及电话网的业务与服务质量，同时也介绍了网络同步与网络管理等内容。

5.1 电话网的结构

电话网从设备上讲是由交换机、传输电路(即用户线和局间中继电路)和用户终端设备(即电话机)三部分组成的。

按电话使用范围分类，电话网可分为市内电话网、本地电话网、国内长途电话网和国际长途电话网。

电话网通过电话局为广大用户服务。一个大的或比较大的城市，要想把所有的用户都连接到一个电话局是不可能的，原因是大的或较大的服务区域使用户线的平均长度增加，因而增加了线路投资。另外，用户离交换机过远，线路参数的变化将会影响通话质量和接续性能。因此，大都将城市划分为几个区，各区设电话分局，各区的用户线接到本区分局的交换机上，分局与分局之间用中继线连接，这样就组成了市内电话网。

随着电话业务的发展，在城市郊区、郊县城镇和农村实现了自动接续条件后，把城市及其周边郊区、郊县城镇和农村统一起来并入市内电话网，就组成了本地电话网。

电话通信仅有市内电话网和本地电话网是不够的，要解决任何两个城市的用户之间的电话通信，就必须要建立长途电话网。我国幅员辽阔，长途电话业务量大，因此如何规划长途网，如何科学地、经济地建立长途电话网也成为必须要考虑的问题。

电话局的数量和用户线的成本之间存在着经济上的矛盾。如果少设电话局，那么许多用户线将很长，因而线路投资就大；反之，若多设电话局，用户线就会短些，但是，电话局之间需要大量的中继线，相应的交换设备也多，因而成本也高。所以设计电话网时，必须进行技术上和经济上的全面分析、比较，同时也要根据用户分布的实际情况来考虑。

5.1.1 市内电话网和本地电话网

市内电话网的结构与城市的大小有着密切的关系。小城市可以只设一个电话局；中等城市设较少数量的电话分局，并一般以网状网形式建立局间中继线；而大城市设的电话分局数量较多，通常采用复合网形式建立局间中继线。

1. 单局制市话网

单局制市话网只有一个市话局(公用的中心交换机)，各电话用户(住宅电话、公用电话、普通电话等)通过用户线与交换机相连，用户小交换机通过中继线与市话局相连。长途业务通过长途中继线送到长途电话局，特服业务由专线与中心交换机相连。

单局制市话网的结构示意图如图 5.1 所示。

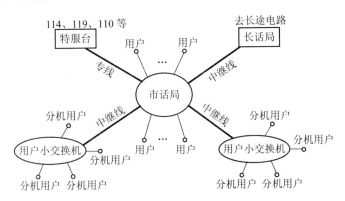

图 5.1　单局制市话网结构示意图

2. 多局制市话网

单局制市话网的容量最大为 10 000 号。一般当电话容量超过 7000 号时，就要分区建立分局，构成多局制市话网。每个分局的最大容量为 10 000 号，各分局之间一般采用全互连的形式建立局间中继线。

多局制市话网的结构示意图如图 5.2 所示。

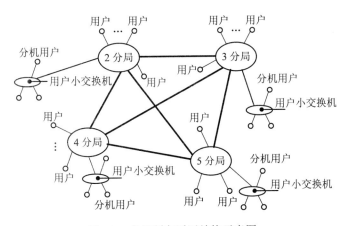

图 5.2　多局制市话网结构示意图

3. 汇接制市话网

当市话容量发展到上百万号时，由于分局数量可以多达数十个乃至上百个，采用网状网将导致中继线群急剧增加，无论从技术上还是从经济上来说，这种全互连形式显然是不可行的。由于分局数量很多，服务区域扩大，局间中继线的数量和平均长度都相应增大，使得中继线投资比重增加。在这种情况下，可在市话网内分区，然后把若干个分区组成一个联合区，整个市话网由若干个联合区构成，这种联合区称为汇接区。在每个汇接区内设汇接局，下设若干个电话分局。

在实际的汇接制市话网中，一般多将汇接局设备装在某一个分局内，这种电话局既是汇接局也是分局。另外，由于我国近年来电话用户密度加大，在许多大城市里常出现几个分局设备安装于一处的情况，显然，在这种情况下，这些分局必然采用直接中继法。一些不在同一个汇接区内的分局，只要地理位置允许，也可以直接相连。

汇接制市话网的结构示意图如图 5.3 所示。

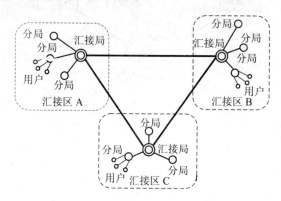

图 5.3　汇接制市话网结构示意图

4．本地电话网

本地电话网简称本地网，是指在同一个长途编号区范围内，由若干个端局或者由若干个端局和汇接局以及局间中继、长途中继、用户线和话机终端所组成的电话网。一个本地电话网属于长途电话网中的一个长途编号区，且仅有一个长途区号。本区用户呼叫本编号区内的用户时，只需拨用户号码，不需拨长途区号。

我国本地电话网有下述五种类型：

(1) 京、津、沪、穗特大城市本地电话网；

(2) 大城市本地电话网；

(3) 中等城市本地电话网；

(4) 小城市本地电话网；

(5) 县本地电话网。

本地电话网的端局可以根据服务范围的不同，设置市话端局、县城端局、卫星城镇端局及农话端局。

在本地网中根据汇接的端局种类不同，汇接局可分为以下四种：

(1) 市话汇接局，汇接市话端局；

(2) 市郊汇接局，汇接市话端局、郊县县城端局、卫星城镇端局及农话端局；

(3) 郊区汇接局，汇接郊县县城端局、卫星城镇端局和农话端局；

(4) 农话汇接局，汇接农话端局(含县城端局)。

以上各类本地电话网的服务范围视通信发展的需要而定，为保证本地网内的用户通话质量，本地电话网的最大服务范围一般不超过 300 km。本地电话网的建立，打破了原有市话、郊话和农话的界限，进行统一组网和统一编号，从而使组网更加灵活，可节约号码资源，方便用户管理，有利于电话通信的发展。但在建立本地电话网后，对不同的电话业务，在计费方式和费率上仍然可以有市话、郊话和农话的区别。

本地电话网的结构示意图如图 5.4 所示。

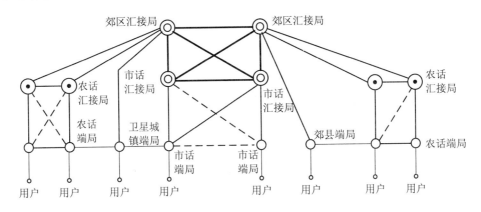

图 5.4　本地电话网结构示意图

5.1.2　长途电话网

国内长途电话网的任务是在全国范围内提供各地区之间的长途电话通信电路。长途电话与市内电话(本地网电话)相比，不仅要求设备性能更稳定、可靠，而且要求具备适合长途电话通信的外部条件，如全国要有统一的网络组织、编号计划、信令系统等。

截至 1999 年初，我国的长途电话网仍是四级汇接辐射式长途网。

第一级为大区中心局，也称 C1 级(局)，属省间中心局，它是汇接一个大区内各省之间的电话通信中心。由于 C1 局所在地一般都是政治、经济、文化中心，它们之间的电话业务量较大，因此对这一级的各中心局间都有低呼损电路相连，以组成网状网结构。全国共分六个大区，即华北、东北、华东、中南、西南、西北。在各大区内选定一个长话局作为大区中心局。

第二级为省中心局，即 C2 级(局)，它是汇接一个省内各地区之间的电话通信中心。省中心局为各省会所在地的长话局，因而要求省中心局至大区中心局必须要有直达电路，也就是大区中心局至本大区的各省中心局之间采用辐射式连接。

第三级为地区(省辖市)中心局，即 C3 级(局)，它是汇接本地区内各县的电话通信中心。要求省中心局至本省的各地区中心局之间采用辐射式连接。

第四级为县中心局，即 C4 级(局)。地区中心局至本地各县中心局之间采用辐射式连接，县中心局是四级汇接辐射式长途网的末端局。

我国长途网的组成还考虑了以下几个因素：

(1) 北京是全国的中心，与各省市之间的长途电话业务量比较大，性质也比较重要，所以北京至各省中心局都应有直达电路群。

(2) 在一个大区范围内，各省相互之间的电话通信较为繁忙，因而要求同一大区内各省中心局之间最好能实现个个相连，这样，同一大区内各省间的长途电话就不一定都要由大区中心局来转接。

(3) 任何两个城市之间(例如石家庄与北京、上海与苏州)只要长途电话业务量较大，且地理环境合理，都可以建立直达电路。

我国长途电话网的结构示意图如图 5.5 所示。图中虚线所示即为直达电路。

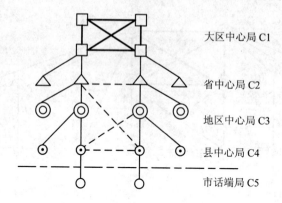

图 5.5 长途电话网结构示意图

随着四川、甘肃及西藏二省一区的少数 C3 本地网的建立，全国范围的 C3 本地网已基本建立，我国的长途电话网即从四级汇接辐射式变成为三级汇接辐射式长途网，也就是绝大多数省、市、区均为三级汇接辐射式长途网。因此，就全国看，基本可以认为 C3 局已经成为长途末端局。而全国绝大多数县均不设长途末端局，只有在长途多局制的情况下，才有可能在某些县设有长途末端局，但这样的局在整个长途网中属 C3 级。

5.1.3 国际长途电话网

国内长途电话网通过国际局进入国际电话网。国际电报电话咨询委员会(CCITT)于 1964 年提出等级制国际自动局的规划，国际局分一、二、三级国际交换中心，分别以 CT1、CT2 和 CT3 表示，其基干电路所构成的国际电话网的结构示意图如图 5.6 所示。

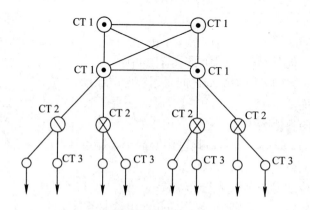

图 5.6 国际电话网结构示意图

从图可知，国际电话网的结构是各 CT1 之间均有直达电路(为网状网结构)，CT1 到所属的 CT2，CT2 到所属的 CT3 均有直达电路(为星型网结构)。实际的国际电话网结构不仅有这种基干连接，而且可在各 CT 局之间根据业务量的需要和经济上的条件，设置直达电路。

各国的国际电话从国内长话网通过 CT3 局进入国际网，因此，国际网中的 CT3 局通常称为国际出入口局，也称为国际接口局。每一个国家可有一个或几个 CT3 局。CT2 局负责某部分范围的话务交换和接续任务，在领土非常广的国家，CT2 负责交换的区域可以是一个国家或一个国家的一部分。CT1 局负责一个洲或洲内一部分范围的话务交换和接续任务，其数量很少。表 5.1 中列出了 8 个 CT1 局的设置地点和它们所汇接的范围。

表 5.1　CT1 局的设置地点及其汇接范围

CT1 国际中心局	汇 接 范 围
纽约	北美和加勒比海群岛(不含古巴)
开罗	非洲
伦敦、巴黎	西欧和地中海地区
莫斯科	东欧、独联体
里约热内卢	南美、古巴
悉尼	南太平洋地区
东京	东亚
新德里	南亚、中亚和中东

5.2　电话网的编号

在全球性电话网范围内，为使用户可以通过自动拨号呼叫任何一个国家的任何用户，就需要利用交换设备通过号码识别被叫"地址"，这就必须为网中的每一个用户、每一个电话端局、每一个长途局及每一个国际局分配一个唯一的号码。电话网的编号计划就是为了完成对网中各个用户、终端局及长途局的号码分配的。此外，还需向用户提供呼叫各种特种业务所需要的号码及使用各种新服务项目的操作号码，同时，为了使电话网能与其他一些网络互通，还需要提供相应的接入码。

电话网编号的一般原则是唯一性、规律性、稳定性、预见性、规范性、经济性。

5.2.1　本地网的编号

1．本地网内电话编号的原则

本地网内电话编号的原则如下：

(1) 在同一本地网内，为了用户使用方便，应尽可能地采用等位编号。对于一些小交换机的分机，在内部呼叫和对外呼叫时，可以使用不等位长的号码。

(2) 对 6 位号码或 6 位以下号码的本地网，在特殊情况下(如因交换机陈旧不便升位、临时性电话局等)，可以不强求采用等位编号，而可暂时采用不等位编号，但号长只能差 1 位。

(3) 对 7 位号码(PQRABCD)的本地网，其 PQR 3 个号码应尽量避免相同(例如 777ABCD)，以减少错号。

(4) 要珍惜号码资源，编号要合理安排，节约使用。如果编号安排不当，就可能造成网内容量不大的局空占许多号码，号码利用率低；而另外一些容量很大的局，会出现没有号码资源的情况。

2．本地网的编号方案

1) 电话号码P位(即第一位)的分配

"1"和"9"为特种业务号码、新业务号码、网号、无线寻呼号码、网间互通号码、话务员座席群号码等的首位号码；

"2～8"为本地号码的首位；

"0"为国内长途全自动接续的冠号。

2) 首位为"1"和"9"的号码的分配

首位为"1"和"9"的号码主要用于紧急业务号码、新业务号码、特种业务号码、网间互通号码网号等。它的位长为3～5位，即"1XX"、"1XXX"、"1XXXX"或"9XXXX"等，其中X为0～9 10个数字中的一个。

3) 长途全自动冠号

"0"为国内长途全自动冠号；

"00"为国际长途全自动冠号。

4) 本地用户号码

本地用户号码由两部分组成，即本地端局的局号和用户号。局号一般由3～4位数组成，用户号由4位数组成，例如，87654321就是8765局的4321号用户。

5.2.2　国内长途网的编号

1．国内长途自动化网的编号原则

国内长途自动化网的编号原则如下：

(1) 编号方案的适应性要强，因为长途编号一经使用要改动是十分困难的，所以要考虑近期和远期相结合的编号方案。具体来说，近期要适应目前我国按行政区建立的长途网；远期一方面要预留一定数量的备用长途区号，另一方面又能较为方便地过渡到按区域编号。

(2) 编号方案应尽可能缩短号长，使长途交换机接收、存储、转发的位数较少，换算、识别容易，以节省投资。

(3) 长途编号也应有规律性，让用户使用方便，易于记忆。

(4) 在全国长途自动电话网中只应有一个编号计划，在任何地点呼叫同一用户都是拨相同的号码，即不能因主叫用户所在地的不同而有所变异，并且用户和长途话务员也均拨相同的号码。

(5) 国内长途电话编号应符合CCITT建议，使之能进入国际电话网。

2．长途编号方案

我国国内长途电话号码由长途冠号、长途区号和本地网内号码三部分组成，具体形式为

〔长途冠号〕＋〔长途区号〕＋〔本地号码〕

我国国内长途冠号为"0"，国际长途冠号为"00"。

长途区号采用不等位制编号，区号位长分别为2～4位，具体分配如下：

编号为"10"，北京。

编号为"2X"，其中 X 可为 0~9 共 10 个号，均为我国特大城市本地长途区号。

编号为"XYZ"，其中 X 为 3~9，Y 原先规定为奇数，Z 为 0~9，这是省辖市的长途区号。由于省辖市的本地网普遍建立，这一规律已被打破，即有少部分地区的长途区号 Y 位为偶数。

对于 4 位长途区号，在 C3 本地网建立前，全国各县的长途区号均为 4 位，但 C3 本地网建立后，各县的长途区号均与上级 C3 局一致，只有少数偏远地区尚未建立 C3 本地网的县仍保持 4 位长途区号。

5.2.3　国际电话编号

根据 CCITT 建议确定的国际电话编号方案是：国际长途全自动号码由国际长途冠号、国家号码和国内号码三部分组成，即

〔国际长途冠号〕+〔国家号码〕+〔国内号码〕

国际长途冠号是呼叫国际电话的标志，由国内长话局识别后把呼叫接入国际电话网。国际长途冠号由各国自行规定，例如，我国规定为"00"，而比利时规定为"91"，英国规定为"010"。

国家号码由 1~3 位号组成，第一位数是分区号码，各区域的划分及其编号如表 5.2 所示。

表 5.2　国际编号区

号　码	地　区
1	北美(包括夏威夷、加勒比海群岛，不包括古巴)
2	非洲
3 和 4	欧洲
5	南美和古巴
6	南太平洋(澳大利亚)
7	独联体各国
8	北太平洋(东亚)
9	中亚
0	备用

从表 5.2 可以看出，每个编号区原则上给定一个号码，而欧洲区的电话较多，所以分配了两个号码。国家号码的位数分配视各国地域大小和电话数目的多少来定。位于北美的美国、加拿大和墨西哥是统一的电话网，编号区为"1"，独联体各国的国家号码也是 1 位数"7"。在其他编号区内，电话数多的国家号码为 2 位数，电话数少的国家号码为 3 位数，例如我国为 86 号，日本为 81 号，柬埔寨为 855 号。

国家号码规定后，CCITT 又对各国提出以下几点要求：

(1) 国际长途全自动拨号位长限制在 12 位以内。由于我国的国家号码是 86，已占用两位，因此，国内编号的有效位数如前所述最多为 10 位。

(2) 电话编号应全部用数字 0～9 表示，不能有字母和数字组合。对于过去有些国家在使用的号码中包括有字母的(例如 ABC2345)，应改为全部是数字号码才允许进入国际网。

(3) 各国的国际长途冠号的首位字，应和国内编号的首位字不同，以免含糊不清。

(4) 对能直拨国际电话的小交换机的分机号码，应纳入本地电话网内。

5.3 电话网的业务及服务质量

5.3.1 电话网的业务种类

利用电话网，可以进行交互型话音通信。因此，传递电话信息、开放电话业务是电话网最基本的功能。电话业务包括市内电话、本地网电话(郊区、郊县、农村电话)、国内长途电话、国际长途电话、移动电话、电话会议、可视电话、智能网电话、磁卡电话、IC 卡电话等多种业务。

电话网经历了由模拟电话网向综合数字电话网的演变。数字电话网与模拟电话网相比，在通信质量、业务种类等方面大有改善，同时在实现维护、运行和管理自动化等方面都更具优越性。除了电话业务，在电话网中增加少量设备还可以实现传送传真、中速数据等非话业务服务。

通信与计算机技术的密切结合，推动了各种电信新业务及其相应终端设备的迅猛发展。在电话网上加挂计算机控制的话音平台，可以提供话音信箱业务、电话信息服务业务(即声讯台业务)。在电话网上叠加智能网，可提供被叫集中付费的 800 号，密码记账的 200 号、300 号等电话智能网业务。借助于信息电话机，通过电话网可提供包括信息查询和短消息在内的多种信息服务。这些业务经历了从传统的解决人们基本交流需求的话音业务，到解决人们信息通信需求的数据业务，再到解决人们生活需求的增值业务这样的发展过程。

5.3.2 电话网的服务质量

电话网的服务质量表明用户对电话网提供的服务性能是否达到理想的满意程度，是各种服务性能的综合体现，主要包括传输质量、接续质量和稳定质量这三个方面。

1. 传输质量

电话系统是由发送端声电转换、电信号传输和接收端电声转换三个部分所形成的整个通话连接。通话质量表示在一个完整的电话连接中受话人听到话音信号的满意程度，一般采用主观评定的方法来评估。通话质量又细分为送话质量、传输质量和受话质量。送话质量与发话人的语言种类、发话声级、送话器位置和送话器效率有关。受话质量与受话人听力、环境噪音、受话器的灵敏度有关。而传输质量直接与传输系统的各项电气参数有关。因此，在一般情况下，可以用传输质量来衡量通话质量。

目前，评定电话传输质量采用的是比较的方法，即将被测实际传输系统与标准参考传输系统进行比较，而且以响度作为评定标准。具体评定的量叫做响度参考当量。评定方法是：在被测传输系统与标准参考传输系统多次比较的过程中，在标准参考系统中加入某些衰减值，使得受话人从两个系统收听的话音音量相等，这时就得出以分贝表示的响度参考当量。

2. 接续质量

接续质量用服务等级来规定。服务等级的定义是："用户因遭受损失对接续质量感到不方便、不满意的服务标准"。不方便、不满意的含义与交换系统如何处理遭受损失呼叫的方式有关，在明显损失制交换系统中呼叫遭受损失后，立即向主叫用户送忙音，而在等待制交换系统中主叫用户可等待一段时间，一旦有空闲线群时中继线即可接通。因此，服务等级包括两方面内容：呼损率和接续时延。下面我们分别对这两项指标做进一步说明。

1) 呼损率

用户发起呼叫时，如果在交换网络或中继电路中因不能占用一条空闲出线，从而不能建立接续，这种状态称为呼叫损失，简称呼损或呼损率。

呼损有两种计算方法，一种是按呼叫次数计算的呼损，另一种是按时间计算的呼损。

按呼叫次数计算的呼损表示当用户发生呼叫时，交换网络的所有出线全部被占用，而使呼叫失败的概率，它等于呼叫损失次数占总呼叫次数的比，用公式表示为

$$B = \frac{损失呼叫次数}{总呼叫次数}$$

按时间计算的呼损表示交换网络在一段时间间隔内出线全部被阻塞的概率，它等于交换网络的出线全部被占用的时间占总统计时间的比，用公式表示为

$$E = \frac{出线全被占用的时间}{总统计时间}$$

2) 接续时延

接续时延是指完成一次接续过程中交换设备进行接续和传递相关信号所引起的时间延迟。对用户来说，他们最关心的两项时延指标是拨号前时延和拨号后时延。拨号前时延也称听拨号音时延，它是指从用户摘机到听到拨号音的这段时间。产生这段时延的原因在于等待公共控制设备时间和选线时间等因素。拨号后时延是指用户拨完最末一位号码至听到回铃音或忙音的这段时间。产生这段时延是由于接续时间、信令传递时间和等待公共控制设备时间等因素造成的。

如表 5.3 所示，对程控交换机而言，CCITT 建议中对这两项时延规定的指标为：拨号前时延应不大于 0.4 s，在额定负荷情况下超过 0.6 s 的概率应小于 0.05，在高负荷情况下超过 1 s 的概率应小于 0.05；拨号后时延应不大于 0.65 s，在额定负荷情况下超过 0.9 s 的概率应小于 0.05，在高负荷情况下超过 1.6 s 的概率应小于 0.05。

表 5.3　接续时延要求

拨号前时延	额 定 负 荷	高 负 荷
平均值	≤400 ms	≤800 ms
不超过 0.95 概率	600 ms	1000 ms
拨号后时延	额 定 负 荷	高 负 荷
平均值	≤650 ms	≤1000 ms
不超过 0.95 概率	900 ms	1600 ms

3. 稳定质量

稳定质量是指当传输、交换等设备发生故障和话务异常时可以维持正常业务的程度。从用户角度看，希望网络稳定质量越高越好，但提高稳定质量必然增加网络成本，因此在规定指标时，要综合考虑技术上和经济上的因素。

全网稳定质量分为用户系统稳定质量和接续系统稳定质量两大部分。用户系统包括用户终端和用户线路，其稳定质量表示用户终端和用户线路由于故障而不能进行发送和接收的程度。接续系统是指从发端局至收端局间的交换设备和传输设备组成的系统，其稳定质量又分为一般故障下的稳定质量和严重故障下的稳定质量。前者属于小故障，经修理后可恢复正常工作；后者属于大规模故障，虽经修理仍未修复，在较长时间内不能工作。

稳定质量以不可用度或失效率作为指标。可用度是指系统、设备在给定时刻或某一时间间隔内处于正常工作状态的概率。不可用度即为失效率，它包括故障次数和故障时间两种因素，以及经维护修理后故障消除的可能性。

5.4　电话网的支撑网

一个完整的电话网除了有以传递电话信息为主的业务网外，还需要有若干个用以保障业务网正常运行、增强网络功能、提高网络服务质量的支撑网络。支撑网包括数字同步网、公共信道信令网、传输监控网和网络管理网等。数字同步网在数字网中用来实现数字交换机之间、数字交换机和数字传输设备之间时钟信号速率的同步。公共信道信令网专门用来实现网络中各级交换局之间的信令信息的传递。传输监控网用来监视和控制传输网络中传输系统的运行状态。网络管理网主要用来观察、控制电话网服务质量，并对网络实施指挥调度，以充分发挥网络的运行效益。传输监控和网络管理实际上完成电信网络的管理功能。下面介绍电话网(电信网)的三大支撑网，即数字同步网、公共信道信令网和电信管理网。

5.4.1　数字同步网

1. 网同步的概念

数字程控交换机组成一个数字网，它们通过数字传输系统互相连接。为提高数字信号传输的完整性，必须对这些数字设备中的时钟速率进行同步处理。对一个数字网则要进行网同步。所谓网同步，是指通过适当的措施使全网中的数字交换系统和数字传输系统工作于相同的时钟速率。

数字网同步除了上述的时钟频率同步之外，还有一个相位同步问题。相位同步可用缓冲存储器来补偿。

因而，数字网同步的主要任务有：使来自它局的群数字流帧建立并保持帧同步；同步各交换局的时钟频率，以减少各局因频差引起的滑动；将相位漂移化为滑动。

2. 网同步方式

在数字通信网中，采用的网同步方式有下列几种：

1) 主从同步

主从同步是指在网内某交换局设置一个或若干个高精度和高稳定度的时钟，作为基准时钟，然后通过树状结构的时钟分配网，将时钟信号送至网内各交换局(或称节点)，各节点通过锁相环使其时钟频率锁定在基准时钟频率上，达到网内各节点都与主节点时钟同步。图 5.7 所示即为一个简单的主从同步网。

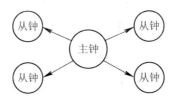

图 5.7　主从同步网

主从同步法的优点是简单、经济；缺点是过分依赖于主时钟，一旦主时钟发生故障，整个通信网将运行停顿。

2) 相互同步

网内各交换机都有自己的时钟，并且相互连接，它们无主、从之分。各交换局的时钟频率互相控制，互相影响，最后都调整到同一频率。因此任何一个交换局发生故障就只停止本局工作，不会影响全网。

相互同步法的优点是局内局部故障不影响其他部分的工作，从而提高了通信网的工作可靠性；缺点是同步系统较为复杂。

3) 准同步

准同步法又叫独立时钟法。各数字交换局都设有互相独立、互不控制的高精度与高稳定度的时钟，它们的时钟频率非常相近，但并不完全相等，维护人员要每天核对一次。准同步对于网络增设与改动都较灵活，发生故障也不会影响全网，但准同步总会发生滑动，所以应根据网内所传送业务的要求规定滑动率。

4) 分级的主从同步

分级的主从同步法是介于主从同步法与相互同步法之间的等级制主从系统，它把网内各交换局分为不同等级，级别越高，振荡器的稳定度就越高；其连接方式同相互同步法，每个交换局只与附近局有连线，在连线上互送时钟信号，并送出时钟信号的等级和转接次数。一个交换局收到附近各局来的时钟信号以后，就选择一个等级最高、转接次数最少的信号去锁定本局振荡器。这样便使全网最后以网中最高等级时钟为标准，一旦该时钟出现故障，就以次一级时钟为标准，不影响全网通信。分级的主从同步法克服了主从同步法和相互同步法的部分缺点。

3. 我国同步网的等级

一个国家的同步网采用哪一种同步方式，应根据各国的具体情况而定。对于一个完整的网来说，仅使用一种网同步方法总会产生一些缺陷，但便于管理，维护简单。目前，世界上多数国家的国内数字网都采用等级主从同步法。图 5.8 所示是一个等级主从同步网，全网具有一个基准时钟(包括主用、备用)，其他时钟相位锁定到基准时钟，网中的每个时钟都赋予一个等级，某一等级的时钟只能向较低等级或同等级的时钟传送同步信息，以实现同步。为使同步网可靠地工作，应给网中传送同步信息的同步链路配置一个主用链路和至少一个备用同步链路。

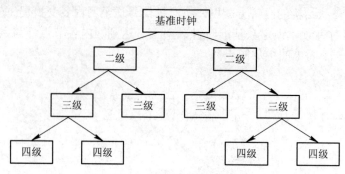

图 5.8 等级主从同步网

由于等级主从同步法在组网的灵活性、系统的复杂性、时钟费用、滑动性能、网络管理以及网络稳定性等方面都是有利的，因而我国同步网也采用等级主从同步法，其等级为四级，见表 5.4。

表 5.4 我国的同步等级

长途网	第一级		基 准 时 钟
	第二级	A 类	国际局、C1、C2 时钟
		B 类	C3、C4 时钟
本地网	第三级		Tm、C5 时钟
	第四级		远端模块、PABX、数字终端设备时钟

注：Tm 疏通本汇接区的长途话务时，为二级 B 类时钟。

第一级是基准时钟，由三个铯原子钟组成，它设置在指定的 C1 局所在地。基准时钟设置为主用和备用两种。

第二级是有保持功能的高稳晶体时钟，分为 A 类和 B 类。A 类时钟通过同步链路直接与基准时钟同步，设置于 C1 和 C2 局。B 类时钟通过同步链路受 A 类时钟控制，间接地与基准时钟同步，设置于 C3、C4 局和疏通长途话务的 Tm 局。

第三级时钟是有保持功能的高稳晶体时钟，设置在 Tm 和 C5 局，其频率偏移率可低于二级时钟，通过同步链路与第二级时钟或同级时钟同步。

第四级时钟是一般晶体时钟，它通过同步链路与第三级时钟同步，设置在远端模块、数字传输设备和 PABX 设备中。

上述同步链路并不需要专门用于同步的传输链路，而是在各交换局之间相连的传输通信信息的数字传输链路的比特流中提取时钟，例如从一次群(2 Mb/s)链路中提取。

4. 各级时钟的技术指标

网同步的根本问题是使网内所有时钟的频率相同。能否达到或者基本达到网内所有时钟频率相同，与时钟的质量是密切相关的。从使用角度来讲，时钟的质量由以下指标来衡量：

1) 最低准确度

所谓准确度，是指在规定时间内时钟频率与标称频率间的偏差。最低准确度又叫长期最低准确度，指的是在长期(例如 20 年)无外部频率基准的控制时，时钟的频率与标称频率间的最大长期偏差。例如，四级时钟的最低准确度为 $\pm 50 \times 10^{-6}$，这意味着该时钟每天偏差约为 $\pm 4\,\mathrm{s}$，即

$$\frac{\pm 4}{24 \times 60 \times 60} = 50 \times 10^{-6}$$

2) 最大频率偏移

最大频率偏移又叫最低稳定度，也叫短期稳定度或漂移率。它表示该时钟在短期内(例如几天)失去频率基准的情况下时钟频率的单向最大变化率。

3) 牵引范围

牵引范围指的是时钟自我牵引使其同步于外时钟所能达到的最大输入频率与标称频率之间的最大偏差范围。

4) 初始最大频率偏差

初始最大频率偏差是指有频率记忆功能的时钟在失去输入频率基准以后的初始时刻的最大频率偏差。

时钟共分为四级，各级时钟的技术指标如表 5.5 所示。

表 5.5 数字网时钟的技术指标

时钟等级	最低准确度	最大频率偏移	牵引范围	初始最大频率偏移
一级	$\pm 1 \times 10^{-11}$			
二级	$\pm 1 \times 10^{-7}$	$< 1 \times 10^{-9}/天①$ $< 5 \times 10^{-10}/天②$	能够与准确度为 $\pm 4 \times 10^{-7}$ 的时钟同步	$< 5 \times 10^{-10}/天$
三级	$\pm 1 \times 10^{-7}$	$< 2 \times 10^{-8}/天$	能够与准确度为 $\pm 4.6 \times 10^{-6}$ 的时钟同步	$< 1 \times 10^{-8}/天$
四级	$\pm 50 \times 10^{-6}$		能够与准确度为 $\pm 50 \times 10^{-6}$ 的时钟同步	

注：① 用于 C3、C4 的时钟；② 用于国际局、C1、C2 的时钟。

除上述指标外，还要考虑时钟的相位稳定性这一参数。它包括相位的不连续性和长期相位变化两项指标，其解释从略。

5. 对时钟的可靠性要求

为了保证程控交换机同步功能的可靠性，对各级时钟的可靠性有一定要求。

1) 平均故障间隔时间 MTBF

组成基准时钟的每个铯时钟的平均故障间隔时间 MTBF 应大于 40 年，平均故障修复时间 MTTR 应小于 90 h。第二级和第三级时钟的 MTBF 应大于 10 年。

2) 时钟的冗余度

基准时钟应由合为一体的三个铯振荡器组成。平时仅使用其中一个的输出(自动互相比较，少数服从多数，择优输出)。当时钟频率明显地偏离其标称值时，应能及时检测到并倒换至性能未下降的振荡器。

对于配备二级和三级时钟的交换中心来说，每局应设置两个性能相同的独立的同步单元，采用主/备用方式。每个同步单元应至少有两个输入频率基准的同步链路，当一个同步

单元发生故障时，另一个同步单元应能立即正常工作。

5.4.2 公共信道信令网

1. 公共信道信令的基本概念

公共信道信令即信令信息是通过与通话电路分开的专用信令链路集中传送的。一条信令链路可以为许多条通话电路所公用。

公共信道信令方式的组成如图 5.9 所示。

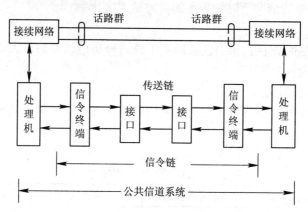

图 5.9 公共信道信令方式的组成示意图

从图 5.9 中可以看出，局间的公共信道信令链由两端的信令终端设备(处理机)和它们之间的信令数据链(简称信令链)组成。信令链是两个接口之间的一个双向传输信道。传输信道可以是模拟信道，也可以是数字信道，目前主要是数字信道。当局间是模拟信道时，则接口中应配置调制解调器(Modem)，将信令终端的数字信令变为模拟信令送到模拟信道；当局间是 PCM 数字传输系统时，可以将信令终端直接与传输信道相连。

CCITT 在 20 世纪 60 年代中期建议了第一个公共信道信令——"CCITT 6 号公共信道信令"，主要用于模拟电话网。随着电话网的数字化，CCITT 6 号信令已不能满足要求。因此，CCITT 针对数字网又提出了新的 CCITT 7 号公共信道信令方式，它不仅适用于电话网，也适用于综合业务数字网、智能网等新型网络。

2. 7 号信令系统的结构

7 号信令系统的结构可按其基本功能划分为两部分：

1) 公共的消息传递部分(MTP)

如图 5.10 所示，MTP 是各种用户的公共处理部分，它作为一个公共传送系统，可为正在通信的用户提供可靠的信号消息传递。

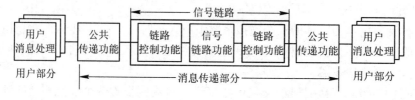

图 5.10 7 号信令系统结构

2) 适合不同用户、独立用户部分

这里所说的用户部分(UP)，是指使用消息传递的各功能部分，如电话用户部分、数据用户部分等。每个用户部分都包含它特有的用户功能或与其有关的功能，如电话呼叫处理、数据呼叫处理、网络管理、网络维护及呼叫计费等功能。当需要增加某功能时，只要增加相应的模块即可，因为系统结构的模块是按功能考虑的。

由于各用户部分的功能都要在信号说明中加以规定，因此各用户部分也是公共信道信令系统的一部分。虽然不同的用户部分具有不同的功能，但也存在一些相同之处。

3. 公共信道信令网的基本概念

7 号信令方式不仅可用于电话通信网，而且是综合业务数字网和智能网的有力支柱。由于采用公共信道信令的 7 号信令的传送与电话话音信息的传送完全分开，其实质就是数据通信，因此，它本身可构成一个既与电话网有关而又完全独立的网。事实上也是如此，世界各国都在组建 7 号信令的信令网，我国也颁布了 7 号信令信令网的技术体制。关于电话网和信令网的关系，如图 5.11 所示。

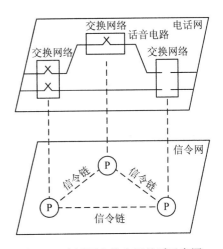

图 5.11　电话网和信令网关系示意图

信令网由信令点(SP)、信令转接点(STP)以及信令链路所组成。

信令点是信号消息的源点和目的地点，它可以是各种交换局(如电话交换局、数据交换局和 ISDN 交换局)和各种服务中心(如运行管理、维护中心和业务控制点等)。

信令转接点可以只具有消息传递部分的功能(称为独立的信令转接点)，也可以包括用户部分功能(即信号转接点和信令点合在一起，称为综合的信令转接点)。

信令链是信令网中连接信令点的最基本部件，它由 7 号信令方式中的第一、二功能级(即信令数据链路级和信令链路功能级)组成。目前信令链路有数字信令链(64 kb/s)和模拟信令链(4.8 kb/s)两种，以满足数字传输网和模拟传输网使用 7 号信令方式的要求。

信令网有两种类型，即无级信令网和分级信令网。图 5.12 所示为信令网分类示意图。

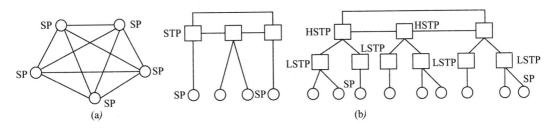

图 5.12　信令网分类示意图

(a) 无级网；(b) 分级网

1) 无级信令网

无级信令网是没有信令转接点的信令网，各信令点之间只采用直联工作方式。由于无级信令网在容量和经济上都满足不了国际和国内信令网的要求，因此未能被广泛应用。

2) 分级信令网

分级信令网是含有信令转接点的信令网，它按等级划分又分为二级信令网和三级信令网。二级信令网是具有一级信令转接点的信令网，三级信令网具有二级信令转接点，第一级称为高级信令转接点(HSTP)，第二级称为低级信令转接点(LSTP)，第三级就是信令点。目前，国际上大多数国家采用二级信令网，它可以覆盖 8192 个信令点；信令点较多的国家可采用三级信令网，三级信令网可覆盖几十万个信令点。

4. 信令网的结构和网路组织

第一级 HSTP 间的连接方式的基本要求是，在保证可靠性的条件下，每个 HSTP 的信号路由多，信号连接中经过的 HSTP 转接数量要少。目前，国际上通常采用如图 5.13 所示的网状连接和 A、B 平面连接方式。

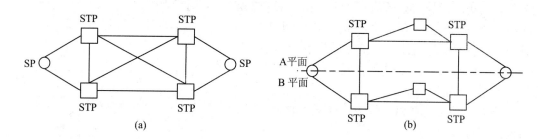

图 5.13　HSTP 间的连接方式

(a) 网状连接；(b) A、B 平面连接

网状连接(见图 5.13(a))的特征是 HSTP 间均设有直达信令链路，正常情况下信令连接不经 HSTP 转接，只有直达信令链路出现故障时才经 HSTP 转接。网状连接的 HSTP 信令路由通常包括一个正常路由、两个迂回路由，可靠性高。

A、B 平面连接(见图 5.13(b))是网状连接的简化形式。A 和 B 平面内为网状连接，A、B 平面间为格子状连接。A、B 平面连接的特征是在正常情况下可以不经过 HSTP 转接，但在故障情况下可以经过 HSTP 连接。它的信令路由有一个正常路由和一个迂回路由。由于它的迂回路由比网状网少，因此信令网的可靠性比网状网略低。

我国采用的 A、B 平面结构有四倍的冗余度，比采用网状网连接经济，也足够安全。

5. 信令网的等级结构

我国的电信通信网采用三级信令网结构，即长途信令网和大、中城市本地信令网。

1) 长途信令网

第一级在每个主信令区内设置两个 HSTP，且 HSTP 间使用 A、B 平面连接方式，A 和 B 平面间为格子状连接。第二级 LSTP 至少连到本主信号区内的两个 HSTP，每个 SP 至少连至两个 STP(LSTP 或 HSTP)。

全国长途三级信令网的结构示意图如图 5.14 所示。

A、B 平面连接方式只宜采用固定连接方式。由于我国的主信令区是以直辖市和省行政区来划分的，主信令区内的 LSTP(地市)和 SP 按信令业务量大小连接时，也应基本上连到本主信令区内的两个 HLSP，因此，长途的 LSTP 和 SP 的连接方式为固定方式。

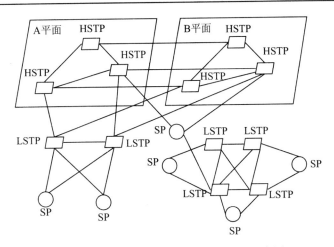

图 5.14　全国长途三级信令网结构示意图

2) 本地信令网

大、中城市本地信令网中，由于本地电话网一般采用汇接局(市话汇接局、郊区汇接局和农话汇接局)，电话端局的数量也较多，因此原则上应组成本地的二级信令网。这二级相当于我国国内信令网中的第二级 LSTP 和第三级 SP。为了保证信令网的可靠性，提高信令网的可用性，要采用双备份的措施。大、中城市本地二级信令网结构示例如图 5.15 所示。该图是按以下几点原则连接的：

(1) LSTP 之间为网状网连接方式，LSTP 一般设在汇接局，在特殊情况下也可设在端局。

(2) 每个 SP 必须至少连至两个 LSTP，采用按信令业务量大小的自由连接方式连接。

(3) 每个信令链路组至少包括两条信令链。

(4) 两个信令点之间的话路群足够大时，可设置直达信令链。

(5) LSTP 可以采用独立型或综合型信令转接设备。

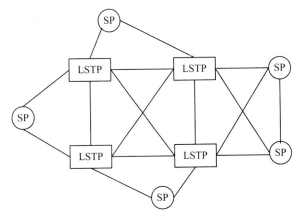

图 5.15　大、中城市本地二级信令网结构示例

5.4.3　电信管理网

1. 电信管理网的概念

随着各种新的通信设备及通信业务的增加与发展，电信网的维护管理技术也在不断进

(4) 操作系统及外围设备。

(5) PBX 用户终端和 ISDN 用户终端。

(6) 恢复系统。

(7) 承载服务和终端服务。

(8) 与电信业务相关的软件，例如交换软件、号码簿、消息数据库等。

(9) 相关的支持设备(测试模块、电源系统、空调单元、房屋告警系统等)。

此外，依靠监测、测试和控制这些实体，TMN 可用来管理分布实体，诸如电路和由网元组提供的业务。

我国目前已建立了初步的网络管理系统，并采集交换机的数据进行定时的网络管理。现今，我国针对国内外多种厂家提供的不同的传输监控设备，正着手研究解决传输设备监控系统方面问题。国际上电信管理网(TMN)的概念提出后，不少国家的网络管理系统都向这方面发展，有的国家已推出了一些产品，我国的网络管理也将紧跟国际上的发展，向 TMN 迈进。

习　　题

1. 采用汇接制市话网的原因是什么？

2. 什么是本地电话网？

3. 一个城市设置的长途交换中心不止一个的原因是什么？

4. 哪些因素影响电话通信的通话质量？

5. 为什么要进行网同步？

6. 为什么我国与其他许多国家都采用等级主从同步法？

7. 网路管理的主要内容有哪些？

第6章 移动通信网

随着移动通信技术的发展和人类社会对移动状态下信息传递的迫切需求的不断增长，各种移动通信网应运而生，并得到了广泛普及和迅速发展。移动通信已完成了从模拟到数字的转变，并且向个人通信发展，业务的内容也由单一的话音通信发展到集数据、传真、图像等为一体的综合业务。

本章将以蜂窝移动通信网为重点，结合集群移动通信网、无线寻呼网、公用无绳电话网，介绍各种典型移动通信网的网络结构、工作原理及应用等内容。

6.1 引　言

蜂窝移动通信网的出现，是移动通信的一次革命。蜂窝移动通信网是针对早先常规大区制多信道移动电话系统服务容量小、服务性能差、频谱利用率低的不足而提出来的，其组成结构如图 6.1 所示。它采用了两项有效措施：采用小区结构扩大覆盖区域，采用同频复用技术提高频率利用率，从而有效地解决了大覆盖、频道数有限与用户数量大的矛盾。

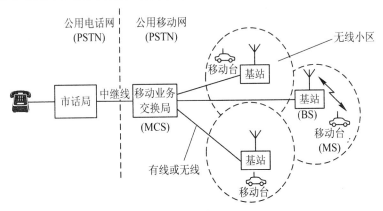

图 6.1　蜂窝移动通信网的组成

一个基本的蜂窝系统包含移动台(MS)、基站(BS)和移动电话交换中心(MSC)三个部分，以及连接这三个部分的链路。移动台是车载台、便携台和手持台的总称，其中以手持台最为普遍，移动台包括控制单元、收发信机和天线。基站分布在每个小区，负责本小区内移动用户与移动电话交换中心之间的连接，它包含控制单元、收发信机组、天馈系统、电源与数据终端等。移动电话交换中心是所有基站、所有移动用户的交换控制与管理中心，它还负责与本地电话网的连接、交换接续以及对移动台的计费。基站与移动电话交换中心之间通过微波、同轴电缆或光缆相连，移动电话交换中心通过同轴电缆或光缆与市话网交换局相连。

蜂窝移动电话系统发展到今天，已进入了第三代。从以 TACS、AMPS 为代表的第一代模拟蜂窝移动电话系统，到以 GSM、CDMA 为代表的第二代数字蜂窝移动通信系统，蜂窝移动通信系统在全世界范围内已获得了巨大的成功。目前，以 IMT-2000 为核心的第三代蜂窝移动通信系统已日趋成熟，而兼容各种移动通信技术的第四代标准也正悄然来临。

1. 模拟蜂窝移动通信系统

蜂窝移动电话系统是一项有很大发展前途的高科技产业，世界各国竞相开发出各自的蜂窝移动电话，造成多种体制共存的局面。具有代表性的模拟蜂窝移动通信系统有美国的 AMPS 系统、英国的 TACS 系统，还有北欧的 NMT 系统。1983 年 AMPS 系统首先在美国投入商用，主要在北美使用；随后英国在此基础上进行修改而发展起来了 TACS 系统，并在许多国家得到使用，我国的模拟蜂窝移动通信系统也采用了此制式。几种典型的模拟蜂窝移动通信系统如表 6.1 所示。

表 6.1　典型的模拟蜂窝移动通信系统

系统名称		AMPS	TACS	NMT~900
频段/MHz	基站发射	870~890	935~960	935~960
	移动台发射	825~845	890~915	890~915
频道间隔/kHz		30	25	12.5
频道总数(双工)		666	1000	2000
基站发射功率/W		40	最大 100	50
移动台发射功率/W	车台	3	4~10	6
	手机	0.6	0.6~1.6	2
基站覆盖半径/km		2~20	2~20	2~20
话音调制方式		FM	FM	FM
信令调制方式		FSK	FFSK	FSK
话音信号频偏/kHz		±12	±9.5	±4
信令信号频偏/kHz		±8	±6.4	±2.5
信令速率/(kb/s)		10	8	5.28
纠错编码	基站	BCH(40，28)	BCH(40，28)	B1 型卷积码
	移动台	BCH(40，36)	BCH(40，36)	哈氏码
主要使用区域		北美	英国、意大利、中国、西班牙、香港、日本、马来西亚等	瑞典、挪威、芬兰、丹麦

模拟蜂窝移动通信系统由于存在着频率利用率不够高，各种制式之间不兼容的缺点，而无法满足移动用户数激增的需求，现已逐渐被数字蜂窝移动通信系统所替代。

2. 数字蜂窝移动通信系统

蜂窝移动通信网从开始使用到现在 30 多年的时间，但发展速度十分惊人。但是在一些经济发达的国家，因为移动通信业务的激增使人们很早就预感到模拟蜂窝系统存在着许多不足：

(1) 已有的模拟蜂窝系统制式混杂，不能实现国际漫游。

(2) 模拟蜂窝网不能提供综合业务数字网(ISDN)业务。通信网的发展趋势将实现向 ISDN 过渡，随着非话业务的发展，综合业务数字网逐步投入使用，对移动通信领域的数字化要求愈来愈迫切。

(3) 模拟系统设备价格高，手机体积大，功耗大。

(4) 模拟系统网用户容量受到限制，在人口密度很大的城市系统扩容困难。

(5) 模拟系统保密性不好。

为了克服第一代蜂窝系统的局限性，以满足移动通信网发展的需要，北美、欧洲和日本自 20 世纪 80 年代中期起相继开始第二代即数字蜂窝系统的研究。同模拟系统相比，数字系统具有系统容量大，频率利用率高，通信质量好，业务种类多，便于与 ISDN、PSTN、PDN 等网络互联，易于保密，便于集成，设备体积小、重量轻、耗电省、成本低等优点，是移动通信的发展趋势。

目前，世界上已投入市场的数字蜂窝通信系统有以下几种：

(1) 欧洲的 GSM 系统。由于欧洲各国模拟蜂窝通信系统体制的不统一，无法实现国与国之间的漫游通信，因此，欧洲各国最早开始数字移动通信系统的研究，使 GSM 系统于 1991 年率先投入商用。GSM 系统不但能获得比模拟系统更高的通信容量，而且可以实现相邻国家之间的漫游通信。

(2) 北美的 ADC(也称 DAMPS)系统。ADC 系统的特点是数字和模拟兼容(也叫双模式)。用户利用一种双模式设备，既能在数字蜂窝网中通信，也能在模拟蜂窝网中通信。这样不仅能提高通信容量，而且有利于解决建立新设备和利用旧设备的矛盾。美国电子工业协会于 1990 年批准了双模式数字蜂窝系统的标准，简称 IS-54 标准。

(3) 日本的 JDC 系统。继欧洲的 GSM 系统和北美的 ADC 系统之后，日本于 1989 年提出了 JDC 系统。JDC 系统的有些技术特征和 ADC 相似，但它有自己的特点，也不是双模式。

(4) CDMA 系统。CDMA 系统也是一种数字和模拟兼容的系统，由美国 Qualcomm 公司提出，并于 1993 年被美国电子工业协会批准，定为 IS-95 标准。CDMA 系统采用码分多址(CDMA)技术，具有用户容量更大，抗干扰、保密性能好以及通信质量好等优点，业已在许多国家投入使用。

几种数字蜂窝移动通信系统的主要参数如表 6.2 所示。下面重点介绍 GSM 和 CDMA 数字蜂窝系统。

表 6.2　几种数字蜂窝移动通信系统的主要参数

系　　统		ADC(IS-54)	GSM	DCS1800	CDMA(IS-95)	JDC
多址方式		TDMA/FDMA	TDMA/FDMA	TDMA/FDMA	CDMA	TDMA/FDMA
频段/MHz	上行	869～894	935～960	1710～1785	869～894	810～826
	下行	824～849	890～915	1805～1880	824～849	940～956
双工间隔/MHz		45	45	45	45	130
RF 信道间隔/kHz		30	200	200	1250	25
手机功率	平均	200 mW	125 mW	125 mW	600 mW	—
	最大	600 mW	1 W	1 W	—	—

续表

功率控制	有	有	有	有	有
调制方式	π/4-DQPSK	GMSK	GMSK	BPSK/QPSK	π/4 -DQPSK
话音编码	VSELP	RPE-LTP	RPE-LTP	QCELP	VSELP
话音速率/(kb/s)	7.95	13/6.5	13/6.5	8(可变)	—
每载频话音信道数/RF 信道数	3/6	8/16	8/16	—	3/6
信道速率/(kb/s)	48.6	270.833	270.833	—	42
码片速率/(kb/s)	—	—	—	1228.8	—
帧长/ms	40	4.615	4.615	20	—
信道编码	1/2 卷积码	1/2 卷积码	1/2 卷积码	上行：1/3 卷积码 下行：1/2 卷积码	—
使用地区	北美	欧洲、中国	欧洲、中国	北美、韩国、中国 香港、俄罗斯	日本

6.2　GSM 数字蜂窝移动通信网

　　欧洲各国为了建立全欧统一的数字蜂窝通信系统，在 1982 年成立了移动通信特别小组 (GSM)，提出了开发数字蜂窝通信系统的目标。1986 年，欧洲有关国家在进行大量研究、实验、现场测试、比较论证的基础上，于 1988 年制定出 GSM 标准，并于 1991 年率先投入商用，随后在整个欧洲、大洋洲以及其他许多国家和地区得到了广泛普及，成为目前覆盖面最大、用户数最多的蜂窝移动通信系统。

　　GSM 系统具有以下特点：

　　(1) 具有开放的通用接口标准。现有的 GSM 网络采用 7 号信令作为互连标准，并采用与 ISDN 用户网络接口一致的三层分层协议，这样易于与 PSTN、ISDN 等公共电信网实现互通，同时便于功能扩展和引入各种 ISDN 业务。

　　(2) 提供可靠的安全保护功能。在 GSM 系统中，采用了多种安全手段来进行用户识别、鉴权与传输信息的加密，保护用户的权利和隐私。GSM 系统中的每个用户都有一张唯一的 SIM(客户识别模块)卡，它是一张带微处理器的智能卡(IC 卡)，存储着用于认证的用户身份特征信息和与网络操作、安全管理以及保密相关的信息；移动台只有插入 SIM 卡才能进行网络操作。

　　(3) 支持各种电信承载业务和补充业务，增值业务丰富。电信业务是 GSM 的主要业务，它包括电话、传真、短消息、可视图文以及紧急呼叫等业务。由于 GSM 中所传输的是数字信息，因此无需采用 Modem 就能提供数据承载业务，这些数据业务包括 300～9600 b/s 的电路交换异步数据、1200～9600 b/s 的电路交换同步数据和 300～9600 b/s 的分组交换异步数据。升级至 GPRS 后更支持高达 171.2 kb/s 的分组交换数据业务。

　　(4) 具有跨系统、跨地区、跨国度的自动漫游能力。

　　(5) 容量大，频谱利用率高，抗衰落、抗干扰能力得到加强。与模拟移动系统相比，在相同频带宽度下其通信容量增大了 3～5 倍，另外，由于在系统中使用了窄带调制、语言压缩编码等技术，频率可多次重复使用，从而提高了频率利用率，同时便于灵活组网。又因为在 GSM 系统中采用了分集、交织、差错控制、跳频等技术，系统的抗衰落、抗干扰能力得到了加强。

(6) 易于实现向第三代系统的平滑过渡。

正是由于 GSM 系统具有以上诸多优点，真正实现了个人移动性和终端移动性，因此在全球得到了广泛的应用，占据了全球移动通信市场 70%以上的份额。

6.2.1　系统组成

GSM 数字蜂窝通信系统的主要组成部分为网络子系统(NSS)、基站子系统(BSS)和移动台(MS)，如图 6.2 所示。基站子系统(BSS)由基站收发信机(BTS)和基站控制器(BSC)组成；网络子系统由移动交换中心(MSC)、归属位置寄存器(HLR)、拜访位置寄存器(VLR)、鉴权中心(AUC)、设备识别寄存器(EIR)、操作维护中心(OMC)等组成。除此之外，GSM 网中还配有短信息业务中心(SC)，既可实现点对点的短信息业务，也可实现广播式的公共信息业务以及话音留言业务，从而提高网络接通率。

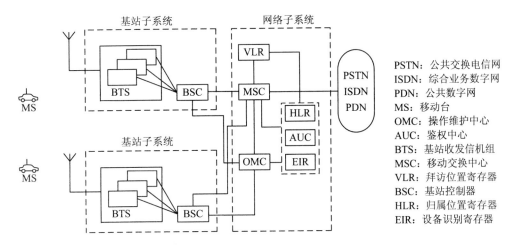

图 6.2　GSM 蜂窝移动电话系统结构示意图

1. 网络子系统(NSS)

网络子系统由一系列功能实体构成：

(1) 移动交换中心(MSC)。移动交换中心的主要功能是对位于本 MSC 控制区域内的移动用户进行通信控制和管理。移动交换中心(MSC)是蜂窝通信网络的核心，它是用于对覆盖区域中的移动台进行控制和话音交换的功能实体，同时也为本系统连接别的 MSC 和其他公用通信网络(如公用交换电信网 PSTN、综合业务数字网 ISDN 和公用数据网 PDN)提供链路接口。MSC 主要完成交换功能、计费功能、网络接口功能、无线资源管理与移动性能管理功能等，具体包括信道的管理和分配、呼叫的处理和控制、越区切换和漫游的控制、用户位置信息的登记与管理、用户号码和移动设备号码的登记和管理、服务类型的控制、对用户实施鉴权、保证用户在转移或漫游的过程中实现无间隙的服务等。

(2) 归属位置寄存器(HLR)。这是 GSM 系统的中央数据库，存储着该 HLR 控制区内所有移动用户的管理信息。其中包括用户的注册信息和有关各用户当前所处位置的信息等。每一个用户都应在入网所在地的 HLR 中登记注册。

(3) 拜访位置寄存器(VLR)。这是一个动态数据库，记录着当前进入其服务区内已登记的移动用户的相关信息，如用户号码、所处位置区域信息等。一旦移动用户离开该 VLR 服务区而在另一个 VLR 中重新登记时，该移动用户的相关信息即被删除。

(4) 鉴权中心(AUC)。AUC 存储着鉴权算法和加密密钥，在确定移动用户身份和对呼叫进行鉴权、加密处理时，提供所需的三个参数(随机号码 RAND、符合响应 SRES、密钥 Kb)，用来防止无权用户接入系统和保证通过无线接口的移动用户的通信安全。

(5) 设备识别寄存器(EIR)。设备识别寄存器也是一个数据库，用于存储移动台的有关设备参数，主要完成对移动设备的识别、监视、闭锁等功能，以防止非法移动台的使用。目前，我国各移动运营商尚未启用 EIR 设备。

(6) 操作维护中心(OMC)。OMC 用于对 GSM 系统进行集中操作、维护与管理，允许远程集中操作、维护与管理，并支持高层网络管理中心(NMC)的接口。具体又包括无线操作维护中心(OMC-R)和交换网络操作维护中心(OMC-S)。OMC 通过 X.25 接口对 BSS 和 NSS 分别进行操作维护与管理，实现事件/告警管理、故障管理、性能管理、安全管理和配置管理功能。

2. 基站子系统(BSS)

基站子系统包括基站收发信机组(BTS)和基站控制器(BSC)。该子系统由 MSC 控制，通过无线信道完成与 MS 的通信，主要实现无线信号的收发以及无线资源管理等功能。

(1) 基站收发信机组(BTS)。基站收发信机组包括无线传输所需要的各种硬件和软件，如多部收发信机、支持各种小区结构(如全向、扇形)所需要的天线、连接基站控制器的接口电路以及收发信机本身所需要的检测和控制装置等。它实现对服务区的无线覆盖，并在 BSC 的控制下提供足够的与 MS 连接的无线信道。

(2) 基站控制器(BSC)。基站控制器(BSC)是基站收发信机组(BTS)和移动交换中心之间的连接点，也为 BTS 和操作维护中心(OMC)之间交换信息提供接口。一个基站控制器通常控制多个 BTS，完成无线网络资源管理、小区配置数据管理、功率控制、呼叫和通信链路的建立和拆除、本控制区内移动台的越区切换控制等功能。

3. 移动台(MS)

移动台即便携台(手机)或车载台，它包括移动终端(MT)和用户识别模块(SIM 卡)两部分，其中移动终端可完成话音编码、信道编码、信息加密、信息调制和解调以及信息发射和接收等功能；SIM 卡则存有确认用户身份所需的认证信息以及与网络和用户有关的管理数据。只有插入 SIM 卡后移动终端才能入网，同时 SIM 卡上的数据存储器还可用作电话号码簿或支持手机银行、手机证券等 STK 增值业务。

6.2.2 网络结构

GSM 移动通信网从逻辑上可以分为话路网和信令网两个子网。其中，话路网完成话路的接续和传输，信令网完成 MAP 信令、TUP 信令等路由选择和传输。我国移动通信网为按大区设立一级汇接中心、省内设立二级汇接中心、移动业务本地网设立端局的三级网络结构。

1. 移动话路网结构

移动话路网由三级构成，即移动业务本地网、省内网和全国网。

在各大区设置一级汇接中心，称为 TMSC1。目前，我国各主要省份的省会均设有 TMSC1，各一级汇接中心之间网状相连，实现省际话路的汇接，从而构成全国网。

各省设两个或两个以上二级汇接中心，称为 TMSC2，它们彼此间网状相连，并与其归属的 TMSC1 连接，完成省内各地区移动业务本地网的话路汇接，构成省内网。

通常长途区号为二位或三位的地区设为一个移动业务本地网，每个移动业务本地网中可以设立一个或几个移动端局(MSC)，并设立一个或多个 HLR，存储归属于该移动业务本地网的所有用户的有关数据。移动端局与其归属的二级汇接中心间星形相连，如果任意两个移动端局间的业务量较大，则可申请建立直达专线。移动本地网与其他固定网市话端局 (LS)、汇接局(Tm)和长途局(TS)的互连互通是通过各自的关口局实现的。我国移动通信网的网络结构如图 6.3 所示。

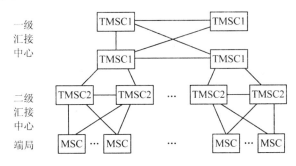

图 6.3　我国移动通信网的网络结构

2. 移动信令网结构

GSM 移动信令网是我国 7 号信令网的一部分。信令网由信令链路(SL)、信令点(SP)和信令转接点(STP)组成。

我国移动信令网也采用与话路网类似的三级结构，在各省或大区设有两个 HSTP(高级信令转接点)，同时省内至少还设有两个 LSTP，移动网中的其他功能实体(如 MSC、HLR 等)作为 SP。为了提高传输的可靠性，MSC、VLR、HLR、AUC、EIR 等的每个 SP 至少应连到两个省内的 LSTP 上；省内 LSTP 之间以网状网方式相连，同时它们还与其归属的两个 HSTP 相连。根据省际话务量的大小，还可将本地网的信令点直接与相应的 HSTP 连接。HSTP 之间以网状网方式相连接。移动信令网的结构如图 6.4 所示。

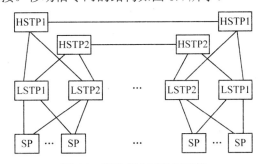

图 6.4　移动信令网组网结构

3. 编号方式

GSM 蜂窝电话系统中移动用户的编号与 ISDN 网一致，号码组成格式如下：

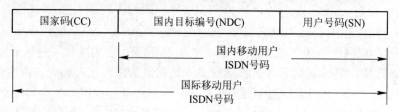

我国国家码为 86，国内移动用户 ISDN 号码为一个 11 位数字的等长号码：

$$N_1N_2N_3\ H_0\ H_1H_2H_3\times\times\times\times$$

其中，$N_1N_2N_3$ 为数字蜂窝移动业务接入号(网号)，中国移动为 139、138、137、136、135，中国联通为 130、131；$H_0H_1H_2H_3$ 为 HLR(归属位置寄存器)识别号，表示用户归属的 HLR，用来区别不同的移动业务区；$\times\times\times\times$ 为四位用户号码。

相应的拨号程序为：

移动用户→固定用户：0 + 长途区号 + 固定用户电话号码，即 0 + XYZ + PQRABCD。

移动用户→移动用户：移动用户电话号码，即 139(138、137…)$H_0H_1H_2H_3\times\times\times\times$。

固定用户→本地移动用户：移动用户电话号码，即 139(138、137…)$H_0H_1H_2H_3\times\times\times\times$。

固定用户→其他区移动用户：0 + 移动用户电话号码，即 0139(138、137…)$H_0H_1H_2H_3\times\times\times$。

6.2.3　无线空中接口

GSM 系统在制定技术规范时对其子系统之间及各功能实体之间的接口和协议作了比较具体的定义，使不同的设备供应商提供的 GSM 系统基础设备能够符合统一的 GSM 技术规范而达到互通、组网的目的。根据 GSM 系统的技术规范，系统内部的主要接口有四个，分别是移动台与 BTS 之间的接口，称之为 GSM 无线空中接口(Um 接口)；BTS 与 BSC 之间的接口，称之为 Abis 接口；BSC 与 MSC 之间的接口，称之为 A 接口；还有 MSC 与 PSTN 之间的接口，如图 6.5 所示。除 Abis 接口外，其他接口都是标准化接口，这样有利于实现系统设备的标准化、模块化与通用化。

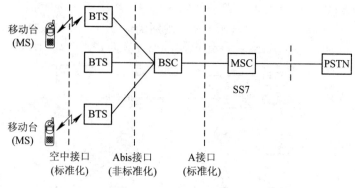

图 6.5　GSM 系统内的接口

无线空中接口(Um 接口)规定了移动台(MS)与 BTS 间的物理链路特性和接口协议，是系统最重要的接口。下面重点进行介绍。

1. GSM 系统无线传输特性

1) 工作频段

GSM 系统包括 900 MHz 和 1800 MHz 两个频段。早期使用的是 GSM900 频段，随着业务量的不断增长，DCS1800 频段也早已投入了使用。目前，在许多地方这两个频段的网络同时存在，构成"双频"网络。

GSM 使用的 900 MHz、1800 MHz 频段介绍如表 6.3 所示。

表 6.3 GSM 使用的 900 MHz、1800 MHz 频段

特性	900 MHz 频段	1800 MHz 频段
频率范围	890～915 MHz(移动台发，基站收) 935～960 MHz(移动台收，基站发)	1710～1785 MHz(移动台发，基站收) 1805～1880 MHz(移动台收，基站发)
频带宽度	25 MHz	75 MHz
信道带宽	200 kHz	200 kHz
频道序号	1～124	512～885
中心频率	$f_U = 890.2 + (N - 1) \times 0.2$ MHz $f_D = f_U + 45$ MHz $N = 1～124$	$f_U = 1710.2 + (N - 512) \times 0.2$ MHz $f_D = f_U + 95$ MHz $N = 512～885$

在我国，上述两个频段又被分给了中国移动和中国联通两家移动运营商。

2) 多址方式

GSM 蜂窝系统采用时分多址/频分多址/频分双工(TDMA/FDMA/FDD)制式。频道间隔为 200 kHz，每个频道采用时分多址接入方式，共分为 8 个时隙，时隙宽度为 0.577 ms。8 个时隙构成一个 TDMA 帧，帧长为 4.615 ms。当采用全速率话音编码时每个频道提供 8 个时分信道；如果将来采用半速率话音编码，那么每个频道将能容纳 16 个半速率信道，从而达到提高频率利用率、增大系统容量的目的。收发采用不同的频率，一对双工载波上下行链路各用一个时隙构成一个双向物理信道，根据需要分配给不同的用户使用。移动台在特定的频率上和特定的时隙内，以猝发方式向基站传输信息，基站在相应的频率上和相应的时隙内以时分复用的方式向各个移动台传输信息。

3) 频率配置

GSM 蜂窝电话系统多采用 4 小区 3 扇区(4 × 3)的频率配置和频率复用方案，即把所有可用频率分成四大组 12 个小组分配给 4 个无线小区从而形成一个单位无线区群，每个无线小区又分为 3 个扇区，然后再由单位无线区群彼此邻接排布，覆盖整个服务区域，如图 6.6 所示。当采用跳频技术时，多采用 3 × 3 频率复用方式。

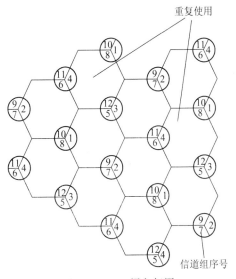

图 6.6 4 × 3 频率复用

2. 无线空中接口信道定义

1) 物理信道

GSM 的无线接口采用 TDMA 接入方式，即在一个载频上按时间划分 8 个时隙构成一个 TDMA 帧，每个时隙称为一个物理信道，每个用户按指定载频和时隙的物理信道接入系统并周期性地发送和接收脉冲突发序列，完成无线接口上的信息交互。每个载频的 8 个物理信道记为信道 0～7(时隙 0～7)，当需要更多的物理信道时，就需要增加新的载波，因而 GSM 实质上是一个 FDMA 与 TDMA 的混合接入系统。

2) 逻辑信道

根据无线接口上 MS 与网络间传送的信息种类，GSM 定义了多种逻辑信道传递这些信息。逻辑信道在传输过程中映射到某个物理信道上，最终实现信号的传输。

逻辑信道可分为两类，即业务信道(TCH)和控制信道(CCH)。

(1) 业务信道(TCH)。业务信道主要传送数字话音或用户数据，在前向链路和反向链路上具有相同的功能和格式。GSM 业务信道又可以分为全速率业务信道(TCH/F)和半速率业务信道(TCH/H)。当以全速率传送时，用户数据包含在每帧的一个时隙内；当以半速率传送时，用户数据映射到相同的时隙上，但是在交替帧内发送。也就是说，两个半速率信道用户将共享相同的时隙，但是每隔一帧交替发送。目前使用的是全速率业务信道，将来采用低比特率话音编码器后可使用半速率业务信道，从而在信道传输速率不变的情况下，信道数目可加倍，也就是系统容量加倍。

(2) 控制信道(CCH)。控制信道用于传送信令和同步信号。某些类型的控制信道只定义给前向链路或反向链路。GSM 系统中有三种主要的控制信道：广播信道(BCH)、公共控制信道(CCCH)和专用控制信道(DCCH)，每个信道由几个逻辑信道组成，这些逻辑信道按时间分布提供 GSM 必要的控制功能，如图 6.7 所示。表 6.4 总结了 CCH 类型，并对每个信道及其任务进行了详细的说明。

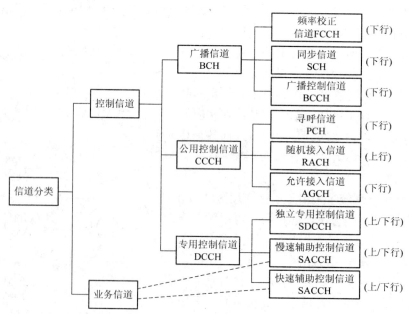

图 6.7   GSM 系统的信道分类

表 6.4　CCH 信道类型

信 道 名 称	方向	功 能 与 任 务
频率校正信道(FCCH)	下行	给移动台提供 BTS 频率基准
同步信道(SCH)	下行	BTS 的基站识别及同步信息(TDMA 帧号)
广播控制信道(BCCH)	下行	广播系统信息
寻呼信道(PCH)	下行	发送寻呼消息,寻呼移动用户
允许接入信道(AGCH)	下行	SDCCH 信道指配
随机接入信道(RACH)	上行	移动台向 BTS 的通信接入请求
小区广播信道(CBCH)	下行	发送小区广播消息
独立专用控制信道(SDCCH)	上/下行	TCH 尚未激活时在 MS 与 BTS 间交换信令消息
慢速辅助控制信道(SACCH)	上/下行	在连接期间传输信令数据,包括功率控制、测量数据、时间提前量及系统消息等
快速辅助控制信道(FACCH)	上/下行	在连接期间传输信令数据(只在接入 TCH 或切换等需要时才使用)

　　FCCH、SCH 和 BCCH 统称为广播信道(BCH);PCH、RACH 和 AGCH 又合称为公共控制信道(CCCH)。为了理解业务信道和各种控制信道是如何使用的,我们考虑 GSM 系统中移动台发出呼叫的情况。首先,用户在监测 BCH 时,必须与相近的基站取得同步。通过接收 FCCH、SCH 和 BCCH 信息,用户将被锁定到系统及适当的 BCH 上。为了发出呼叫,用户首先要拨号,并按 GSM 手机上的发射按钮。移动台用它锁定的基站的射频载波(ARFCN)来发射 RACH 数据突发序列,然后,基站以 CCCH 上的 AGCH 信息来响应,CCCH 为移动台指定一个新的信道进行 SDCCH 连接。正在监测 BCH 中时隙 0(TS0)的用户,将从 AGCH 接收到分配给它的载频(ARFCN)和时隙(TS),并立即转到新的载频(ARFCN)和 TS 上,这一新的载频和 TS 分配就是 SDCCH(不是 TCH)。一旦转接到 SDCCH,用户首先等待传给它的 SACCH 帧(等待最大持续 26 帧或 120 ms),该帧告知移动台要求的定时提前量和发射功率。基站根据移动台以前的 RACH 传输数据能够决定出合适的定时提前量和功率等级,并且通过 SACCH 发送适当的数据供移动台处理。在接收和处理完 SACCH 中的定时提前量信息后,用户能够发送正常的、话音业务所要求的突发序列消息。当 PSTN 从拨号端连接到 MSC,且 MSC 将话音路径接入服务基站时,SDCCH 检查用户的合法性及有效性,随后在移动台和基站之间发送信息。最后,基站经由 SDCCH 告知移动台重新转向一个为 TCH 安排的 ARFCN 和 TS。一旦再次接到 TCH,话音信号就在前向和反向链路上传送,呼叫成功建立,SDCCH 被清空。

　　当从 PSTN 发出呼叫时,其过程与上述过程类似。基站在 BCH 适当帧内的 TS 0 期间,广播一个 PCH 消息。锁定相同的 ARFCN 上的移动台对它的寻呼,并回复一个 RACH 消息,以确认接收到寻呼。当网络和服务基站连接后,基站采用 CCCH 上的 AGCH 给移动台分配一个新的物理信道,以便连接 SDCCH 和 SACCH。一旦用户在 SDCCH 上建立了定时提前量并获准确认后,基站就在 SDCCH 上重新分配物理信道,同时也确立了 TCH 的分配。

3. 无线空中接口技术

　　GSM 无线接口上信息传输需经多个处理单元处理才能安全可靠地送到空中无线信道上传输。以话音信号传输为例,模拟话音通过一个 GSM 话音编码器编码变换成 13 kb/s 的信号，经信道编码变为 22.8 kb/s 的信号，再经交织、加密和突发脉冲格式化后变为 33.8 kb/s 的码流。无线空中接口上每个载频 8 个时隙的码流经 GMSK 调制后发送出去，因而 GSM 无线空中接口上的数据传输速率达到 270.833 kb/s。无线空中接口接收端的处理过程与之相反。

6.2.4　网络控制与管理

GSM 系统控制管理主要包括系统的网络安全管理、移动台位置管理和切换管理。GSM 成功地设计了许多办法来保护用户权利，如签权、无线信道加密、用户识别码保护、设备识别等，防止在空中接口泄漏用户识别码和用户信息。系统还对用户的位置提供了管理，如常规位置更新、关机登记、周期性位置登记等，完成通话过程中移动台在不同小区之间的切换和漫游过程时位置更新、呼叫转移和呼叫建立，使系统能准确地将寻呼传递给指定的用户。

6.2.5　GPRS

GSM 系统在全球范围内取得了超乎想象的成功，但是 GSM 系统的最高数据传输速率为 9.6 kb/s 且只能完成电路型数据交换，远不能满足迅速发展的移动数据通信的需要。因此，欧洲电信标准委员会(ETSI)又推出了通用分组无线业务(GPRS，General Packet Radio Service)技术。GPRS 在原 GSM 网络的基础上叠加支持高速分组数据业务的网络，并对 GSM 无线网络设备进行升级，从而利用现有的 GSM 无线覆盖提供高速分组数据业务。

GPRS 技术较完美地结合了移动通信技术和数据通信技术，尤其是 Internet 技术，它正是这两种技术的结晶，是 GSM 网络和数据通信发展融合的必然结果。GPRS 采用分组交换技术，可以让多个用户共享某些固定的信道资源，也可以让一个用户占用多达 8 个时隙。如果把空中接口上的 TDMA 帧中的 8 个时隙捆绑起来用来传输数据，可以提供高达 171.2 kb/s 的无线数据接入，可向用户提供高性价比业务并具有灵活的资费策略。GPRS 既可以使运营商直接提供丰富多彩的业务，同时也可以给第三方业务提供商提供方便的接入方式，这样便于将网络服务与业务有效地分开。此外，GPRS 能够显著地提高 GSM 系统的无线资源利用率，它在保证话音业务质量的同时，利用空闲的无线信道资源提供分组数据业务，并可对之采用灵活的业务调度策略，大大提高了 GSM 网络的资源利用率。

GPRS 的发展使制约移动数据通信发展的各种因素正逐步得到解决，并推动了移动数据通信的发展。通过 GPRS 网络为因特网提供无线接入，提供基于 GPRS 数据的 GSM 网络增值业务具有广阔的市场空间。

1. GPRS 网络结构

GPRS 网络结构简图如图 6.8 所示。

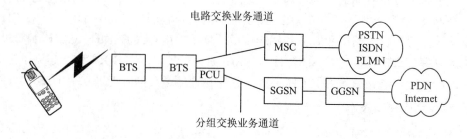

图 6.8　GPRS 网络结构简图

　　GPRS 网络是基于现有的 GSM 网络实现分级数据业务的。GSM 是专为电路型交换而设计的，现有的 GSM 网络不足以提供支持分组数据路由的功能，因此 GPRS 必须在现有的 GSM 网络的基础上增加新的网络实体，如 GPRS 网关支持节点(Gateway GPRS Supporting Node，GGSN)、GPRS 服务支持节点(Serving GSN，SGSN)和分组控制单元(Packet Control Unit，PCU)等，并对部分原 GSM 系统设备进行升级，以满足分组数据业务的交换与传输。与原 GSM 网络相比，新增或升级的设备如下：

　　1) 服务支持节点(SGSN)

　　SGSN 的主要功能是对 MS 进行鉴权、移动性管理和路由选择，建立 MS 到 GGSN 的传输通道，接收 BSS 传送来的 MS 分组数据，通过 GPRS 骨干网传送给 GGSN 或反向工作，并进行计费和业务统计。

　　2) 网关支持节点(GGSN)

　　GGSN 主要起网关作用，可与外部多种不同的数据网相连，如 ISDN、PSPDN、LAN 等。对于外部网络来讲，它就是一个路由器，因而也称为 GPRS 路由器。GGSN 接收 MS 发送的分组数据包并进行协议转换，从而把这些分组数据包传送到远端的 TCP/IP 或 X.25 网络或进行相反的操作。另外，GGSN 还具有地址分配和计费等功能。

　　3) 分组控制单元(PCU)

　　PCU 通常位于 BSC 中，用于处理数据业务，它可将分组数据业务在 BSC 处从 GSM 话音业务中分离出来，在 BTS 和 SGSN 间传送。PCU 增加了分组功能，可控制无线链路，并允许多个用户占用同一无线资源。

　　4) 原 GSM 网设备升级

　　GPRS 网络使用原 GSM 基站，但基站要进行软件更新；GPRS 要增加新的移动性管理程序，通过路由器实现 GPRS 骨干网互连；GSM 网络系统要进行软件更新和增加新的 MAP 信令与 GPRS 信令等。

　　5) GPRS 终端

　　必须采用新的 GPRS 终端。GPRS 移动台有三种类型：

　　A 类——可同时提供 GPRS 服务和电路交换承载业务，即在同一时间内既可进行 GSM 话音业务，又可以接收 GPRS 数据包。

　　B 类——可同时侦听 GPRS 和 GSM 系统的寻呼信息，同时附着于 GPRS 和 GSM 系统，但同一时刻只能支持其中的一种业务。

　　C 类——要么支持 GSM 网络，要么支持 GPRS 网络，通过人工方式进行网络选择更换。

　　GPRS 终端也可以做成计算机 PCMCIA 卡，用于移动因特网接入。

　　2. GPRS 的特点

　　GPRS 系统具有以下特点：

　　(1) 传输速率快。GPRS 支持四种编码方式，并采用多时隙(最多 8 个时隙)合并传输技术，使数据速率最高可达 171 kb/s，而初期速率为 9~50 kb/s 左右。

　　(2) 可灵活支持多种数据应用。GPRS 可根据应用的类型和网络资源的实际情况及网络质量，灵活选择服务质量参数，从而使 GPRS 不仅支持频繁的、少量突发型数据业务，而且支持大数据量的业务；并且支持上行和下行的非对称传输，提供 Internet 所能提供的一切功能，应用非常广泛。

(3) 网络接入速度快。GPRS 网本身就是一个分组型数据网，支持 IP 协议，因此它与数据网络建立连接的时间仅为几秒钟，而且支持一个用户占用多个信道，提供较高的接入速率，远快于电路型数据业务，如图 6.9(a)所示。

(4) 可长时间在线连接。由于分组型传输并不固定占用信道，因此用户可以长时间保持与外部数据网的连接("永远在线")，而不必进行频繁的连接和断开操作。

(5) 计费更加合理。GPRS 可以按数据流量进行计费，可节省用户上网费用。

(6) 高效地利用网络资源，降低通信成本。GPRS 在无线信道、网络传输信道的分配上采用动态复用方式，支持多用户共享一个信道(每个时隙最多允许 8 个用户共享)或单个用户独占同一载频上的 1～8 个时隙的机制，并且仅在有数据通信时占用物理信道资源，因此大大提高了频率资源和网络传输资源的利用率，降低了通信成本，如图 6.12(b)所示。

(7) 利用现有的无线网络覆盖，提高网络建设速度，降低建设成本。在无线接口，GPRS 采用与 GSM 相同的物理信道，定义了新的用于分组数据传输的逻辑信道。可设置专用的分组数据信道，也可按需动态占用话音信道，实现数据业务与话音业务的动态调度，提高无线资源的利用率。因此，GPRS 可利用现有的 GSM 无线覆盖，提高网络建设速度，降低建设成本，提高网络资源利用率。

(8) GPRS 的核心网络顺应通信网络的发展趋势，为 GSM 网向第三代演进奠定基础。GPRS 核心网络采用了 IP 技术，一方面可与高速发展的 IP 网(Internet 网)实现无缝连接，另一方面可顺应通信网的分组化发展趋势，是移动网和 IP 网的结合，可提供固定 IP 网支持的所有业务。GSM 网在 GPRS 核心网的基础上逐步向第三代移动通信核心网演进，如图 6.9(c)所示。

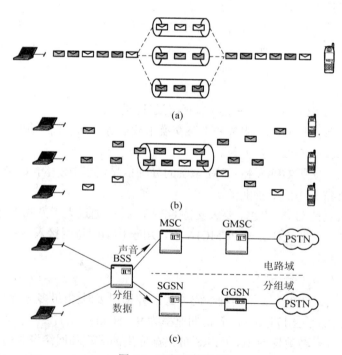

图 6.9　GPRS 的特点

(a) GPRS 支持一个用户占用多个信道；(b) GPRS 支持多个用户共享一个信道；
(c) GPRS 是移动网与 IP 网的结合

3. GPRS 业务

GPRS 是一个应用业务承载平台，提供的是手机(数据终端)到业务平台的传输通道。真正的业务是依靠业务开发平台实现的，提供丰富的基于 IP 和移动的业务，GPRS 几乎可以支持除交互式多媒体业务以外的所有数据应用业务。

GPRS 业务可分为点对点业务和点对多点业务，目前点对多点规范尚未完成。

1) GPRS 提供的业务

点对点业务包括(但不限于)以下业务：

(1) Internet 业务。GPRS 向用户提供便捷和高速的移动 Internet 业务，如 Web 浏览、E-mail、FTP 文件传输、Telnet 远程登录等。

(2) 移动办公、移动数据接入业务(提供与企业内部网 Intranet 互通)。

(3) WAP 业务、聊天、移动 QQ、在线游戏等。

(4) GPRS 短消息业务。

(5) 远程操作(在线股票交易、移动银行等)。

(6) 定位业务(GPS 定位信息传输)。

(7) 信息服务。GPRS 可向用户提供丰富多彩的信息服务，如新闻、时刻表、交通信息、账户查询、股市行情、调度管理、订票、天气预报、博彩、业务广告等。

GPRS 分组型数据业务与 GSM 电路型数据业务的比较见表 6.5。

表 6.5　GPRS 分组型数据业务与 GSM 电路型数据业务的比较

对比内容 ＼ 对比对象	电路型数据业务 (9.6 kb/s 以下数据业务及 HSCSD)	分组型数据业务(GPRS)
无线信道	专用，最多 4 个时隙捆绑	共享，最多 8 个时隙捆绑
链路建立时间	长	短，有"永远在线"之称
传输速率/(kb/s)	低，9.6～57.6	最大 171.2
网络升级费用	初期投资少，需增加互连功能(IWF) 单元及对 BTS/BSC 进行软件升级	费用稍大，需增加网络设备， 但节省基站投资
提供相同业务的代价	价格昂贵、占用系统的资源多	价格便宜，占用系统的资源少

2) GPRS 业务流程举例

(1) 用户发出 Chinanet 的网络接入名(APN)：163.net。

(2) BSC 将请求送给 SGSN，SGSN 根据 APN = 163.net 翻译出与 Chinanet 相连的 GGSN2。

(3) SGSN 与 GGSN2 间建立一个传输通道。

(4) 此用户发给 Chinanet 网络的所有数据都将由 SGSN 通过此通道传送给 GGSN2，再由 GGSN2 将数据送给 Chinanet；同样，Chinanet 来的数据将首先发给 GGSN2，再经过传输通道发送给 SGSN，由 SGSN 通过 BSS 发送给用户。

以上流程如图 6.10 所示。

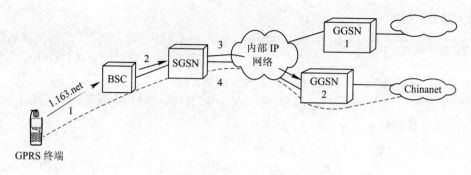

图 6.10 GPRS 业务流程举例

6.3 CDMA 数字蜂窝移动通信网

　　CDMA 蜂窝移动通信系统是以码分多址技术为核心的公用蜂窝移动通信系统，又称码分多址移动通信系统。CDMA 是一种码分多址技术，长时间以来一直应用在抗干扰与抑制多径以及测距与跟踪、军事通信等方面，后来开始在卫星通信中得到应用。1989 年美国 Qualcomm 公司最早开始 CDMA 蜂窝移动电话系统的试验，1993 年 7 月美国电信工业协会(TIA)将 CDMA 蜂窝移动电话系统的应用纳入 IS-95 无线通信标准。CDMA 技术缓解了有限带宽和无限用户之间的矛盾，同时提高了系统频率利用率，具有频谱利用率高、容量更大、话音质量好、掉话率低、省电、保密性强等优点，因而很快被各国电信业者接受并成为全球数字移动电话系统强有力的竞争者，现已发展成为第三代移动通信技术的核心。

6.3.1 扩频通信

　　码分多址是建立在扩频通信基础上的。扩频通信是一种新的信息传输方式，即在系统中所传输的已调信号带宽远大于调制信息带宽(或信息比特速率)。通常我们以扩频信号带宽 B_w 与调制信号带宽 B_s 之比作为参考，当 $B_w/B_s>100$ 时称之为扩频通信，否则只能是宽带或窄带通信。扩频通信系统使用 100 倍以上的信息带宽来传输信息，最主要的目的是为了提高通信的抗干扰能力，即在强干扰条件下保证通信的安全与可靠。下面简要介绍其原理。

1. 扩频通信原理

　　图 6.11(a)给出了扩频通信系统的结构图。从图中可以看出输入数字信号 $a_k(t)$ 首先经过调制(如 PSK 调制，速率 R_i)后获得窄带已调信号 $b_k(t)$，然后该信号再与高速的伪随机序列(PN 码，速率 R_c，$R_c \gg R_i$)$c_k(t)$进行调制。此时输出信号 $S_k(t)$ 的带宽将远大于传输信息的频谱宽度，因而称此过程为扩频。然后将 $S_k(t)$ 信号送至上变频(U/C)器中将其转换成射频信号进行发射。

　　在接收端，则将接收下来的射频信号送至下变频(D/C)器变频，输出中频信号 $S(t)$，此信号中夹杂着干扰和噪声信号。此时将此中频信号用与发端 PN 码序列 $c_k(t)$ 相同的本地 PN 序列 $c_m(t)$ 进行扩频解调(解扩)，还原出窄带信号 $b_m(t)$。$b_m(t)$ 再经过信息解调，将恢复出原数字信号 $a_m(t)$。而通信过程中混入的干扰信号和无用信号经过解扩后则被展宽为宽带信号，再经过信息解调后的窄带滤波器，有用信号带外的干扰分量均被滤除，从而降低了干扰信号的强度，改善了输出信噪比。扩频、解扩过程中信号频谱变换情况见图 6.14(b)。

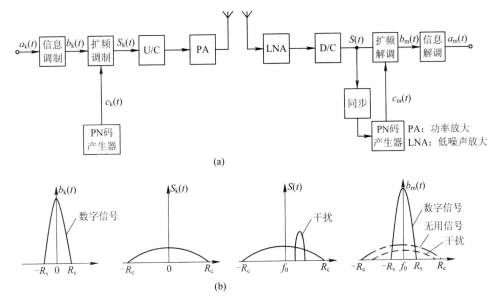

图 6.11　扩频通信的基本原理

在扩频通信系统中，经过对信息信号带宽的扩展和解扩处理，获得了处理增益。扩频特性与所使用的编码序列码型及速率有关。人们通常采用伪随机序列(PN 码)作为扩频系统的编码序列，这样可获得近似于噪声的频谱特性。在发送端，原始信息被一个带宽较其带宽宽得多的伪随机码(PN 码)进行扩展调制；在接收端，接收到的扩展频谱信号与一个和发送端 PN 码完全相同的本地码进行相关解扩处理，当收到的信号与本地码相匹配时，所需要的有用数字信号才能恢复到其扩展前的原始带宽，还原成原始信号。而任何不匹配的输入信号则被本地码扩展为宽带信号，其功率谱密度大为减小。总之，经过解扩后无用信号具有宽带谱，而有用信号则呈原始的窄带谱，这样利用窄带滤波器便可以滤除有用信号带外的干扰，使得带内信号电平高于干扰电平，从而使输出带内信噪比大大改善，这就提高了系统的抗干扰能力。理论分析表明，各种扩频通信系统的抗干扰性能大体上与扩频信号带宽与所传送信息的带宽之比成正比，即扩频信号带宽与信息带宽之比越大，则系统的抗干扰能力越强。通常把扩频信号带宽 W 与信息带宽 B 之比称为处理增益 G_p。

2. 扩频通信的主要特点

扩频通信主要具有以下特点：

(1) 扩频信号具有隐蔽性。扩频信号的频谱被扩散到很宽的频带内，相对而言，其功率谱密度也随之降低(可明显低于环境噪声和干扰电平)，难以检测，因而扩频信号具有隐蔽性。

(2) 扩频信号具有保密性。扩频信号受特定伪随机序列的控制，接收者若不能严格按此伪随机序列的规律(如码序列及其相位)进行解扩，得到的只能是噪声而不能恢复出传送的信息。

(3) 扩频信号具有很强的抗干扰能力。

(4) 提高了系统容量。在扩频系统中，由于使用多个伪随机序列作为不同用户的地址码，这样可以共用一个频率来实现码分多址通信。当码分多址技术运用于蜂窝移动通信网中时，便可获得比其他多址方式更大的通信容量。

(5) 系统较复杂。由于扩频系统所占用的频段宽，因而增加了系统的复杂程度和同步的难度。而同步是保障通信的前提条件，所以必须采用复杂的同步技术才能保证通信的畅通，这样便进一步增加了系统的复杂性，如 CDMA 蜂窝移动通信网中采用 GPS 作为精确的时钟基准。

6.3.2　CDMA 蜂窝移动通信技术的演进与标准

基于 IS-95 标准的移动通信系统简称为 IS-95 CDMA 系统或 N-CDMA(窄带码分多址)系统，俗称 CDMA 网或 C 网。1995 年 CDMA 网在中国香港和美国开始投入商用，随后世界上许多国家生产和建设了许多码分多址数字移动通信系统。与此同时，IS-95 标准也在不断发展和完善，并朝着第三代移动通信方向演进。

6.3.3　CDMA 系统的结构与特点

1. CDMA 的系统结构

CDMA 蜂窝移动通信网的系统结构如图 6.12 所示。

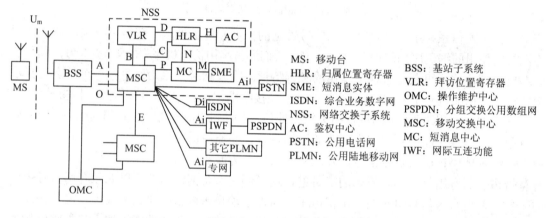

图 6.12　CDMA 系统结构

从图中可以看出，CDMA 系统包含三大子系统，即移动台子系统(MS)、基站子系统(BSS)和网络交换子系统(NSS)，其中 A、Um、B、C、D、E、H、M、N、O、P 均为各功能实体间的接口。另外，CDMA 数字移动通信系统还可实现与其他通信网络的互连，Ai、Di 即为与其他通信网络互连的接口。与 GSM 网类似，CDMA 数字蜂窝移动通信系统的主要功能单元如下：

(1) 移动台(MS)：包括车载台和手持机，由移动终端(MT)和用户识别模块(UIM)组成，通过 Um 接口接入网络。UIM 卡的原理及构造与 GSM 网中的 SIM 卡类似，用于移动用户身份认证、网络管理和加密等。在全球众多的 CDMA 数字蜂窝移动通信网中，中国联通 CDMA 网率先引入 UIM 卡技术，成功实现了"机卡分离"，大大促进了 CDMA 移动通信终端市场的发展。

(2) 基站子系统(BSS)：该系统由一个集中基站控制器(CBSC)和若干个基站收发信机(BTS)组成。CBSC 又包含码转换器(XC)和移动管理器(MM)，此外，BSS 还包括一个无线操作维护中心(OMC-R)。CBSC 用于完成无线网络资源管理、小区配置数据管理、接口管理、测量、呼叫控制、定位与切换等功能。

(3) 移动交换中心(MSC)：它是对其所覆盖区域中的移动台进行控制交换、移动性管理的功能实体，也是移动通信系统与其他公共通信网实现互连的接口。

(4) 拜访位置寄存器(VLR)：VLR 中存放着其控制区域内所有拜访的移动用户信息，这些信息含有 MS 建立和释放呼叫以及提供漫游和补充业务管理所需的全部数据。

(5) 归属位置寄存器(HLR)：这是运营者用于管理移动用户的数据库。HLR 中存放着该 HLR 控制的所有移动用户的数据以及每个移动用户的路由信息和状态信息。每个移动用户都应在其入网地的 HLR 进行注册登记。

(6) 鉴权中心(AC)：它是用来进行移动用户的身份认证和产生相应鉴权参数的功能实体。

(7) 设备识别寄存器(EIR)：这是存储有关移动台设备参数的数据库，主要完成对移动设备的识别、监视及闭锁等功能。

(8) 操作维护中心(OMC)：这是操作和维护数字蜂窝移动网的功能实体。

(9) 短消息中心(MC)：这是存储和转发短消息的功能实体。

(10) 短消息实体(SME)：即合成和分解短消息的实体，它位于移动业务交换中心，归属位置寄存器和短消息中心。

2. CDMA 数字蜂窝移动通信系统的特点

CDMA 数字蜂窝移动通信系统的主要特点如下：

(1) 频谱利用率高，系统容量较大。以往的 FDMA 与 TDMA 系统容量主要受带宽的限制，为提高频谱利用率和增大容量，必须进行频率复用(如 7×3、4×3 等)。CDMA 系统所有小区可采用相同的频谱，因而频谱利用率很高，其容量仅受干扰的限制，任何在干扰方面的减少将直接地、线性地转变为容量的增加。

根据扩频通信原理，在 CDMA 数字蜂窝移动通信系统中，由于在同一蜂窝小区中或在相邻小区乃至所有蜂窝小区中，所有的用户在通信过程中都使用同一载波，占用相同的带宽，即共享同一个无线频道，因此其中任意一个用户的通信信号对其他用户的通信都是一个干扰(称之为多址干扰)，同时通话的用户数越多，相互间的多址干扰就越大，解调器输入端的信噪比就越低。当多址干扰大到一定的限度时，系统将不能正常工作，这就限制了同时通话的用户数量，即系统的容量。由此可以看出，在保持系统性能一定的前提下，任何一种消除干扰的方法都可以直接提高系统的容量，这也是 CDMA 数字蜂窝移动通信系统的优越性之一。CDMA 数字蜂窝移动通信系统采用了话音激活、功率控制、扇区划分等技术来减少系统内的干扰，从而提高了系统的容量。

(2) 通话质量好，近似有线电话的话音质量。Qualcomm CDMA 开发的蜂窝系统声码器采用码激励线性预测(CELP)编码算法，也称为 QCELP 算法，其基本速率是 8 kb/s，但是可随输入话音的特征而动态地变为 8 kb/s、4 kb/s、2 kb/s 或 0.8 kb/s。现阶段又改进为采用增强型可变速率声码器(EVRC)，这种声码器能降低背景噪声而提高通话质量，特别适合移动环境使用。同时，CDMA 系统特有的分集形式也大大提高了系统性能。

(3) 采用软切换技术，切换成功率高。当移动用户从一个小区(或扇区)移动到另一个小区(或扇区)时，移动用户从一个基站的管辖范围移动到另一个基站的管辖范围，通信网的控制系统为了不中断用户的通信就要做一系列的调整，包括通信链路的转换、位置的更新等，这个过程就叫越区切换。越区切换实现了小区(或扇区)间的信道转换，保证一个正在处理或进行中的呼叫不被中断。

在模拟 FDMA 系统和数字 TDMA 系统中，移动用户在越区切换时，需要在另一个小区(或扇区)内寻找空闲信道，当该区有空闲信道时才能切换。这时移动台的收、发频率等都要作相应的改变，称之为硬切换。这种切换过程是首先切断原通话通路，然后再与新的基站接通新的通话链路。这种先断后通的硬切换方式势必引起通信的短暂间断。另外，由于通信环境的影响，在两个小区的交叠区域内，移动台接收到的两个基站发来的信号的强度有时会出现大小交替变化的现象，从而导致越区切换的"乒乓"效应，用户会听到"咔嘈"声，对通信产生不利的影响。此外，切换时间也较长。

在 CDMA 系统中，由于所有的小区(或扇区)都使用相同的频率，小区(或扇区)之间是以码型的不同来区分的。当移动用户从一个小区(或扇区)移动到另一个小区(或扇区)时，不需要移动台的收、发频率切换，只需在码序列上作相应的调整，利用 Rake 接收机的多路径接收能力，在切换前先与新小区(扇区)建立新的通话连接，之后再切断先前的连接，这种方式称之为软切换。

这种先通后断的软切换方式不会出现"乒乓"效应，并且切换时间也很短。另外，由于 CDMA 系统的"软容量"特点，越区切换的成功率远大于模拟 FDMA 系统和 TDMA 系统，尤其是在通信的高峰期。

软切换与硬切换的示意图如图 6.13 所示。

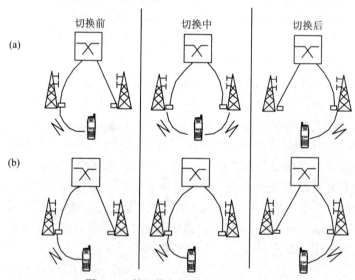

图 6.13   软切换与硬切换示意图

(a) 软切换；(b) 硬切换

(4) 具有"软容量"特性。在模拟频分系统和数字时分系统中，通信信道是以频带或时隙的不同来划分的，每个蜂窝小区提供的信道数一旦固定，就很难随时改变。当没有空闲信道时，移动用户不可能再呼叫其他用户或接收其他用户的呼叫。当移动用户越区切换时，也很容易出现因目标小区拥塞而造成的切换掉话现象。在码分系统中，信道是靠不同的码型来划分的，其标准的信道数是以一定的输入、输出信噪比为条件的，当系统中增加一个通话的用户时，所有用户的输入、输出信噪比都略有所下降，但不会出现因没有信道而不能通话的现象。CDMA 蜂窝系统的这种特征，使系统容量与用户数之间存在一种"软"的关系。在业务高峰期间，可以稍微降低系统的误码性能，以适当增加系统容纳的用户数目，即短时间内提供稍多的可用信道数。同时，这对提高用户越区切换的成功率无疑是非常有益的。

(5) CDMA 系统以扩频技术为基础，抗干扰、抗多径、抗衰落能力强，保密性好。

(6) 发射功率低，移动台的电池使用寿命长。由于在 CDMA 数字移动通信系统中，可以采用许多特有的技术(如各种分集技术、功率控制技术等)来提高系统的性能，因而大大降低了所要求的发射功率，这对减小电池的体积和增加其使用寿命都是非常有益的，对移动台整机的体积减小和成本的降低也是有利的。

6.3.4　无线接口特性

1. 工作频段

我国 CDMA 数字蜂窝移动通信系统采用 800 MHz AMPS 工作频段，频率范围为：

825.030～834.990 MHz(上行：移动台发，基站收)

870.030～879.990 MHz(下行：移动台收，基站发)

频段宽度共 10 MHz。

在此工作频段内，CDMA 数字移动通信网设置了一个基本频道和一个或若干个辅助频道，这样，当移动台开机时便首先在预置的、用于接入 CDMA 系统的接入频道上寻找相应控制信道(基本信道)，随后则可直接进入呼叫发起和呼叫接收状态。当移动台不能捕获基本信道时便扫描辅助信道，辅助信道的作用与基本信道相同。

2. 频道间隔及中心频率位置

IS-95 及 CDMA2000 1X 数字蜂窝移动通信系统的频道间隔为 1.23 MHz。图 6.14 示出了 CDMA 各频道的安排。图中按照 AMPS 系统的信道编号标注 CDMA 频道的中心频率位置。括号内是对应的反向信道中心频率(此处为移动台发、基站收、基站发、移动台收时应加 45 MHz)。中心频率在 AMPS 283 号频道的为 CDMA 基本频道，逐步从高端向低端扩展使用的 CDMA 频道的中心频点位置依次为 242 号、201 号、160 号、119 号、78 号和 37 号。

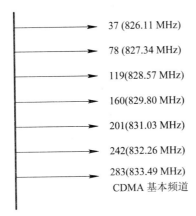

图 6.14　CDMA 频道频率划分

3. 频率分配

在 CDMA 数字移动通信系统中，采用码分多址与直接序列扩频技术，可使其具有很强的抗干扰能力。通常采用 1 小区频率复用模式，即相邻小区或扇区使用同一频道频率，理论上讲，其频率利用率和系统容量可达到很高的水平，但由于功率控制不理想和多址干扰的影响，因而实际系统的通信容量仍是有限的。当 CDMA 系统容量要求较大时，通常在 1 个蜂窝小区或扇区中往往使用多个频道(载波)，即采用 FDMA/CDMA 混合多址方式。

4. 信道定义

CDMA 信道分为前向信道和反向信道，它们采用不同的结构和码型，其中基站至移动台方向称为前向 CDMA 信道，移动台至基站方向则称为反向 CDMA 信道。

1) 前向信道

IS-95 系统前向 CDMA 信道包括 1 个导频信道、1 个同步信道、1～7 个寻呼信道和 55 个前向业务信道。业务最繁忙时，最多有 63 个前向业务信道，此时同步信道与寻呼信道都作为业务信道。

(1) 导频信道。该信道用于传输由基站连续发送的导频信号。导频信号是一种无调制的直接序列扩频信号，所传递的是包含引导 PN 序列相位偏移量和频率基准信息的扩频信息。导频信道的作用主要有两个方面：一是移动台通过此信道可以快速而精确地捕获信道的定时信息，与之同步，并提取相干载波进行信号的解调；二是移动台通过对周围基站的导频信号强度进行检测和比较，从而决定在什么时候进行越区切换。导频信道上 PN 序列的参考相位信息与信号强度都是通信中的每个移动用户所需要的，因而导频信道不能用来作为业务信道。

(2) 同步信道。当移动台通过导频信道与引导 PN 序列同步后，则认为移动台与同步信道保持同步。此时，移动台便可以解调同步信道数据信息。同步信道数据信息包括系统的时间和导频偏置信息、移动台正接近哪个基站信息以及寻呼信道的状态信息等。

(3) 寻呼信道。寻呼信道主要用于在呼叫接续阶段传输寻呼移动台的信息。移动台通常在建立同步后紧接着就选择一个寻呼信道来监听系统发出的寻呼信息和其他指令。在需要时，寻呼信道可以改作业务信道使用，直至全部用完。

(4) 前向业务信道。前向业务信道主要用于话音与用户数据的传输。它共有四种传输速率，分别是 9600 b/s、4800 b/s、2400 b/s 和 1200 b/s。业务速率可以逐帧改变，以动态适应通信者的话音特征。业务信道数据可以被用于保密的、周期为 242-1 的长码所调制，以实现用户数据的保密。在业务信道中还要插入其他控制信息，如链路功率控制和过区切换指令等。

2) 反向信道

反向 CDMA 信道包括接入信道和反向业务信道。

(1) 接入信道。当移动台没有使用业务信道时，提供移动台到基站的传输通路，以便进行信令及其他有关信息的传输。接入信道是和正向传输中的寻呼信道相对应的，以相互传送指令、应答和其他有关信息。但是，接入信道是一种分时隙的随机接入信道，允许多个用户同时抢占同一个接入信道。每个寻呼信道所支撑的接入信道数最多可达 32 个。由此可见，移动台通过接入信道初始化与基站之间的通信，并响应寻呼信道信息。

(2) 反向业务信道。反向业务信道主要用于话音数据与用户数据的传输，与正向业务信道相对应。

每个接入信道、反向业务信道都是由特定的用户长码(周期为 $2^{42}-1$)来识别的。

6.3.5　CDMA2000

随着时间的推移和移动通信的发展，CDMA One 技术已经不能满足用户对更大容量和更高数据速率的需要，它能够提供部分分组数据业务，如收发 E-mail、FTP、Web 浏览等，但对于含有图像、声音等的内容，如 VOD、在线视听、实时视频图像传送，需要有较宽的带宽接入数据业务。1998 年 3 月美国 TIA TR45.5 委员会采用了一种向后兼容 IS-95 的宽带 CDMA 框架，称为 CDMA2000，2000 年 3 月通过了最终正式的 CDMA2000 标准，并作为第三代移动通信空中接口标准提交给国际电信联盟(ITU)。CDMA2000 的目标是提供较高的数据速率以满足 IMT-2000 的性能要求，即车行环境下至少 144 kb/s，步行环境下至少 384 kb/s，室内办公环境下至少 2048 kb/s。

1. CDMA2000 系列的特点

第三代移动通信系统主要追求的目标是更高的比特率和更好的频谱效率。表 6.6 归纳了 CDMA2000 系列的主要技术特点。

表 6.6　CDMA2000 系列的主要技术特点

名　　称	CDMA2000 1X	CDMA2000 3X	CDMA2000 6X	CDMA2000 9X	CDMA2000 12X
带宽/MHz	1.25	3.75	7.5	11.5	15
无线接口来源于	IS-95				
网络结构来源于	IS-41				
业务演进来源于	IS-95				
最大用户比特率/(b/s)	307.2 k	1.0368 M	2.0736 M	2.4576 M	
码片速率/(Mb/s)	1.2288	3.6864	7.3728	11.0592	14.7456
帧时长/ms	典型为 20，也可选 5，用于控制				
同步方式	IS-95 (使用 GPS，使基站之间严格同步)				
导频方式	IS-95 (使用公共导频方式，与业务码复用)				

分析表 6.6 可知，与 CDMA One 相比，CDMA2000 有下列技术特点：

(1) 多种信道带宽。前向链路上支持多载波(MC)方式，反向链路仅支持直接序列扩频方式。当采用多载波方式时，能支持多种射频带宽，即射频带宽可为 N × 1.25 MHz，其中 N = 1，3，5，9，12。目前技术仅支持前两种，即 1.25 MHz(CDMA2000 1X)和 3.75 MHz(CDMA2000 3X)。

(2) 可以更加有效地使用无线资源。

(3) 可在 CDMA One 的基础上实现向 CDMA2000 系统的平滑过渡。

(4) 核心网协议可使用 IS-41、GSM-MAP 以及 IP 骨干网标准。

(5) 采用了前向发送分集、快速前向功率控制、Turbo 码、辅助导频信道、灵活帧长、反向链路相干解调、可选择较长的交织器等技术，进一步提高了系统的容量，增强了系统性能。

2. CDMA2000 1X

CDMA2000 1X 采用了与 CDMA2000 3X 完全相同的技术，所以每兆赫的话音或数据业务容量也基本一致，并且 1X 的反向与 IS-95A 和 IS-95B 完全兼容。CDMA2000 3X 与

CDMA2000 1X 相比，唯一的优势是数据能力提高了，但这是以占用更宽的频带换来的(3
倍于 CDMA2000 1X)。目前，CDMA2000 1X 正继续完善，完全可以在采用 1.25 MHz 带宽
的情况下使数据业务能力达到 ITU 规定的第三代业务速率标准(2 Mb/s)以上，这就是前面介
绍的 CDMA2000 1X 增强技术——CDMA2000 1X EV。正基于此，各设备制造商、IS-95 运
营者都非常看好 CDMA2000 1X 而暂不考虑 CDMA2000 3X。故下面仅就 CDMA2000 1X 进
行简要介绍。

1) CDMA2000 1X 网络结构

CDMA2000 1X 是在 IS-95 的基础上的平滑升级，其主要目的是为用户提供高速分组数
据业务。相对于 IS-95 系统而言，主要通过增加分组交换节点，升级 MSC/VLR、BSC 和基
站，更换支持 CDMA2000 1X 的手机等措施来实现。CDMA2000 1X 系统的网络结构如图
6.15 所示。

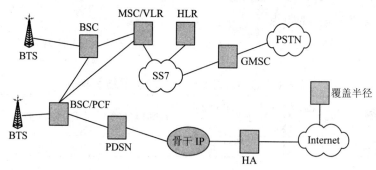

图 6.15   CDMA2000 1X 系统的网络结构

新增节点包括分组控制功能(PCF)、分组数据服务节点(PDSN)、归属地代理(HA)、AAA
服务器等。

◆   分组控制功能(PCF)

PCF 类似于 GPRS 网络中的分组控制单元 PCU，通常与 BSC 合设，用于将分组数据业
务在 BSC 处从话音业务中分离出来，在 BTS 和 PDSN 间传送。PCF 主要完成如下功能：

(1) 建立、保持和终止至 PDSN 的 Layer2 的连接。

(2) 映射移动终端 ID 和连接参考到唯一的 Layer2 连接标识符，以便与 PDSN 进行通信。

(3) 与无线资源控制器进行通信，请求和管理无线资源，以便传送来自和发送到移动台
的分组。

(4) 保持无线资源状态信息(如激活、休眠等)。

(5) 缓存、传送来自和发送到 PDSN 的分组。

(6) 收集和发送与计费相关的空中链路信息到 PDSN。

(7) 与 PDSN 进行互操作，支持休眠切换。

◆   分组数据服务节点(PDSN)

PDSN 主要完成以下功能：

(1) 为每一个用户终端建立、终止 PPP 连接，以向用户提供分组数据业务。

(2) 与 Radius 服务器配合向分组数据用户提供认证功能，以确认用户的身份和权限。

(3) 将接收到来自 PCF 的计费信息及自身采集的计费信息合成用户数据记录，通过
Radius 协议送往 Radius 服务器。

(4) 支持 PPP 及 IP 头压缩功能，以节约无线资源。

(5) 从 AAA 服务器接收用户(移动台)特性参数，从而区分不同业务和不同安全机制。

(6) 对于简单 IP 业务，PDSN 在 IPCP 阶段为用户终端分配一个动态 IP 地址。

(7) 对于移动 IP 业务，PDSN 支持拜访地代理(FA)功能。

(8) PDSN 具备 RADIUS 客户端的功能，可完成用户认证、授权和计费。

(9) 对于移动 IP 业务，支持与漫游前的 PDSN 互操作，支持非归属 IP 网时，不同 PDSN 之间的切换。

(10) 对于移动 IP 业务，PDSN 能够使用 IKE(Internet 密钥交换)程序，建立、保持和终结至 HA 的通信。

(11) 对于移动 IP 业务，在反向隧道(Reverse Tunneling)的情况下，将来自终端用户的 IP 分组路由到 IP 网或者直接到 HA。

◆　归属地代理(HA)

使用移动 IP 业务时，应建设 HA。HA 主要完成以下功能：

(1) 能够提供公网访问和穿过公网的专网访问。

(2) 鉴别来自移动台的移动 IP 注册。

(3) 将来自网络的 IP 分组以隧道方式发送到拜访地代理(FA)。

(4) 可以使用 IKE(Internet 密钥交换)程序，建立、保持和终结至 PDSN(作为移动 IP FA)的通信。

(5) 接收 AAA 服务器向用户发送的规定的信息。

(6) 可以分配动态归属地地址。

◆　AAA 服务器(Radius 服务器)

AAA 服务器为鉴权、认证、计费服务器的简称，主要完成以下功能：

(1) 接收来自 PDSN 的鉴权请求、认证、计费信息，并将其转发到代理 AAA 服务器或归属地 AAA 服务器，并向 PDSN 发送确认消息。

(2) 根据从归属地网络接收到的相关信息，向 PDSN 发送有关用户特征及 QoS 的信息。

(3) 对于简单的 IP 业务，可以为用户分配动态 IP 地址；对于移动 IP，作为选项与漫游前的 PDSN 互操作，支持非归属 IP 网不同 PDSN 之间的切换。

2) CDMA2000 1X 关键技术及特点

与 CDMA One 相比，CDMA2000 1X 采用了一些新的技术，主要有：

(1) 前向快速功率控制技术。CDMA2000 增加了快速前向功率控制。移动台测量收到的业务信道的 E_b/N_t，并与门限值比较，根据比较结果，向基站发出调整基站发射功率的指令，功率控制速率可以达到 800 b/s。

由于增加了前向快速功率控制，可以减少基站发射功率，减少总干扰电平，从而最终可以增大系统容量。

(2) 前向快速寻呼信道技术。此技术有两个用途：

① 寻呼或睡眠状态的选择。因基站使用快速寻呼信道向移动台发出指令，指定移动台是处于监听寻呼信道还是处于低功耗状态的睡眠状态，这样移动台便不必长时间连续监听前向寻呼信道，可减少移动台激活时间和节省移动台功耗。

② 配置改变。通过前向快速寻呼信道，基地台向移动台发出最近几分钟内的系统参数

消息，使移动台根据此新消息作相应设置处理。

(3) 前向链路发射分集技术。CDMA2000 1X 采用直接扩频发射分集技术，它有两种方式：

① 正交发射分集方式。方法是先分离数据流再用不同的正交 Walsh 码对两个数据流进行扩频，并通过两副发射天线发射。

② 空时扩展分集方式。使用两副空间分集的天线发射已交织的数据，用相同的原始 Walsh 码信道。

使用前向链路发射分集技术可以减少发射功率，抵抗瑞利衰落，增大系统容量。

(4) 反向相干解调。基站利用反向导频信道发出的扩频信号捕获移动台的发射，再用 Rake 接收机实现相干解调。与 IS-95 采用的非相干解调相比，反向相干解调提高了反向链路的性能和系统容量，降低了移动台发射功率。

(5) 连续的反向空中接口波形。在反向链路中，数据采用连续导频，能使信道上数据波形连续，此措施可减少外界电磁干扰，改善搜索性能。

(6) Turbo 编码。Turbo 码具有优异的纠错性能，适于高速率、对译码时延要求不高的数据传输业务，并可降低对发射功率的要求，增加系统容量。在 CDMA2000 1X 中 Turbo 码仅用于前向补充信道和反向补充信道中。

(7) 灵活的帧长。与 IS-95 不同，CDMA2000 1X 支持 5 ms、10 ms、20 ms、40 ms、80 ms 和 160 ms 多种帧长，不同类型的信道分别支持不同的帧长。前向基本信道、前向专用控制信道、反向基本信道、反向专用控制信道采用 5 ms 或 20 ms 帧；前向补充信道、反向补充信道采用 20 ms、40 ms 或 80 ms 帧、话音信道采用 20 ms 帧。较短的帧可以减少时延，但解调性能较低；较长的帧可降低对发射功率的要求。

(8) 增强的媒体接入控制功能。媒体接入控制子层控制多种业务接入物理层，保证多媒体通信的实现。它实现话音、分组数据和电路数据业务，同时处理和提供发送、复用、QoS 控制及接入程序。与 IS-95 相比，它可以满足更宽带和更多业务的要求。

通过采用以上一些新技术，CDMA2000 1X 网络可获得近两倍于 IS-95 网络的容量，其他特性还包括同时对话音、视频和文本数据服务的支持，对提高网络效率的先进分组数据的支持等。目前，CDMA2000 技术的进展主要集中在对 CDMA2000 1X 的研究上，2000 年 10 月韩国电信 SKT 运营的第一个 CDMA2000 1X 无线数据和话音商用网络正式开通，它允许电信客户以高达 144 kb/s 的速率访问移动数据服务。

CDMA2000 1X 的后续发展包括 1X EV-DO 和 1X EV-DV。1X EV 能够对话音和数据用户需求进行优化和分离，并对 IS-95A 和 1X 网络后向兼容。它的主要特点是利用现有的 CDMA 频谱和成熟技术，新增了前向和反向链路不对称、突发导频等技术。可以在已有的 CDMA 基站上开辟一个 1.25 MHz 信道专用于 1X EV-DO，前向链路最高数据传输速率可以达到 2.4 Mb/s，反向链路数据传输速率最高可以达到 153.6 kb/s。同时支持话音和数据的 1X EV-DV 由 L3NQS 建议，话音容量将不低于 1X，数据速率最大可达到 3.072 Mb/s 或 6.144 Mb/s，反向链路可达到 614.4 kb/s。

6.4　集群移动通信网

集群通信诞生于 20 世纪 70 年代末，是一种智能化的频率管理技术，一种专门用于日常生产和运营管理，以及处理一些紧急或突发事件的最有效的先进无线指挥、调度通信系统。

6.4.1　集群通信的概念

　　集群是从英文 Trunking 意译过来的，其本意为干线或中继。为克服单信道移动电话系统容量小、频率利用率低的缺点，人们将有线电话中的中继线概念运用到无线移动通信之中，早先的无线集群就是一个多信道共用的中继系统，该系统中的所有用户自动动态地共享系统所有的信道。随着移动通信的发展，集群的概念也随之扩展。从广义上说，集群系统是指在中心控制单元的控制下，全部自动地、动态地、最优地将系统资源指配给系统内全部用户使用，最大限度地利用系统内的频谱资源和其他资源。集群系统采取集中管理，共享频率资源和覆盖区，共同承担组网费用的方式，是一种向用户提供优良服务的多用途、高效能而又廉价的先进的无线电指挥、调度通信系统，这成为专用移动通信网的发展方向。

　　集群系统是一种高效的无线指挥、调度系统，在一些比较发达的国家，已经得到了长足的发展和广泛的应用。

6.4.2　集群通信的特点与功能

　　集群通信的主要特点具体可归纳为以下几点：

　　(1) 共用频率。将原分配给各部门的少量专用频率集中管理，供各家一起使用。传输集群(或称发射集群)技术更进一步提高了频率利用率。

　　(2) 共用设施。由于频率共用，就有可能将各家分建的控制中心和基地台等设施集中管理。

　　(3) 共享覆盖区。可将各家邻接覆盖的网络互联起来，从而形成更大的覆盖区域。

　　(4) 共享通信业务。除可进行正常的通信业务外，还可有组织地发布共同关心的一些信息，如气象预报、交通信息等。

　　(5) 改善服务。共同建网，信道利用可调剂余缺，总信道数所能支持的总用户数比分散建网时分散到各网的信道所能支持的用户数总和要大得多，因此也能改善服务质量；还能加强管理和维护，因而可以提高服务等级，增强系统功能。

　　(6) 共同分担费用。共同建网肯定比各自建网费用要低，机房、电源、天线塔和天馈线等都可共用，有线中继线的申请开设和统一处理也较方便，管理、值勤人员也可相应减少。

　　(7) 具有功能齐全、方式灵活的调度指挥功能，并可与有线互连。

6.4.3　集群系统的分类

　　集群系统在世界各国的大力发展和广泛使用，以及其标准化工作的滞后，造成了集群通信系统的种类比较繁多。集群系统通常有以下几种分类方式：

　　(1) 按信令方式分，有共路信令方式和随路信令方式。

　　(2) 按话音信号的类型分，有模拟集群和数字集群两种。

　　(3) 按通话占用信道分，有信息集群(亦称消息集群)和传输集群之分。

　　(4) 按控制方式分，有集中控制方式和分散控制方式。

　　(5) 按覆盖区域分，有单区单中心制和多区多中心制。单区单中心制是集群系统的基本结构，如图 6.16 所示。这种网络适用于一个地区内、多个部门共同使用的集群移动通信系统，可实现各部门用户通信，自成系统而网内的频率资源共享。

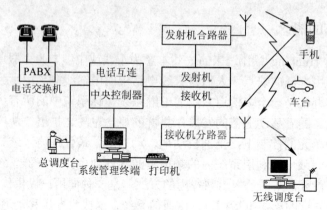

图 6.16　集群系统的基本结构(单区单中心制)

　　为扩大集群网的覆盖，单区制集群系统可相互连成多区多中心的区域网，区域网由区域控制中心、本地控制中心、多基站组成而形成整个服务区。各本地控制中心通过有线或无线传输电路连接至区域控制中心，由区域控制器进行管理，其结构如图 6.17 所示。

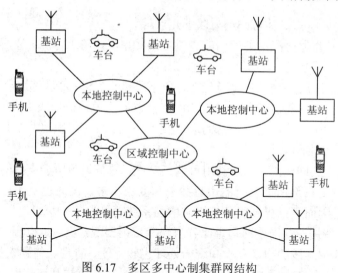

图 6.17　多区多中心制集群网结构

6.4.4　典型的集群移动通信网

1. 模拟集群通信网——智慧网(SMARTNET)

　　从模拟集群系统的发展和市场使用来看，比较典型的模拟集群系统主要有以下几种：SMARTNET(智慧网)集群移动通信系统、FAST 集群移动通信系统、MULTI-NET 集群移动通信系统、ACTIONET 集群移动通信系统等。其中，SMARTNET(智慧网)是美国 Motorola 公司生产的模拟集群移动通信系统。它具有较大的信道容量和全部集群功能，最大可以提供 28个话音信道，最多可配接 21 条电话线，可容纳 48 000 个单机识别码、4000 个通话组码。

2. 数字集群通信网——iDEN、TETRA

　　根据我国专用和共用数字集群移动通信系统的使用需求，在参考国外先进标准的基础上，我国确定了 iDEN 和 TETRA 两个数字集群通信系统体制，都归为一种推荐性的行业标准。

1) iDEN 数字集群网

美国 Motorola 公司生产的 800M 数字集群移动通信系统简称 MIRS，于 1994 年在美国洛杉矶问世，在它的产品国际化后改称 iDEN(Integrated Digital Enhanced Networks，增强型数字网络)，它将数字调度通信和数字蜂窝通信综合在一套系统之中，目前在北美、南美及亚洲十多个国家和地区投入商业应用，全球用户已超过 1000 万。

2) TETRA 系统

陆上集群无线电(TETRA，Terrestrial Trunked Radio)标准是欧洲电信标准协会(ETSI)制定的新一代数字集群系统标准，提供集群、非集群，具有话音、电路数据、短数据信息、分组数据业务的直接模式(移动台对移动台)通信，支持多种附加业务，其中大部分为 TETRA 所独有。系统具有兼容性好、开放性好、频谱利用率高和保密功能强等优点，是目前国际上制定得最周密、开放性好、技术最先进、参与生产厂商最多的数字集群标准。

TETRA 的主要优点是：它可以在同一技术平台上提供指挥调度、数据传输及电话服务，因此仅通过一套系统就可以满足一个组织的多种无线通信需求。除此之外，还支持广域通信覆盖，传送的话音十分清晰。

TETRA 系统可完成话音、电路数据、短数据信息、分组数据业务的通信及以上业务直接模式(移动台对移动台)的通信，并可支持多种附加业务，其完善的调度功能使得它非常适合做专网，尤其适用于军事武装部门、公检法等单位，它有一些功能是 iDEN 不具备的，如脱网直通和端对端加密等。采用 TETRA 标准的用户按性质可分为公共安全部门、民用事业部门和军事部门等，具体包括公众无线网络运营商、紧急服务部门、公众服务部门、运输和公用事业、制造和石油等行业。

6.5 卫星移动通信网

卫星移动通信是指车辆、舰船、飞机及个人在运动中利用卫星作为中继器进行的通信。利用卫星中继，在海上、空中和地形复杂而人口稀疏的地区中实现移动通信，具有独特的优越性，很早就已引起人们的重视。

国际海事卫星组织已提出在 21 世纪实现使用手机进行卫星移动通信的规划，并把这一系统定名为 IMARSAT-P。此外，还有美国的 TRITIUM 系统和 CELSAT 系统以及日本 MPT 的 COMETS 等计划。

6.5.1 低轨道卫星移动通信

为了实现移动通信直至个人通信的目标，使地面用户只借助手机即可实现卫星移动通信，许多人都把注意力集中于中、低轨道(MEO、LEO)卫星移动通信系统。

低轨道卫星移动通信系统由卫星星座、关口地球站、系统控制中心、网络控制中心和用户单元等组成。图 6.18 示出了低轨道卫星移动系统的基本组成。在若干个轨道平面上布置多颗卫星，由通信链路将多个轨道平面上的卫星连结起来，这样整个星座如同结构上连成一体的大型平台，在地球表面形成蜂窝状服务小区，服务区内用户至少被一颗卫星覆盖，用户可随时接入系统。

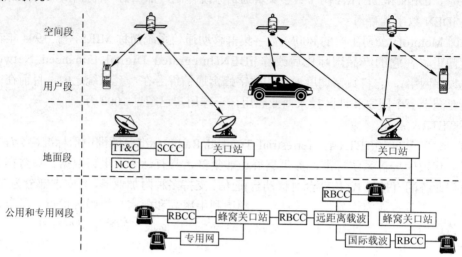

图 6.18　低轨道卫星移动通信系统组成框图

6.5.2　"铱"系统

　　利用低轨卫星群实现全球个人通信的典型代表是美国 MOTOROLA 公司提出的规模宏大的 Iridium(铱)系统。MOTOROLA 公司起初计划设置 7 条圆形轨道均匀分布于地球的极地方向，每条轨道上有 11 颗卫星，总共有 77 颗卫星在地球上空运行，这和铱原子中 77 个电子围绕原子核旋转的情况相似，故取名为"铱"系统。为了与其他低轨道卫星通信系统进行竞争，简化结构、节省投资，Motorola 公司最终将该系统改用 66 颗卫星，分 6 条轨道在地球上空运行，但原名未改。卫星直径 1.2 m，高 2.3 m，重 341 kg，平均工作寿命为 5 年。

　　改进后的单颗卫星用 48 个波束投射地面，比原设计每颗卫星增加了 11 个波束，每个波束平均包含 80 个信道，每颗星可提供 3840 个全双工电路信道。系统采用"倒置"的蜂窝区结构，每颗星投射的多波束在地球表面上形成 48 个蜂窝区，每个蜂窝区的直径约为 667 km，它们相互结合，总覆盖直径约 4000 km，全球共有 2150 个蜂窝，如图 6.19 所示。

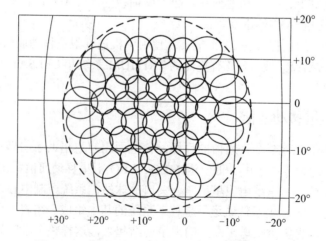

图 6.19　"铱"系统卫星的 48 个点波束覆盖结构

6.5.3 "全球星"系统

"全球星"(Globalstar)公司是由美国劳拉宇航公司和高通(Qualcomm)公司共同组建的低轨卫星移动通信公司。目前"全球星"公司已逐渐发展成为由世界上主要电信运营商和电信设备制造商组成的国际财团,主要成员包括法国阿尔卡特、法国电信公司、英国沃打丰、韩国现代以及中国卫星通信集团公司。

"全球星"系统与"铱"系统在结构设计和技术上均不同。"全球星"系统属于非迂回型,不单独组网,其作用只是保证全球范围内任意移动用户随时可通过该系统接入地面网,作为陆地蜂窝移动通信系统的延伸,其成本比"铱"系统低。"全球星"系统由 48 颗低轨卫星、8 颗在轨备用卫星、卫星运行控制中心、地面运行控制中心、关口站和用户终端组成,在全球范围内(不包括南北极)向用户提供"无缝隙"覆盖的卫星移动通信业务。它采用小区设计,每颗卫星有 6 个点波束,在地面上形成椭圆形的小区覆盖。由于点波束较"铱"系统要少,每个点波束的覆盖面积就较大,这样可增大用户处于同一卫星波束覆盖内的时间,从而减少通话中在卫星波束之间的切换操作。小区相互交错,构成对全球不间断连续覆盖,各服务区总是被 3~4 颗卫星覆盖,用户可随时接入系统。"全球星"系统卫星点波束天线能补偿远、近地面用户与卫星间的链路损耗上的差别,保持远、近地面用户的功率流密度大致相同。每颗卫星能与用户保持连续 10~12 min 通信,然后以软切换的方式切换到另一颗卫星,使用户感觉不到有间断。"全球星"系统可以与 GSM 网以及 CDMA 网之间实现相互漫游,因此手机比普通 GSM 手机稍大,有单模、双模和三模几种,可在卫星模式及不同制式的蜂窝模式下自由漫游通信,初步实现个人通信的梦想。只要你拥有一部"全球星"双模或三模手机,一个号码就可以享受全球范围内的话音、短信息、传真、数据、定位等多种业务服务。

6.6 LTE/4G/5G

1. LTE

LTE(Long Term Evolution,长期演进)是由第三代合作伙伴计划 3GPP(The 3rd Generation Partnership Project)组织制定的通用移动通信系统 UMTS(Universal Mobile Telecommunications System)技术标准的长期演进。

LTE 的远期目标是简化和重新设计网络体系结构,使其成为 IP 化网络,替代原先的 GPRS 核心分组网,提供一个从 3G 网络升级到 4G 移动通信技术的途径。

LTE 标准包括一个核心架构的发展,称为系统架构演进(SAE),也称为演进的分组核心网(EPC),为数据传输提供优化,同时支持 IPv4 和 IPv6。

由于不同国家分配不同的频率,LTE 在设计时就要求具备较强的频率适应性。例如,LTE 在北美安排的频率为 700 MHz,在欧洲为 900 MHz、1800 MHz、2600 MHz,在亚洲为 1800 MHz、2600 MHz,在澳大利亚为 1800 MHz。请注意,在全球部署的 GSM 工作在四个频率 850 MHz、900 MHz、1800 MHz 和 1900 MHz,全球部署的 UMTS 工作在 14 个不同的频率。

与 3G 相比，LTE 有许多分配的无线电频谱，频率效率提高 2～4 倍，无线空中接口支持更高的数据速率，最佳的小区直径为 5 km，30 km 的小区支持合理的性能，高达 100 km 的小区支持可接受的性能，具体技术细节如表 6-7 所示。

表 6-7　LTE 关键技术特征

参　　　数	技　术　细　节
下行峰值速率 64QAM(Mbps)	100(SISO)，172(2×2MIMO)，326(4×4MIMO)
上行峰值速率(Mbps)	50(QPSK)，57(16QAM)，86(64QAM)
数据类型	全分组交换，无电路交换
信道带宽(MHz)	1.4，3，5，10，15，20
双工方式	FDD 和 TDD
移动能力	0-15 km/h(优化)，15-120 km/h(高性能)
延迟	空闲激活：≤100 ms，小数据包：约 10 ms
频谱	下行：Rel6 HSDPA 的 3～4 倍 上行：Rel6 HSUPA 的 2～3 倍
接入方式	OFDMA(下行)，SC-FDMA(上行)
支持的调制类型	QPSK,16-QAM,64-QAM(下行和上行)

2. 4G

4G 是第四代移动通信网络，它不仅超越了伴随 3G 的限制和问题，而且增加了带宽，提高了服务质量，减小了资源开销。4G 将仅基于分组交换，与电路交换和分组交换混合的 3G 网络的主要区分特征是数据速率的增加、增强的多媒体服务、新型传输技术、新的互联网接入技术、与有线骨干网接口时更好的兼容性，以及额外的 QoS 和安全机制。这意味着一种新的空中接口支持更高的数据速率，以及端到端数据传输方式的改变，能以更低的开销提供全球无所不在的平滑漫游。

4G 应该支持更宽范围的数据速率，包括在全移动广域覆盖下的至少 100 Mb/s 峰值速率和低移动局域环境下的 1 Gb/s 速率，支持音频和视频流，并提供分组导向服务的高效传输和广播与分布式服务，包括对称和非对称服务，给实时服务提供 QoS。

作为一个基于 IP 的网络，4G 将全面使用 IPv6。IPv6 现在正在逐步进入电信基础设施。在 4G 网络中，每一个节点将分配一个 4G-IP 地址(基于 IPv6)，它将由一个永久的"归属" IP 地址和一个动态的表示其实际地址的"转交"地址组成。

4G 关注点涉及成本和各种应用的兼容性，如三维虚拟现实、交互式视频全息图像和确定技术间的交互。

3. 5G

5G 网络是第五代移动通信网络。它意味着超快的数据传输速度，其最高理论传输速度可达每秒数十 Gb/s，这比 4G 网络的传输速度快数百倍，整部超高画质电影可在 1 秒之内下载完成。其最大的改进之处是能够灵活地支持各种不同的设备。除了支持手机和平板电脑外，5G 网络将还需要支持可佩戴式设备，例如健身跟踪器和智能手表、智能家庭设备如鸟巢式室内恒温器等。

5G 毫无限制地互连整个世界，创造出一个真正的无线世界，即无线万维网。

习　　题

1. 移动电话网的基本结构是怎样的？和模拟蜂窝移动电话系统相比，数字蜂窝移动通信系统有哪些优点？

2. GSM 数字蜂窝移动通信网基本组成有哪些？各部分的主要功能是什么？

3. 我国移动通信网话路及信令网的分级结构是怎样的？

4. GSM 移动通信系统无线接口的特性主要有哪些？

5. 简述 GSM 移动通信系统中用户鉴权的过程。

6. 扩频通信的基本原理是什么？扩频通信有些什么特点？

7. CDMA 数字蜂窝移动通信网的基本组成有哪些？其组成与 GSM 系统相比有何异同？

8. CDMA 数字蜂窝移动通信网有何特点？

9. CDMA 数字蜂窝移动通信系统通过哪些手段提高系统容量？

10. 什么是软切换？它有什么特点？

11. CDMA2000 1X 网在 IS-95 网基础上新增了哪些节点？CDMA2000 1X 系统采用了哪些新技术？有何特点？

12. 什么是集群通信？

13. 集群系统通常有哪些功能？常用的集群系统有哪些？我国建议的数字集群标准中采用了哪几种系统？

14. 什么是卫星移动通信系统？

第7章 数据与计算机通信网

数据与计算机通信网是指用于数据与计算机通信的网络，这里包含两层含义：一是指为提供数据通信业务而组成的数据通信网；二是指多台计算机及其终端设备通过通信线路互相连接起来实现信息交换的网络，即计算机通信网。数据与计算机通信的特点是所传递的信息形式是数字信号，通信的对象是人与机器(指计算机或终端)或机器与机器，通常都有计算机的直接参与。

本章重点介绍数字数据网 DDN、帧中继 FR 和 IP 网络，对于高速网络，如 FDDI、DQDB 和 SMSD 等只简单提及。

7.1 概 述

数据通信网与计算机通信网都是在通信网基础上建立起来的。图 7.1 所示是数据通信网和计算机通信网的结构示意图。虚线以内是通信子网，即数据通信网；虚线以外是资源子网。数据通信网的任务是在网络用户之间透明地、无差错地、迅速地交换数据信息。而资源子网的基本功能是提供所需的共享硬件、软件及数据等资源，并进行数据的处理。计算机通信网由通信子网和资源子网构成，因此，计算机通信网的任务是实现计算机与计算机及计算机与终端之间的通信和资源共享，另外还可以实现电子信箱、可视图文、电子数据交换等通信与信息处理相结合的业务。

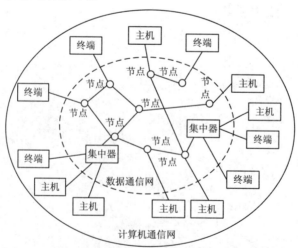

图 7.1 数据通信网和计算机通信网的结构示意图

近年来，我国公用数据通信网的发展很快，先后建立了分组数据网(X.25)、数字数据网(DDN)、帧中继网(FR 网)和 ATM 宽带网。X.25 是数据通信网的基础，DDN 则提供专线数据业务，而 FR 及 ATM 宽带网则定位于宽带数据通信业务。数据通信网的发展趋势是 IP 网络，它通过统一的 IP 层来屏蔽各种物理网络技术(如 X.25、DDN 等)的差异性，实现异种网的互连。

7.2　数字数据网 DDN

7.2.1　概述

数字数据网 DDN(Digital Data Network)是利用数字信道传输数据信号的通信网，它的传输媒介主要是光缆，辅助以数字微波、卫星信道以及用户端可用的普通电缆和双绞线。

DDN 在发展过程中，把数据通信与数字通信、计算机、光纤通信、数字交叉连接等技术有机地结合起来，形成了一个新的技术整体，使其应用范围从最初单纯提供数据通信业务，逐渐拓宽为能提供多种业务和增值业务，已成为具有很大的吸引力和发展潜力的传输网络资源。DDN 具有以下优点：

(1) DDN 是同步数据传输网，传输质量高，误码率低(可达 10^{-10})。

(2) 传输速率高，网络时延小。由于 DDN 采用了同步转移模式的数字时分复用技术，用户数据信息根据事先约定的协议，在固定的时隙以预先设定的通道带宽和速率顺序传输，这样只需按时隙识别通道就可以准确地将数据信息送到目的终端。由于信息是顺序到达目的终端的，免去了目的终端对信息的重组，因此减小了时延。

(3) DDN 为全透明网。DDN 是任何规程都可以支持的，不受约束的全透明网，可支持网络层以及其上的任何协议，从而可满足数据、图像、声音等多种业务的需要。

(4) 网络运行管理简便。DDN 将检错和纠错等功能放到智能化程度较高的终端来完成，简化了网络运行管理和监控的内容，同时也为用户参与管理网络创造了条件。

7.2.2　DDN 的结构与业务

1. DDN 的结构组成

DDN 由本地传输系统、复用/交叉连接系统、局间传输系统、网同步系统和网络管理系统等五大部分组成，如图 7.2 所示。

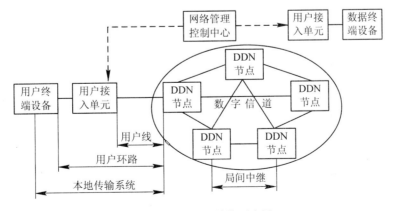

图 7.2　DDN 组成结构示意图

1) 本地传输系统

本地传输系统包括用户终端设备、用户接入单元和用户线。用户接入单元和用户线又称为用户环路。

常用的用户终端设备有数据终端设备、个人计算机、工作站、电话机和传真机、用户交换机、可视电话机、窄带话音和数据多路复用器、局域网的桥接器和路由器等。用户线一般采用市话用户电缆或光缆。

用户的接入方式主要有下列八种，如图 7.3 所示。

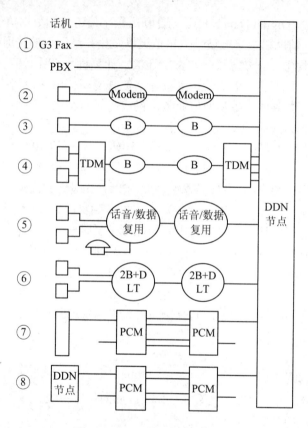

图 7.3　DDN 中用户的接入方式

(1) 二线模拟传输方式。这种传输方式支持模拟用户入网连接，在交换方式下，同时需要直流环路、PBX 中继线、E&M 信令传输。

(2) 二线(或四线)话带 Modem 传输方式。支持的用户速率取决于线路长度、调制解调器(Modem)的类型。

(3) 二线(或四线)基带传输方式。 这种传输方式采用回波抵消技术和差分二相编码技术。其二线基带设备可进行 19.2 kb/s 全双工传输。该基带传输设备还可具有 TDM 复用功能，为多个用户入网提供连接。复用时需留出部分容量给网络管理用。另外，还可用二线或四线，速率达到 16 kb/s、32 kb/s 或 64 kb/s 的基带传输设备。

(4) 基带传输+TDM 复用传输方式。这种传输方式实际上是在二线(或四线)基带传输的基础上，再加上 TDM 复用设备，为多个用户入网提供连接。

　　(5) 话音/数据复用传输方式。在现有的市话用户线上，采用频分或时分的方法实现电话/数据独立的数据复用传输，还可加上 TDM 复用，为多个用户提供入网连接。

　　(6) 2B+D 速率的 DTU(数据终端单元)传输方式。DTU 采用 2B+D 速率，二线全双工传输方式，为多个用户提供入网。

　　(7) PCM 数字线路传输方式。这种方式是当用户直接用光缆或数字微波高次群设备时，可与其他业务合用一套 PCM 设备，其中一路 2048 kb/s 进入 DDN。

　　(8) DDN 节点通过 PCM 设备的传输方式。

　　DDN 中用户的接入方式除了上述基本方式外，还可以采用不同的组合方式。

　　用户接入单元的作用是把用户端送入的原始信号转换成适合在用户线上传输的信号形式，如基带或频带调制解调信号，并在可能的情况下将多个用户设备的信号复用后在一对用户线上传输。用户接入单元可以是数据服务单元、信道服务单元和数据电路终接设备(DCE)，如基带或频带调制解调器。

　　2) 复用/交叉连接系统

　　数字交叉连接系统 DCS(Digital Cross-connect System)用于通信线路的交接、调度和管理。它负责完成时隙的交叉连接(含复用)。如在 DDN 节点中的 2048 kb/s PCM 信号复用帧，流入/出的数字流以 64 kb/s 为单位进行复用/交叉连接，如图 7.4 所示。

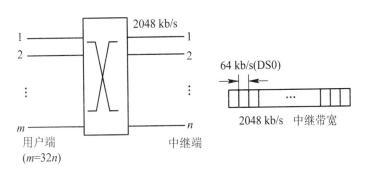

图 7.4　数字交叉连接示意图

　　数字交叉连接系统采用单级时隙交换结构，可以快速地对 $m \times 64$ kb/s 和 2048 kb/s 线路进行交换，提供端点到端点的最优连接，大大提高了传输线路的使用效率。

　　3) 局间传输系统

　　局间传输系统是指 DDN 节点间的数字信道以及由各节点与数字信道的各种连接方式组成的网络拓扑。局间传输的数字信道通常采用数字传输系统中的基群(2048 kb/s)信道。网络拓扑则是根据网络中各节点的信息流量和流向以及网络的安全等因素而建立的网络结构。

　　4) 网同步系统

　　网同步系统的任务是提供 DDN 全网设备工作的同步时钟，保证全网设备的同步工作。DDN 通常采用主从同步方式。

　　5) 网络管理系统

　　DDN 的网络管理包括用户接入管理、网络资源的调度、路由选择、网络状态的监控、网络故障的诊断、告警与处理、网络运行数据的收集与统计、计费信息的收集与统计等。

对于全国范围的公用 DDN，网络管理采用分级管理的方式，在主干网上设立集中的网管控制中心，负责主干网上的电路组织和调度。在主干网上还可以设置若干个网管控制终端，它能与网管控制中心交换网管控制信息，在授权范围内执行网管控制功能。各省内网可设立各自集中的网管控制中心，负责本省内网上电路的组织和调度，也可设若干网管控制终端，在授权范围内执行网管控制功能。

2．DDN 的业务功能

DDN 是全透明的网络，具有可靠性高、信道利用率高和时延小等优点，可以支持多种业务服务。

DDN 业务分为专用电路、帧中继、压缩话音/G3 传真和虚拟专用网四类业务。DDN 的主要业务是向用户提供中高速率，高质量的点到点和点到多点数字专用电路(简称专用电路)。在专用电路的基础上，通过引入帧中继服务模块(Frame Relay Module，FRM)，提供永久性虚电路(Permanent Virtual Circuit，PVC)连接方式的帧中继业务。通过在用户入网处引入话音服务模块(Voice Service Module，VSM)提供压缩话音/G3 传真业务。在 DDN 上，帧中继业务和压缩话音/G3 传真业务均可看做在专用电路业务基础上的增值业务。

1) 专用电路业务

(1) 基本专用电路。DDN 提供的基本专用电路是规定速率的点到点专用电路，如中高速数据业务、会议电视业务、高速可视图文业务等。

(2) 特定要求的专用电路。为了满足用户的特殊需求，DDN 网络还可提供特定要求的专用电路，例如：

① 高可用度的 TDM 电路。对于重要用户，DDN 网络应通过例如通路备用、高优先级等措施，提高 TDM 电路的可用度。

② 低传输时延的专用电路。对于要求传输时延小的专用电路，DDN 网络通过选择地面路径连接，避免引入卫星电路的附加传输时延。

③ 定时的专用电路。用户与网络约定专用电路的接通时间和终止时间，定时使用专用电路。

④ 多点专用电路。在 N 个用户之间的专用电路业务，当 N 大于 2 时称为多点专用电路业务。多点专用电路又可分为广播多点、双向多点和 N 向多点专用电路。

• 广播多点专用电路是指广播源用户(一个)到所有广播接收用户方向的传输通路。例如，证券行情发布可以使用此业务。

• 双向多点专用电路有一个控制站用户，其他为辅助站用户。控制站发出的信息被辅助站接收，任何一个辅助站发出的信息都被控制站接收，在辅助站之间没有信息通路。用户利用双向多点电路业务，可以构成轮训/选择方式的计算机网络。

• N 向多点专用电路，在 N 个用户中，任何一个用户发出的信息都被所有其他用户接收。N 向多点专用电路多用于会议业务。

DDN 网上要求必须能提供广播多点和双向多点专用电路业务。对于 N 向多点专用电路，在 DDN 节点不能提供时，可外加多点控制单元设备来实现。

2) 帧中继业务

DDN 上的帧中继业务是通过在 DDN 节点上设置帧中继模块来实现的，帧中继模块(FRM)之间、FRM 和帧装拆模块(Frame Assembly Disassembly，FAD)之间通过基本专用电路互连。FRM、FAD 和它们之间的专用电路专门为帧中继业务使用，它们的设置可独立于所依附的 DDN 网络，即可以根据帧中继用户的分布和帧中继业务量的需要，在选择的 DDN 节点处设置 FRM、FAD 和它们的容量。FRM、FAD 之间的专用电路及其容量也是根据帧中继业务的需要设置，而不是每个 DDN 节点都必须设置 FRM、FAD，不是每条数字通道上都必须有供帧中继业务使用的专用电路。这样，单从帧中继业务看，可认为在 DDN 内逻辑上独立地存在一个帧中继网络。

帧中继业务用户分为两类，一类是具有 ITU-T 建议 Q.922(即帧方式承载业务 ISDN 数据链路层规范)接口的用户，称为帧中继用户；另一类是不具有 Q.922 接口的用户，称为非帧中继用户。帧中继用户可直接与 FRM 连接，非帧中继用户经 FAD 与 FRM 连接。FAD 执行帧的装拆、协议转换功能，FRM 执行帧中继功能。

3) 压缩话音/G3 传真业务

DDN 上通过在用户入网处设置的话音服务模块(VSM)来提供这种业务。在 VSM 之间，DDN 网络提供端到端的全数字连接，即中间不再引入话音编码和信令处理方面的数/模转换部件。VSM 可以设置在 DDN 内的节点上，也可以由用户自行设置。

4) 虚拟专用网业务

数据用户可以租用公用 DDN 的部分网络资源构建自己的专用网，即虚拟专用网(Virtual Private Network，VPN)。虚拟专用网用户能够使用自己的网管设备对租用的网络资源进行调度和管理。

该业务主要适用于部门、行业或集团客户。它们可以利用 VPN 组建自己的专用计算机网络，不仅通信的安全性和可靠性问题得到了保证，而且避免了重复投资，节省了远距离联网的费用。有关虚拟专用网的内容将在本书第 9 章介绍。

3．用户入网速率

对上述各类业务，DDN 提供的用户入网速率及用户之间的连接如表 7.1 所示。

表 7.1　用户入网速率及连接

业务类型	用户入网速率/(kb/s)	用户之间连接
专用电路	2048 $N \times 64\ (N = 1 \sim 31)$ 子速率：2.4、4.8、9.6、19.2	TDM 连接
帧中继	2048 $N \times 64\ (N = 1 \sim 31)$ 子速率：9.6、14.4、19.2、32、48	PVC 连接
话音/G3 传真	用户 2/4 线模拟入网(DDN 提供附加信令信息传输容量)的 8 kb/s、16 kb/s、32 kb/s 通路	带信令传输能力的 TDM 连接

注：对话音/G3 传真业务，表中所列 8 kb/s、16 kb/s、32 kb/s 是指话音压缩编码后的速率，在附加传输信令和控制信息后，每条话音编码通路实际需用速率要略高，例如要增加 0.8 kb/s，这样，在 DDN 上带信令传输能力的 TDM 连接速率为 8.8 kb/s、16.8 kb/s 和 32.8 kb/s。

对于专用电路和开放话音/G3 传真业务的电路，互通用户入网速率必须是相同的；而对于帧中继用户，由于 FRM 具有存储/转发帧的功能，因而允许不同入网速率的用户互通。

7.2.3 DDN 的应用

　　DDN 为用户提供的基本业务是专用电路业务，其中最典型的是点对点的 DDN 专线。DDN 专线与公用电话交换网中的电话专线的区别在于：电话专线的连接是固定的物理连接，而且是一个模拟信道，其带宽小、质量较差，没有完善的网管系统。DDN 专线的连接是半固定连接，是一个数字信道，其质量高、带宽大，具有较完善的网管系统。DDN 连接信道的数据传输速率、路由以及所用的网络协议等随时可根据需要申请改变，以充分满足用户的通信要求和通信质量。

　　DDN 与 X.25 网的区别在于：X.25 是一个分组交换网，它本身具有三层协议，用户通过呼叫建立虚电路；X.25 具有协议转换、速率匹配等功能，适用于不同通信规程、不同通信速率的用户设备之间的通信；X.25 只在高层协议上对用户透明。而 DDN 不具备交换功能，主要方式是定期或不定期的租用专线，用户申请专线后，连接就已完成；DDN 是一个全透明的网络，在用户速率小于 64 kb/s 时采用子速率复用技术，大于 64 kb/s 时采用时分复用技术；信息按用户事先约定的网络协议在固定的时隙以预先设定的带宽和速率顺序传送，终端不必重新组合信息。X.25 按通信字段(流量)收费，而 DDN 按固定月租收费，所以 DDN 更适合于需频繁通信的 LAN 与 LAN 或主机与主机的互连。

　　归纳起来，DDN 的应用范围有：

(1) 民航、火车站售票联网。

(2) 银行联网。

(3) 股市行情广播及交易。

(4) 信息数据库查询系统。

(5) 任何电脑联网通信。

(6) 各种数据、图像传输，特别适用于业务量大、实时性强的数据通信用户使用。

　　总之，DDN 是随着数据通信业务的发展而发展起来的一种新兴网络，它利用数字信道提供永久性或半永久性电路，为客户提供专用的数字数据传输通道，为客户建立自己的专用数据网提供条件。近年来，随着大规模集成电路技术和计算机技术的迅速发展，在 DDN 上采用的技术越来越先进，它不仅能用于准同步数字系列(PDH)，也可用于同步数字系列(SDH)上。DDN 已成为数据通信的一个重要的技术分支，将成为用户远程数据通信的最佳选择。

7.3 X.25 与帧中继 FR

7.3.1 概述

　　X.25 分组交换数据网可以为数据用户提供交换虚电路和永久虚电路数据业务。交换虚电路每次都要建立通信连接，永久虚电路则费用较大，且电路利用率较低。很多数据用户的业务需求是为了解决行业部门内的数据信息处理及管理，这些业务大多发生在相对固定的用户之间。如果这些业务都利用分组交换网来建立一次次的通信连接或永久连接，显然是不经济的，这时，介于永久性连接和交换式连接之间的半永久性连接方式的数字数据网作为数据通信应用技术的一个分支逐渐发展起来。

帧中继是在数字光纤传输线路逐渐代替原有的模拟线路，用户终端智能化的情况下，由 X.25 分组交换技术发展起来的一种传输技术。它在用户—网络接口之间提供用户信息流的双向传送，并可对用户信息流进行统计时分复用。

帧中继和分组交换类似，但却以比分组容量大的帧为单位而不是以分组为单位进行数据传输的，而且，它在网络上的中间节点对数据不进行误码纠错。如图 7.5 所示，图(a)是一般分组交换方式，每个节点在收到一帧后都要发回确认帧，而目的站在收到一帧后发回端到端的确认时，也要逐站进行确认；图(b)是帧中继方式，它的中间站只转发帧而不确认帧，即中间站没有逐段的链路控制能力，只有在目的站收到一帧后才向源站发回端到端的确认。

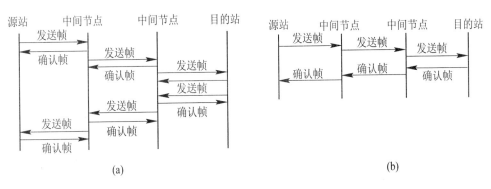

图 7.5　一般分组交换方式与帧中继方式的比较

(a) 一般分组交换方式；(b) 帧中继方式

帧中继技术在保持了分组交换技术的灵活及较低的费用的同时，缩短了传输时延，提高了传输速度。因此，它成为了当今实现局域网(LAN)互连、局域网与广域网(WAN)连接等应用的理想解决方案。

近年来，数据通信网中的用户类型发生了很大的变化，用户终端—智能主机(User-Host)用户所占比例逐年下降，而客户/服务器(Client-Server)用户的比例不断增加。在这种情况下，现代用户的需求有以下特点：

(1) 要求传输速率高，时延低；

(2) 信息传送的突发性高；

(3) 用户端智能化程度高。

传统的方法是采用租用专线和分组网来满足用户需求，但这两种方法都有其不可克服的缺点。对于租用专线方式，其成本十分昂贵，线路利用率很低，对突发性业务量的传送不利。对于分组网方式，X.25 协议过于复杂，交换机和业务成本都很高，复杂的协议影响了传输速率，网络时延大，难以实现高速数据传送。帧中继技术正是在这种用户需求提高而现有网络技术又难以满足的情况下应运而生的。

帧中继协议简单，不存在纠错及流量控制等三层功能，为保证用户数据的正确传送，必须具备以下两个条件：

    (1) 传输线路质量高，误比特率要达到 10^{-8} 数量级；

    (2) 用户终端智能化高，本身可进行端到端的纠错和流量控制。

    就目前情况来看，一方面，宽频带、高质量、数字化的光纤传输技术日益普及，为帧中继的实现提供了很好的物理基础(光纤的数字传输误码率小于 10^{-9})；另一方面，用户终端日益智能化，如在 LAN 中的 TCP/IP、SNA 等协议本身就是三层以上，将原有网络中进行的纠错、流量控制等由网内移至端到端的用户是完全有可能的。

    表 7.2 中对电路交换、分组交换和帧中继技术进行了比较。

表 7.2　电路交换、分组交换与帧中继的比较

项　目	电路交换	X.25 分组交换	帧中继
时隙复用	是	否	否
虚电路复用	否	是	是
端口分享	否	是	是
协议透明	是	否	是
突发业务适应性	否	是	是
高吞吐量	是	否	是
传输速率	低—高	低—中	低—高
按需分配带宽	无	较好	较好
一点到多点	较差	较好	较好
网络灵活性	较好	较低	较低
时延	很小	大	小
费用	较低	较低	较低

    由此可见，解决目前用户需求，帧中继是最经济有效的办法。帧中继能给用户带来的主要益处有：

    (1) 降低网络互连费用；

    (2) 在减少网络复杂性的基础上提高网络功能；

    (3) 有统一的国际标准，易于互通和兼容；

    (4) 网络与协议无关。

7.3.2　帧中继技术原理

1. 帧中继与 X.25 的比较

    帧中继是 X.25 分组网在光纤传输条件下的发展，可以看做是 X.25 分组交换技术及其功能的子集。它保存了 X.25 链路层 HDLC(High Data Link Control)帧格式，但不采用 LAPB 规程，而是按照 ISDN 标准使用 LAPD 规程。LAPD 是 OSI 的第二层协议，用于 ISDN 的 D 信道通信。X.25 在网络层实现复用和转接，而帧中继在链路层实现链路的复用和转接，它可以完全不用网络层只用链路层(帧级)实现复用传递。

图 7.6(a)和(b)分别是 X.25 分组交换网与帧中继两种方式端到端传输层次上的对比。

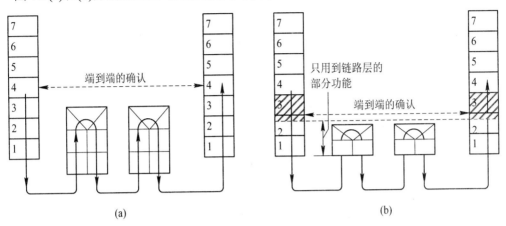

(a)　　　　　　　　　　　　　　　(b)

图 7.6　帧中继与 X.25 的比较

(a) X.25 网；(b) 帧中继网

2. 帧中继的帧结构

帧中继的帧结构是由 ITU-T Q.922 建议的，也称为 Q.922 HDLC 帧。它与 HDLC 帧的格式类似，其主要区别是没有控制字段，而且它使用扩充寻址字段，以实现链路层复用和"共路信令"。帧格式如图 7.7 所示。

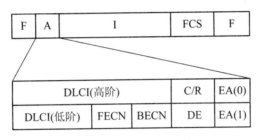

图 7.7　帧中继的帧格式

帧中继的帧由标志 F、信息 I、帧校验 FCS 和地址段 A 组成。地址段(A)一般为 2 个字节，也可扩展为 3~4 个字节，其内容包括：

(1) DLCI——数据链路连接标识符。帧中继采用虚电路方式来传送数据帧，帧中继的每一个帧沿着各自的虚电路在网络中传送。为此每个帧必须携带一个叫做数据链路标识符(DLCI)的"虚电路号"来标识每个帧的通信地址。

(2) C/R——命令/响应位，与高层应用有关，帧中继本身并不使用。

(3) EA——地址扩展表示，可扩展到 3 或 4 个字节。EA = 0，表示下一字节仍然是地址字节；EA = 1，表示地址字段到此为止。

(4) FECN——正向阻塞显式通知，FECN = 1，可能有正向阻塞而延迟。

(5) BECN——反向阻塞显式通知，BECN = 1，可能有反向阻塞而延迟。

(6) DE——帧丢弃许可指示，用户终端根据 FECN 和 BECN 的指示结果，使用 DE 来告诉网络，若网络发生阻塞，可优先传送(DE = 0)那些对时延敏感的帧，而丢弃(DE = 1)那些次要的帧。

信息字段(I)是可变长度的，理论上最大长度为 4096 个字节(取决于 FCS 的检验能力)，具体实现的最大长度可由各厂家决定。I 字段用来装载用户数据，可以包括接入设备使用的各种协议类型(协议数据单元 PDU)。

3．帧中继原理

帧中继原理示意图如图 7.8 所示。帧中继数据传输的初始情况是：已知帧中继终端接到端口 x，在已建立的一条虚电路连接上，按 10 bit DLCI 的"虚电路号"标识分配协定，帧中继交换前、后的 DLCI 值分别为 a 和 b。

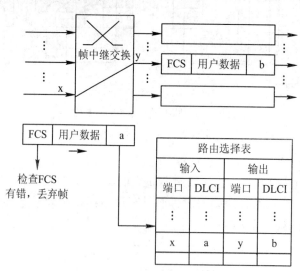

图 7.8　帧中继原理示意图

帧中继交换机实现帧数据传输的过程为：首先使用帧尾的两个字节 FCS 检查是否有传输错误，若有则丢弃该帧。其次查看路由表，以确定输出链路号。根据路由表，由端口 x 输入的 DLCI=a 的帧应在端口 y 上送出，其帧的新 DLCI=b。显然，DLCI 改变了，故在发送该帧前，需要重新计算 FCS。从呼叫建立起，沿途所有帧中继交换机的路由表皆形成如图 7.8 一样的登录项。帧通过网络向前传递，直到到达目的终端。

图 7.8 只表示出一个方向上的传输，在另一个方向上的传输可用同样方式进行。DLCI 仅具有本地意义，一般说来，在一条虚连接的每一端 DLCI 是不相同的。网络本身不执行任何流量控制，而且不会试图去纠正可能发现的任何错误。差错控制和流量控制被留给在终端之间进行端到端操作的更高层协议去执行。

4．用户接入帧中继网

用户访问帧中继业务通常需具备三种基本设施：用户住宅设备、传输设备和帧中继网络。用户住宅设备可以是任何类型的接入设备，如具有帧中继接口的桥接器或路由器。用户在接入帧中继网时，通常采用以下几种形式，如图 7.9 所示。

(1) 局域网接入方式：局域网用户一般通过桥接器/路由器接入帧中继网，也可通过其他的帧中继接入设备(如集线器、PAD 和规程转换器等)接入帧中继网。

(2) 计算机接入方式：各类计算机通过帧中继接入设备(FRAD)，将非标准的接口规程转换为标准的 UNI 接口规程后接入帧中继网络。如果计算机自身带有标准的 UNI 规程，则可作为帧中继终端直接接入帧中继网。

(3) 用户帧中继交换机接入公用帧中继网：用户专用的帧中继网接入公用帧中继网时，将专用网络中的一台交换机作为公用帧中继网的用户，以标准的 UNI 规程接入。

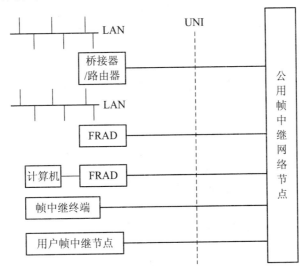

图 7.9　用户接入帧中继网的形式

7.3.3　帧中继业务应用

帧中继业务应用十分广泛，主要包括以下几个方面：

(1) 块交互数据：实现高分辨率图形数据传输，该应用的特点是要求短时延和大流量。

(2) 文件传送：多用于传送长文件，因为对于长文件，要获得比较满意的传输时延，必须有较大的流量。

(3) 支持多个低速率复用：利用帧中继的复用能力为较多的低速率用户提供更经济的服务。

(4) 字符交互：以短帧、短时延和低流量的特点用于文字编辑。

(5) 局域网互连：通过网桥和路由器互连局域网时采用帧中继是比较有效的。帧中继协议的"流水线"特性特别适用于局域网产生的突发性、高速率和大流量的数据。对局域网的数据帧进行中继转发时，需要采用可变长度的帧格式，并尽可能减少转换处理软件，这正是帧中继的特点。

下面以一个利用帧中继进行局域网互连的例子来说明。

在许多大机关、企业、部门中，其总部和各地分支机构所建立的局域网需要互连，而局域网中往往会产生大量的突发数据来争用网络的带宽资源。如果用帧中继进行局域网互连，既可节约费用，又可充分利用网络资源。

图 7.10(a)表示有 6 个局域网通过 6 个路由器与广域网互连，其中 R 表示路由器。在不使用帧中继时，要使任何一个局域网通过广域网与任何一个其他的局域网进行有效的通信(即足够小的时延)，就必须在广域网中使用专用线路，共需要 15 条长途专用线路和 30 条本地专用线路，而每个路由器需要有 5 个端口。

但若使用帧中继技术，如图 7.10(b)所示，则在帧中继网络中只需设立具有帧中继交换机的节点，一共只需要 6 条长途专用线路和 6 条本地线路。每个路由器只需要 1 个端口。每两个帧中继交换机之间都建立一条永久虚电路，其效果和专用线路是一样的。帧中继网对外的表现就好像一个高速环形网，从每一个路由器的端口都可以很方便地与任何其他路由器的端口进行通信。图中，R 表示路由器，FR 表示帧中继交换机。

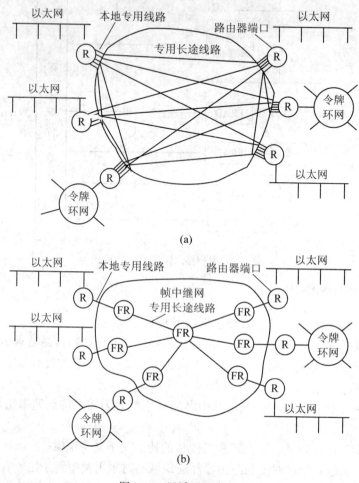

图 7.10   局域网互连

(a) 用专用线路；(b) 用帧中继

7.4   IP   网   络

7.4.1   概述

目前，基于 TCP/IP 协议的 Internet 已发展成为当今世界上规模最大、拥有用户和资源最多的一个超大型计算机网络，TCP/IP 协议也因此成为事实上的工业标准。IP 网络已成为当代乃至未来计算机网络的主流。

传统的通信网络是由传输、交换和终端三大部分组成的。与之相比，因特网(Internet)由多个计算机网络、传输、交换(这里主要是指路由器、集线器)和终端等几部分组成，是遍及全球的互连网。

IP 网络是面向无连接的分组传送网。它初期的目的只是为计算机间传输数据提供连接，因而业务单一，只有数据业务。近年来，IP 网络发展最为迅速，其数据业务量正在赶上或超过传统的电话业务量，并且其业务类型已由数据业务发展到数据、话音通信和视频综合业务，其中发展最快的是 IP 电话业务。实际上 IP 网络能够高速发展的原因之一应归功于传统电话业务的普及。IP 网络的早期用户主要是大学、研究机构、团体和企业，其普及程度远不及电话业务，随着借助电话线路拨号上网和 IP 网络电话实用技术的发展，IP 网络的应用已进入家庭，也因此有了高速发展的市场驱动。IP 网络已能够提供接近传统电话质量的电话业务，而 IP 网络电话的成本却只有传统 PSTN 电话的 10%，又有着最大的用户群体，因此各传统电话公司和新 IP 网络业务提供商无不大力发展 IP 网络电话。IP 网络电话业务的迅速发展又促进了 IP 网络的发展。

7.4.2　TCP/IP

TCP/IP 协议(Transmission Control Protocol/Internet Protocol)叫做传输控制/网际协议，又叫网络通信协议，这个协议是 Internet 国际互连网的基础。

TCP/IP 是网络中使用的基本的通信协议。虽然从名字上看 TCP/IP 包括两个协议：传输控制协议(TCP)和网际协议(IP)，但 TCP/IP 实际上是一组协议，它包括上百个各种功能的协议，如远程登录、文件传输和电子邮件等，而 TCP 协议和 IP 协议是保证数据完整传输的两个基本的重要协议。通常说 TCP/IP 是 Internet 协议族，而不单单是 TCP 和 IP。

TCP/IP 协议的基本传输单位是数据报，TCP 协议负责把数据分成若干个数据报，并给每个数据报加上报头，报头上有相应的编号，以保证在数据接收端能将数据还原为原来的格式。IP 协议在每个报头上再加上接收端主机地址，这样数据可找到自己要去的地方，如果传输过程中出现数据丢失、数据失真等情况，TCP 协议会自动要求数据重新传输，并重新组报。总之，IP 协议保证数据的传输，TCP 协议保证数据传输的质量。

1. OSI 七层结构模型

网络设计者在解决网络体系结构时经常使用 ISO/OSI(国际标准化组织/开放系统互连)七层模型，该模型每一层代表一定层次的网络功能。最下面是物理层，它代表着进行数据传输的物理介质(即网络电缆)。其上是数据链路层，它通过网络接口卡提供服务。最上层是应用层，这里运行着使用网络服务的应用程序。OSI 七层参考模型如图 7.11 所示。

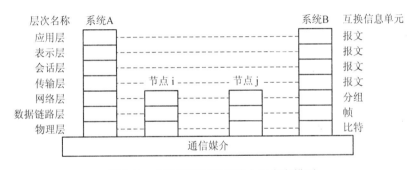

图 7.11　OSI 开放系统互连七层参考模型

TCP/IP 是与 ISO/OSI 模型等价的。当一个数据单元从网络应用程序下流到网络接口卡时，它通过了一列的 TCP/IP 模块。这其中的每一步，数据单元都会同网络另一端对等 TCP/IP 模块所需的信息一起打成包。这样当数据最终传输到网卡时，它成了一个标准的以太帧(假设物理网络是以太网)。而接收端的 TCP/IP 软件通过剥去以太网帧并将数据向上传输过 TCP/IP 栈来为处于接收状态的应用程序重新恢复原始数据。

2. TCP/IP 协议的分层结构

TCP/IP 协议数据的传输基于 TCP/IP 协议的四层结构：应用层、传输层、网络层、接口层，如图 7.12 所示。

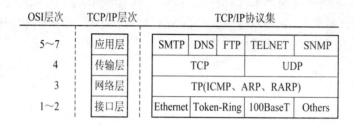

图 7.12　TCP/IP 协议集及分层结构

TCP/IP 协议族中包括上百个互为关联的协议，不同功能的协议分布在不同的协议层，下面介绍几个常用协议：

(1) TELNET(Remote Login)：提供远程登录功能，一台计算机用户可以登录到远程的另一台计算机上，如同在远程主机上直接操作一样。

(2) FTP(File Transfer Protocol)：远程文件传输协议，允许用户将远程主机上的文件拷贝到自己的计算机上。

(3) SMTP(Simple Mail Transfer Protocol)：简单邮件传输协议，用于传输电子邮件。

(4) SNMP(Simple Network Management Protocol)：简单网管协议，提供了监视和控制网络设备以及管理诸如配置、统计、性能和安全的手段。

(5) DNS(Domain Name Service)：域名系统协议，提供网络设备名字到 IP 地址的转换。

(6) TCP(Transmission Control Protocol)：传输控制协议，提供可靠的数据传输服务。

TCP 是面向连接的协议，也就是说，在正式收发数据前，必须和对方建立可靠的连接。一个 TCP 连接必须要经过三次"对话"才能建立起来，其中的过程非常复杂，这里只作简单、形象的介绍：主机 A 向主机 B 发出连接请求数据包："我想给你发数据，可以吗？"这是第一次对话；主机 B 向主机 A 发送同意连接和要求同步的数据包："可以，你什么时候发？"这是第二次对话；主机 A 再发出一个数据包确认主机 B 的要求同步："我现在就发，你接收吧！"这是第三次对话。三次"对话"的目的是使数据包的发送和接收同步，经过三次"对话"之后，主机 A 才向主机 B 正式发送数据。

(7) UDP(User Datagram Protocol)：用户数据报协议，它和 TCP 一样位于传输层，和 IP 协议配合使用，提供无连接、不可靠、无流量控制、不排序的服务，可高效率地传输数据，但不提供数据报的重传，一般用于传输较短的文件。

UDP 是面向非连接的，所谓"面向非连接"，就是指在正式通信前不必与对方先建立连接，不管对方状态就直接发送。

TCP 协议和 UDP 协议各有所长、各有所短，适用于不同要求的通信环境。TCP 协议和 UDP 协议之间的差别如表 7.3 所示。

表 7.3 TCP 协议与 UDP 协议的比较

项 目	TCP	UDP
是否连接	面向连接	面向非连接
传输可靠性	可靠	不可靠
应用场合	传输大量数据	传输少量数据
速度	较慢	快

3. IP 地址

IP 地址是 IP 网络中数据传输的依据，它标识了 IP 网络中的主机与网络的一个连接。如果一台主机有多个网络接口，则要为其分配多个 IP 地址。同一主机上多个接口的 IP 地址没有必然的联系。所以 IP 地址并不是标识一台机器，而是标识一个主机与网络的一个连接。一台主机可以有多个 IP 地址。

IP 地址由网络标识和主机标识组成。它用四个以"点"隔开的十进制整数表示，每个整数可能的取值为 0～255，如 218.18.33.168。

表 7.4 中列出了几种类型的 IP 地址。

表 7.4 几种类型的 IP 地址

类型	网络标识	主机标识	W 值可为	该类中网络数	该类中主机数
A	W	X.Y.Z	1～126	126	16 777 214
B	W.X	Y.Z	128～191	16 384	65 534
C	W.X.Y	Z	192～223	2 097 151	254

4. IP 协议

Internet 协议族中最重要的协议就是 IP 协议。它的主要功能有无连接数据报传送、数据报路由选择和差错控制。IP 将报文传送到目的主机后，不管传送正确与否，不进行校验，不回送确认，也不保证分组的正确顺序，这些功能都由 TCP 来完成。

IP 协议充分体现了 TCP/IP 技术的包容性，使 Internet 互连异种网络成为可能。它一方面可以支持各类数据业务，另一方面还能利用现有的各种传输方式和基础设施。

在 IP 协议中传输的数据单元为数据报，即 IP 数据报，它由报头和数据两部分组成。而在物理网络中，信息的传送以帧为单位。因此，IP 数据包要经过封装才能在物理网上传送，如图 7.13 所示。如果数据包的长度大于物理帧的长度，数据还要经过分片再封装，在信宿端对收到的数据进行重组。

图 7.13 数据报封装

普通电话客户通过本地电话拨号上本地的互连网电话的网关(Gateway)，输入账号、密码，确认后键入被叫号码，这样本地与远端的网络电话采用网关通过 Internet 网络进行连接，远端的 Internet 网关通过当地的电话网呼叫被叫用户，从而完成普通电话客户之间的电话通信。

作为网络电话的网关，即是 Internet 网络上的一台主机，它一定要有专线与 Internet 网络相连，目前双方的网关必须用同一家公司的产品。

这种通过 Internet 完成"普通电话—普通电话"的通话方式就是人们通常所讲的 IP 电话，也是目前发展得最快而且最有商用化前途的电话。

Internet 在全球范围内的快速发展，很大程度上得益于开放性的 TCP/IP 协议。作为连接各种设备的标准平台，IP 协议得到了广泛应用。现代数字信号处理技术和话音压缩编码技术的进步，在技术上保证了 IP 电话在 Internet 网络上传输的可行性。

IP 电话是一种利用 Internet 作为传输载体实现计算机与计算机、普通电话与普通电话、计算机与普通电话之间进行话音通信的技术。那么它与传统电话相比有哪些主要差异呢？

传统电话(PSTN)采用的是电路交换方式，通话的双方通过呼叫方式建立一条 64 kb/s 带宽的物理链路，因此，能确保话音的实时传输和通信的同步。但是由于 PSTN 采取电路交换，链路一旦建立，无论双方是否通话，其链路始终保持，直至链路被拆除。而且一般情况下，通话双方仅有一方在讲话，那么线路利用率至少浪费 50%。

Internet 采取的是分组交换方式，数据报(即信息分组)以存储器转发的机理在 Internet 节点间传输，数据报在路由上传输的延时是不确定的，受 Internet 当前可利用的传输带宽等因素的影响，因此不能提供可靠的实时传输。这是实现 IP 电话必须解决的最关键技术之一。

IP 网上的话音业务(Voice over IP)(也就是 IP 电话业务)从 1995 年兴起到现在，越来越受到人们的关注。其原因是由于 IP 电话通常都采用话音/数据压缩技术，并采用信道复用和基于分组交换的传输技术，它比传统的电话交换系统可以将线路传输利用率提高许多倍。IP 电话采用了分组交换和统计时分复用技术，实现了话音、数据的综合传输，整个网络的运营成本大幅度降低，特别是对减少国际/国内长途通信费用非常有效，用户承受的通信费用也大大减少，经济效益十分可观。

另外，新的基于计算机的多媒体通信也需要 IP 电话技术的支持。当然，受市场驱动也是 IP 电话技术迅速发展的原因。也正是这一巨大的市场，许多大公司(如 Microsoft、Intel、Lucent)都纷纷加入了这一市场的竞争。同时，这种竞争也促使了与 IP 电话技术相关的技术和标准的不断出现，如话音编码技术、实时传送协议(Real-time Transport Protocol，RTP)、资源预约协议(Resource Reservation Protocol，RSVP)、呼叫建立和控制协议等等，为这一技术的实用化提供了良好的条件。

IP 电话技术是当今 Internet 应用领域的一个热门话题，目前主要是指在 Internet 中实时传送声音，但从长远、广义上讲，它应包括在 Internet 中，实时传送多媒体信息。

2. 影响 IP 电话质量的因素

虽然 IP 电话还不能保证传送质量，但这并没有影响 IP 电话技术的迅速发展。用户宁愿忍受差一点的话音质量和通信时延，而少付长途通信费用。首先让我们看一下影响 IP 电话质量的几个因素。

(1) 时延。时延是指从说话人开始说话到受话人听到所说的内容的时间。一般人们能忍受小于 250 ms 的时延，太长的时延会使通信双方都不舒服。此外，时延还会造成回波，时延越长，所需的用于消除回波的计算机指令的时间就越多。IP 电话的时延通常由三部分组成，即编/解码时延、数据包传送时延和缓存时延。编/解码时延根据不同的算法，其值在 5～70 ms 之间。数据包传送时延由 Internet 的路由情况决定，如果在低速信道或信道太拥挤时，可能会导致长时延或丢失数据包的情况。缓存时延一般可由用户自己设定，最长可达几百毫秒。

(2) 话音质量。话音质量是指接收端合成话音的可懂度、自然度和清晰度。它们分别反映了说话人的语义、个人信息和被噪声干扰的程度。近几年来，话音压缩编码技术有了很大的进步，在中低速率(4～16 kb/s)的情况下可以达到市话或长途通信的质量。然而这些算法都是以帧为单位的，对丢失数据包比较敏感。一旦丢失数据包，话音解码算法将根据前后帧的信息"猜"丢失的数据。然而如果连续丢失几帧的话，合成话音质量将会明显下降。

在 Internet 这种不保证传递质量的信道中，通常在话音质量和时延之间存在着一个折衷。适当增加时延来等待传慢了的话音数据包，这样会提高话音质量，但时延太长同样会令人不舒服。

那么是否可以改善 IP 电话的整体服务质量呢？回答是肯定的。现在许多科研人员正在致力于 Internet QoS 的研究，归纳起来有如下几个方面：

(1) 资源预约。虽然 Internet 不提供资源预约，但可以通过某种协议来保证一定的带宽，如 RSVP 协议，也可以对某些实时业务采取优先传送措施(IP 层协议)。还有人研究收费规则以及自适应调整服务带宽。可以预见，在不久的将来会有比较好的协议支持实时 IP 电话技术。

(2) 可变速率话音编码。根据可得到的信道带宽自动调节话音编码速率是解决数据包被丢弃、造成话音质量下降的比较好的方法。目前，ITU 公布了一系列话音编码标准，如 G.711、G.722、G.728、G.729、G.723 等。

(3) 实时传输协议(RTP)。Internet 话音基本上是基于 UDP(用户数据包协议)来传送的。但 UDP 不返回信道和延时情况，信源无法知道传送质量，也无法调整话音编码速率。RTP 正是用来解决这一问题的。

(4) 采用专用网方案。如果要提供 IP 电话长途业务，目前比较好的方案是租用长途干线来构成 IP 电话专用网。这样可以比较容易地观察和控制服务质量。

3. IP 电话的关键技术

如何保证话音在 Internet 上实时传输，以及如何提高 IP 电话的服务质量(QoS)是 IP 电话必须解决的关键问题。增加 Internet 的带宽是提高 IP 电话服务质量的主要因素。在目前 Internet 的带宽下，有以下三个基本策略可以改善 IP 电话的服务质量。

1) 话音时延的解决策略

在 IP 电话中，产生时延的时延源有三种，分别是话音压缩时延、分组传输时延和各种处理时延。其中话音压缩时延可能产生的回声，可通过"回声抵消"来解决，它不会影响话音质量；分组传输时延是光/电子的传输速度极限所致，这也不是影响话音传输质量的主要因素。作为 IP 电话最大的时延是处理时延，特别是网络发生堵塞时，数据在 Internet 上的处理时延是相当可观的。据测试表明，在 Internet 国际线路上的端到端的时延可达 1 s 之多，因此时延是影响 IP 电话的关键因素。

尤其重要的是，处理时延是产生抖动时延的关键原因，抖动时延将在发音之间产生随机中断。解决抖动时延可以采取抑制缓冲技术，该技术是给每一个话音分组提供一个时间标记，以确保该分组发送到目标地址时同其他话音元素的相对间隔与输入话音信号的间隔一致。例如，在 IP 网络中传输话音时，该时间标记是由实时传输协议(RTP)提供的；另外也可以采用损耗(Loss)算法来处理时延以保证话音质量。这种算法的基本原理是：一个模拟话音在发送端采用 8 位的二进制数进行模/数转换，在接收端再将二进制数转换为模拟波形。在恢复原始波形时，这个二进制数中的 8 位数并非同等重要，例如，D7 比 D6 重要，D6 比 D5 重要，D0 最不重要。因此在数据传输时，只要求 D7～D4 按时到达，而对 D3～D0 则提供一定的等待时间，如能在规定时间内到达，则接收，否则丢掉。

2) 带宽限定的解决策略

正如前面所述，IP 电话的话音传输机制是采用分组交换，当分组达到某个节点时，分组根据当前路由的拥挤情况来决定是及时被转发还是被存储。因此，要实现 IP 电话的话音实时传输，就必须满足一定的带宽要求，对于不同的话音压缩标准，所要求的带宽也不一样，例如：对于 G.729 压缩标准，需 8 kb/s 的带宽，而如果采用 G.723.1 的标准进行话音压缩，只需 5.3 kb/s 的带宽。尽管所需带宽相对于普通电话的带宽 64 kb/s 来说要小得多，但 Internet 网络仍然不是总能满足。因为 Internet 网络的带宽本身就很窄，加上数据流量特别大，产生堵塞的情况经常发生。解决这个问题的一个较好的策略是制定一个协议。在连接 Internet 网络的路由中，通过对不同的数据类型设置不同的优先级来控制带宽的分配，可以将话音数据的优先级设为最高，使 Internet 网络的有限带宽最先满足话音传输的要求，再满足 IP 电话的实时性要求。

3) 严格采用 IP 电话标准

实现 IP 电话，必须考虑的一个重要因素是 IP 电话的产品所遵循的标准问题，如果开发出来的 IP 电话产品没有统一的标准，就无法实现互连。IP 电话的一个重要标准是 H.323，该标准定义了通过 Internet 建立呼叫的过程和一系列用于 IP 电话话音的压缩与解压缩的编码算法。H.323 标准由 H.245、H.225、G.723.1、G.711、G.729、G.728、RTP、RTCP 等协议组成。

IP 电话的另一重要标准是资源预约(RSVP)协议，该协议定义了连接服务器的带宽的保持机制，这种能从网络上保持一定专用带宽的能力使得 IP 电话和普通电话使用起来一样方便。

7.5　物　联　网

物联网(Internet of Things，IOT)定义的版本较多，国际电信联盟(ITU) 对物联网的定义如下：通过二维码识读设备、射频识别(RFID) 装置、红外感应器、全球定位系统(GPS)和激光扫描器等信息传感设备，按约定的协议，把任何物品与互联网相连接，进行信息交换和通信,以实现智能化识别、定位、跟踪、监控和管理的一种网络。

与互联网相比,物联网具有以下特征:

(1) 它是各种感知技术的广泛应用。其上部署了海量的多种类型传感器,每个传感器都是一个信息源,不同类别的传感器所捕获的信息内容和信息格式不同。传感器获得的数据具有实时性,按一定的频率周期性地采集环境信息,不断更新数据。

(2) 它是一种建立在互联网上的泛在网络,其技术的重要基础和核心仍是互联网,通过各种有线和无线网络与互联网融合,将物体的信息实时准确地传递出去。在物联网上的传感器定时采集的信息需要通过网络传输,由于其数量极其庞大,形成了海量信息,在传输过程中,为了保障数据的正确性和及时性,必须适应各种异构网络和协议。

(3) 具有智能处理的能力,能够对物体实施智能控制。它将传感器和智能处理相结合,利用云计算、模式识别等各种智能技术,扩充其应用领域。从传感器获得的海量信息中分析、加工和处理出有意义的数据,以适应不同用户的不同需求,发现新的应用领域和应用模式。

物联网的网络架构由下向上可分为三层,如图 7.17 所示。

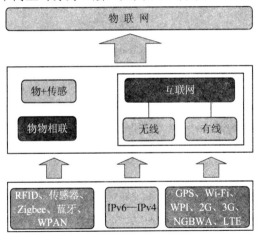

图 7.17　物联网三层体系结构

感知层由各种传感器构成,包括温湿度传感器、二维码标签、RFID 标签和读写器、摄像头、红外线、GPS 等感知终端。感知层负责识别物体和采集信息。

网络层由各种网络,包括互联网、广电网、网络管理系统和云计算平台等组成,是整个物联网的中枢,负责传递和处理感知层获取的信息。

应用层是物联网和互联网的应用拓展。物联网的应用覆盖智能家居、交通物流、环境保护、公共安全、智能消防、工业监测、个人健康等各种领域。与其说物联网是网络,不如说物联网是业务和应用。因此,应用创新是物联网发展的核心,以用户体验为核心是物联网发展的灵魂。

习　　题

1. 什么是 DDN? 它有何特点?

2. DDN 中用户的接入方式有哪几种?

3. 什么是帧中继? 试比较电路交换、分组交换和帧中继这三种方式的性能特点。

4. 试述 TCP/IP 的含义。

5. 试比较 TCP 协议与 UDP 协议的性能特点。

6. IP 数据报的格式是什么样的? 如何进行路由寻址?

7. 什么是 IP 电话? 它有何特点?

8. 如何提高 IP 电话的通信质量?

9. 物联网的架构如何? 与互联网相比,物联网有哪些特征?

第8章 宽带接入网

　　为了给企业和用户提供多种业务，如电话业务、模拟和数字电视、高速数据，人们正在加速宽带综合业务网的开发进程。作为连接交换局和用户终端间的纽带，接入网的数字化和宽带化也变得十分重要。人们一方面在改造现行的功能单一的传输媒体，如提供电话业务的双绞线、提供电视业务的同轴电缆，使其数字化、宽带化，一方面又在尝试采用新的传输媒体，如光纤、无线信道等。

　　目前有多种具有竞争力的接入技术可以向用户提供宽带业务，如基于双绞线的 ADSL 技术、基于同轴电缆的 HFC 技术、基于光纤的 FTTH 技术和基于无线的接入技术。本章对它们的工作原理及其优缺点逐一对比介绍。

8.1　概　　述

1. 概念与分类

　　公用电信网络习惯上被划分为三个部分，即长途网、中继网和用户接入网。所谓长途网，是指长途端局以上部分，中继网是指长途端局与市局或市局与市局之间的部分，而用户接入网是指市局与用户之间的部分。现在更倾向于将长途网和中继网放在一起称为核心网(CN，Core Network)，将余下部分称为接入网(AN，Access Network)或用户环路，主要用来完成将用户接入核心网的任务。接入网相对核心网而言，其环境、业务量密度以及技术手段等均有很大的差别。用户线路在地理位置上星罗棋布，建设投资比核心网大得多；在传送内容上是图像等高速数据与话音低速数据并存；在方式上是固定或移动各有需求。此外，接入网的情况相当复杂，已有的体制种类繁多，如电信部门的铜缆话路通信模式、有线电视的同轴电缆单向图像通信模式以及蜂窝通信的移动通信模式等。在当今核心网已逐步形成以光纤线路为基础的高速信道的情况下，国际权威专家把宽带综合信息接入网比做信息高速公路的"最后一英里"，并认为它是信息高速公路中难度最高、耗资最大的一部分，是信息基础建设的"瓶颈"。

　　目前，根据传输方式可将接入网分为有线接入网和无线接入网两种接入方式。有线接入网和无线接入网的进一步的划分如图 8.1 所示。各种方式的具体技术实现是多种多样且各具特色的。各种接入方式所采用的接入技术将在后面详细介绍。

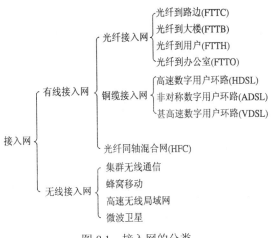

图 8.1　接入网的分类

2. 接入网

在现代电信网环境下，网络提供者和运营者正面临着来自用户的日益增强的压力，主要表现为要求迅速地提供高质量的新业务和动态地适应网络变化。传输网作为现代电信网的基础必须能很好地适应这些新的要求，关键是网络的灵活性、弹性和生存性。网络的灵活性反映了一种需要快速适应用户新要求的能力，这些要求有可能是一种目前尚不能提供的新业务；网络弹性是指网络必须能忍受和适应不确定的业务增长和没有预见到的要求；而网络生存性则是指网络经受设备或光缆损坏后仍能维持不中断业务通信的能力。上述关键要求在很大程度上与网络结构有关，因而调查和研究接入网结构往往是接入网研究开发规划设计的基础。

国际电联电信标准化部门(ITU-T)在 G.902 建议中对接入网的结构、功能、接入类型、原理进行了规范。按 ITUG.902 定义，接入网由业务节点接口(SNI, Service Node Interface)和用户网络接口(UNI, User Network Interface)之间的一系列传送实体构成，为传送电信业务提供所需承载能力的系统，具有传输、复用、交叉连接等功能。其结构如图 8.2 所示。

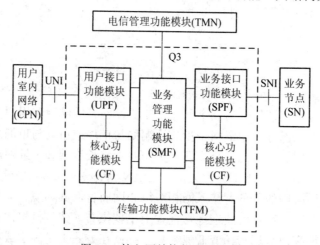

图 8.2　接入网结构与功能模块

1) 接入网的接口

接入网的接口有三类，即 UNI、SNI 和 Q3 管理接口。原则上，接入网对其所支持的 UNI 和 SNI 的类型与数目并不做限制。

(1) UNI 是用户网络接口，不同的 UNI 支持不同的业务，如模拟电话、数字或模拟租用线业务等。顺便指出，对于 PSTN 而言，ITU-T 尚未建立通用的 UNI 综合协议，故而 UNI 目前只能采用相关网商的标准。

(2) SNI 是接入网和业务节点之间的接口，可分为支持单一接入的 SNI(如 V5 系列接口)和综合接入的 SNI(如 ATM 接口)。

(3) 维护管理接口 Q3 是电信管理网(TMN, Telecommunication Management Network)与电信网各部分的标准接口。接入网作为电信网的一部分，也应通过 Q3 接口与 TMN 相连，以便于 TMN 实施管理功能。

2) 接入网的功能模块

接入网有五个功能模块，各模块功能分别介绍如下：

(1) 传送功能模块。在接入网内的不同位置之间为公共承载体的传送提供通道和传输媒质适配。其功能包括复用功能、交叉连接功能(包括疏导和配置)、物理媒质功能及管理功能等。

(2) 核心功能模块。核心功能模块位于用户接口功能模块和业务接口功能模块之间,承担各个用户接口承载体或业务接口承载体要求进入公共传送载体的职责。其功能包括进入承载通路的处理功能,承载通路的集中功能,信令和分组信息的复用功能,ATM 传送承载通路的电路模拟功能,管理和控制功能。

(3) 用户接口功能模块。用户接口功能模块可将特定 UNI 的要求适配到核心功能模块和管理模块。其功能包括终结 UNI 功能,A/D 转换和信令转换(但不解释信令)功能,UNI 的激活和去活功能,UNI 承载通路/承载能力处理功能,UNI 的测试和用户接口的维护、管理、控制功能。

(4) 业务接口功能模块。业务接口功能模块将特定 SNI 定义的要求适配到公共承载体,以便在核心功能模块中加以处理,并选择相关的信息用于接入网中管理模块的处理。其功能包括终结 SNI 功能,将承载通路的需要、应急的管理和操作需要映射进核心功能,特定 SNI 所需的协议映射功能,SNI 的测试和业务接口的维护、管理、控制功能。

(5) 系统管理功能模块。通过 Q3 接口或中介设备与电信管理网接口,协调接入网各种功能的提供、运行和维护,包括配置和控制、故障检测和指示、性能数据采集等。

8.2 xDSL

DSL(Digital Subscriber Line),意即数字用户线路,它是以双绞线铜缆即电话线为传输介质的点对点传输技术。DSL 技术包含几种不同的类型,它们通常称为 xDSL,其中 x 将用标识性字母代替。DSL 技术在传统的电话网络(POTS)的用户环路上支持对称和非对称传输模式,解决了经常发生在网络服务供应商和最终用户间的"最后一英里"的传输瓶颈问题。由于电话用户环路已经被大量敷设,如何充分利用现有的铜缆资源,通过铜质双绞线实现高速接入就成为业界的研究重点,因此 DSL 技术很快就得到了重视。

本节首先从总体上介绍 xDSL 技术的产生原因和其技术上的优势,然后分别介绍各种 DSL 技术的原理以及它们之间的区别与联系。

8.2.1 概述

核心网络采用了光纤通信,其速率达到 2.5 Gb/s 和 10 Gb/s,但另一方面由于连接用户和交换局的用户线绝大多数仍是电话线,以现有的调制技术不能满足用户高速接入的需求。采用 xDSL 技术后,即可在双绞线上传送高达数 Mb/s 速率的数字信号。如果配置了分离音频频带和高频频带的分离器,则可同时提供电话和高速数据业务。其技术的优势与其他的宽带网络接入技术相比在于:

(1) 能够提供足够的带宽以满足人们对于多媒体网络应用的需求。

(2) 与 Cable Modem、无线接入等接入技术(后面介绍)相比,xDSL 的性能和可靠性更加优越。

(3) xDSL 技术利用现有的接入线路，能够平滑地与人们现有的网络进行连接，是过渡阶段比较经济的接入方案之一。

(4) xDSL 技术比现有的其他接入方式能够提供更快的接入速度。

(5) 网络服务提供者可以通过 xDSL 接入为用户提供增值服务，比如视频会议等。

(6) 网络服务提供者可以为用户提供 QoS 服务，也就是说，用户可以根据自己的需要选择不同的 xDSL 传输速度和传输方式(用户需要交纳的费用也会有所区别)。

(7) xDSL 传输技术能够与网络服务提供商现有的网络(如帧中继、ATM 和 IP 网络)无缝地整合在一起。也就是说，网络服务提供商不需要重新架构新的网络。这为 xDSL 技术的推广应用创造了良好的条件。

总之，xDSL 技术利用现有的电信基础设施实现宽带接入的要求，可以最大限度地保护网络服务商现有的网络投资并且满足用户的需求，所以 xDSL 技术已经成为"下一代数字接入网络"的重要组成部分。

1. xDSL 接入技术

xDSL 接入技术实际上是一系列数字用户线技术的总称，它包括 HDSL、ADSL 和 VDSL 等。这里对它们作一简单介绍，具体内容后续介绍。

1) HDSL

HDSL 是 xDSL 技术中最成熟的一种，已经得到了较为广泛的应用。这种技术可以通过现有的铜双绞线以全双工 T1 或 E1(速率 2.048 Mb/s)方式传输。与传统的 T1/E1 技术相比，HDSL 可以实现在 3.6 km 的距离上传输，而不需要每隔 0.9~1.8 km 就安装一个放大器。除了安装方便以外，HDSL 的价格也比 T1/EI 便宜。

HDSL 的特点主要是：

(1) 利用两对双绞线传输；

(2) 支持 $N \times 64$ kb/s 各种速率，最高可达 E1 速率；

(3) 主要用于数字交换机的连接、高带宽视频会议、远程教学、蜂窝电话基站连接、专用网络建立等。

2) ADSL

ADSL 是 xDSL 技术的一种。它以现有普通电话线为传输介质，能够在普通电话线上提供远高于 ISDN 速率的高达 32 kb/s、8.192 Mb/s 的下行速率和高达 32 kb/s、1.088 Mb/s 的上行速率，同时传输距离可以达到 3~5 km。只要在线路两端加装 ADSL 调制解调器即可使用 ADSL 提供的宽带服务。通过一条电话线，便可以比普通 Modem 快 100 倍的速度浏览因特网，通过网络进行学习、娱乐、购物，更可享受到网上视频会议、视频点播、网上音乐、网上电视、网上 MTV 的乐趣，还能以很高的速率下载文件，同时还可以与普通电话共用一条电话线上网，使上网与接听、拨打电话互不影响。总之，ADSL 的特点在于：

(1) 利用一对双绞线传输；

(2) 上、下行速率分别为 1.5~9.0 Mb/s 和 16 kb/s~1 Mb/s；

(3) 支持同时传输数据和话音。

3) VDSL

VDSL 技术类似于 ADSL，但是它所传输的速率几乎要比 ADSL 高 10 倍。VDSL 速率大小取决于传输线的长度，最大下行速率目前考虑为 51～55 Mb/s，长度不超过 300 m，13 Mb/s 以下的速率的可传输距离为 1.5 km 以上。这样的传输速率可扩大现有铜线传输容量达 400 倍以上，一般下行速率为 13～55 Mb/s，传输距离不超过 1.5 km。VDSL 在用户回路长度小于 5000 英尺的情况下，可以提供的速率高达 13 Mb/s 甚至还可能更高，这种技术可作为光纤到路边网络结构的一部分。此技术可在较短的距离上提供极高的传输速率，但应用还不是很多，目前尚处于研究阶段。其主要特点是：

(1) 可以支持不对称和对称业务；

(2) 在频段上与 ADSL 互补；

(3) 支持一点对多点的配置。

2. xDSL 调制解调技术

DSL 技术是利用在电话系统中没有被利用的高频信道传输数据的，因此 DSL 必须使用更加先进的调制技术。经常使用的几种调制解调方式为 2B1Q(2 Binary 1 Quarterary)、正交幅度调制 QAM(Quadrature Amplitude Modulation)、无载波振幅相位调制 CAP(Carrierless Amplitude/Phase Modulation)和离散多音频 DMT(Discrete Multi-Tone)四种，它们都要利用高频频带。由于高频信号损耗大并易受噪声干扰，因此速率越高，传输距离越近；此外传输速率还与双绞线的线径和质量有关。

1) 2B1Q

2B1Q 是通过改变矩形载波振幅来传送数据的调制方式。在 2B1Q 技术中，矩形载波振幅的幅值被分成 4 级(相当于有四个电平幅度)，能一次传送 2 bit 的数据，因此在同样的速率下使用的信道带宽会减少一半，提高了传输距离。2B1Q 主要应用于 HDSL 等速率对称型的 xDSL 方式中。

2) QAM

QAM 是传统的拨号 Modem 所采用的技术。现以 16QAM 说明其工作原理，被发送的 4 bit 信息的任何一种组合被唯一地映射到 QAM 星座图中的 16 个点之一，每个点的 x 和 y 分量指定了在信道中传输的正弦波和余弦波的幅度(大小、符号)，正弦波和余弦波的正交性使得它们可以在同一信道中传输，在接收端根据正弦波和余弦波的幅度 x 和 y 分量，在没有信道噪声的情况下，由同一个星座图找出星座图上对应的点恢复出发送的 4 bit 组合，实际的信道肯定存在噪声，这时接收机选择离所映射的点最近的真实点作为发射机最有可能用来产生 QAM 码元的点。

3) CAP

CAP 是基于正交幅度调制(QAM)的调制方式。同样使用星座图在发送端对比特编码，在接收端对比特解码。编码产生的 x 和 y 分量是用来触发一个数字滤波器的，无需正弦波和余弦波产生器，因而称为无载波。与 2B1Q 相比，CAP 编码的 1 Baud 可以代表 2～9 bit，所以在相同的传输速率下，CAP 编码所需要的频带比其他调制技术的都要窄。因而采用 CAP 编码方式传输的距离则更远。上、下行信号调制在不同的载波上，速率对称型和非对称型的 xDSL 均可采用。

4) DMT

DMT 也是基于正交幅度调制(QAM)的调制方式，它不只使用一个星座图，且每个星座图的正弦波和余弦波的频率不相同，所有正弦波和余弦波加在一起形成 DMT 码元在信道中传输。接收端分离不同的正弦波和余弦波，然后分别解码。在 ADSL 中采用 256QAM 调制，一个载波调制占用 4 kHz 带宽，对 256 个载波进行 QAM 调制需作傅里叶变换。DMT 对各 4 kHz 带宽分配调制的数据，因能减少分配到有噪频带内的数据，所以 DMT 方式具有很强的抗噪声性能。将高频段划分为多个频率窗口，每个频率窗口分别调制一路信道，由于频段间的干扰，传输距离相对短，通常用于 ADSL 等速率非对称型的 Modem。现在 DMT 已成为 ANSI 制定的 ADSL 应用的调制标准。

8.2.2 HDSL

HDSL 所提供的无中继设备 E1/T1 业务系统的主要组成如图 8.3 所示。由于 HDSL 技术的应用，只需简单地在双绞线两端连接一个 HDSL 收发器，就能实现无中继传输 T1/E1 业务。从用户使用的角度来看，HDSL 技术所提供的 T1/E1 服务对用户是透明的。

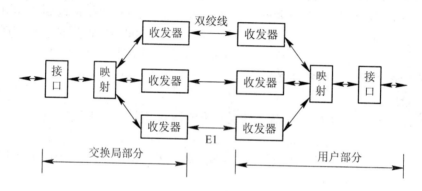

图 8.3　HDSL 的系统组成框图

HDSL 使用以下两种方法来实现长距离的无中继传输。

(1) 在 HDSL 系统的收发器中设计有数字信号处理功能的自适应滤波器，数字信号处理器测知双绞线的特性参数，以调节滤波器的参数，使通过滤波器的信号能被重新识别。

(2) 回波抵消技术。在 HDSL 系统中，一条双绞线上可以同时传送收发信号，结果使收发信号叠加在一起传送，为了从叠加的信号波形中取出需接收的信号加以恢复，HDSL 系统在其收发器中增设消回波电路，以消除叠加的发送信号。

下面对 HSDL 系统各部分的功能作一简单介绍。

(1) 接口部分。接口部分的功能主要是码型变换，即将符合 ITU-TG.703 建议的速率为 2 Mb/s、码型为 HDB_3 的 PCM 码流和速率为 2 Mb/s 的 NRZ PCM(不归零码)码流进行相互转换。

(2) 映射部分。映射部分的作用相当于复接/分接。发送时，将 2 Mb/s 的 NRZ PCM 码流分成两部分或三部分，对分开的每部分加入相关的比特，然后转换成 HDSL 码流。在接收端，将收到的两路或三路 HDSL 码流中的开销比特和数据比特等分开后，再将分开的两路或三路数据复接成 2 Mb/s 的 NRZ 的 PCM 基群码流。

(3) 收发器部分。收发器部分是 HDSL 传输系统的核心，图 8.4 中给出了常见的 HDSL 收发器的原理框图。由于使用 HDSL 系统的环境不一样，线路特性不同，故在收发器的回波抵消器和均衡器中都使用自适应滤波器，一般采用 LMS 算法。系统经过初始化后，自适应到线路特性，并不断跟踪线路的微小变化，以获得尽可能好的系统性能。

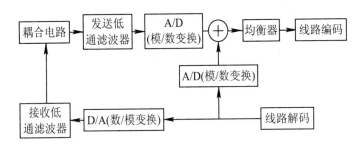

图 8.4 HDSL 收发器的原理框图

(4) 混合电路。一般采用基于传统变压器的混合电路，也可采用有源 *RC* 型混合电路。

(5) 回波抵消器。回波抵消器用于消除混合线圈泄露到接收线路的发送信号，消除拖尾影响及直流漂移，并用来分开两个传输方向上传输的信号，以实现全双工工作模式。

(6) 均衡判决器。在 HDSL 系统中，由于桥接和线径变化引起的阻抗不匹配与环路低通响应导致的脉冲展宽会大大降低传输信号的质量，因此，必须采用自适应滤波器来校正信号的损伤，均衡线路衰减，缩短数据信道的有效响应长度，降低内部的复合干扰。均衡器一般也采用 LMS 算法的 FIR 滤波器。

从上述的介绍可以看出，HDSL 技术的一个关键特点就是提供对称的带宽，即上行和下行速率是一样的，这使得它们在那些需要对称速率的环境下能够得到最广泛的应用。也就是说，HDSL 技术更适合于商业应用，我们常见的 HDSL 的应用有以下几种：

(1) 企业的综合业务。企业需要综合的话音和数据业务。对于中小企业来说，HDSL 特别是 HDSL2，为它们提供了一个经济实用的解决方案。

(2) 专用 T1 线路。它用来连接到企业所在地的视频会议线路或者帧中继/ATM 线路。

(3) 视频会议系统。对于 HDSL 来说，能够进行高质量的视频会议数据传输。

(4) 局域网互连。HDSL 的对称带宽可支持较远距离的企业局域网进行互连。

(5) 居家办公(SOHO)。对于居家办公来说，由于要经常上传一些文件，因此 HDSL 和 HDSL2 就成为一种合适的选择。

8.2.3 ADSL

ADSL(Asymmetric Digital Subscriber Line，非对称数字用户线)是 xDSL 系列中应用比较成熟的一种。下面将介绍 ADSL 技术的基本特点、技术内涵以及应用和发展前景。

1. ADSL 的技术特点

从总体上来说，ADSL 是一种通过现有普通电话线为家庭、办公室提供宽带数据传输服务的技术。其主要的技术特点有以下几点：

(1) ADSL 能够在现有的普通电话线上提供高达 1.5～9.0 Mb/s 的高速下行速率，远高于 ISDN 速率；而上行速率为 16 kb/s～1 Mb/s，传输距离达 3～5 km。这种技术固有的非对称性非常适合于因特网浏览，因为浏览因特网网页时往往要求下行信息比上行信息的速率更高。

(2) 改进的 ADSL 具有速率自适应功能。这样就能在线路条件不佳的情况下，通过调低传输速率来实现"始终接通"。

(3) ADSL 技术可以充分利用现有的电话线网络，在线路两端加装 ADSL 调制解调器，为用户提供高宽带服务。安装 ADSL 也极其方便快捷。在现有的电话线上安装 ADSL，除了在用户端安装 ADSL 调制解调器外，不用对现有线路做任何改动。

(4) ADSL 可以与普通电话共存于一条电话线上，在一条普通电话线上接听、拨打电话的同时也可进行 ADSL 传输，两者互不影响。

(5) 用户通过 ADSL 接入宽带多媒体信息网和因特网，同时可以收看影视节目，举行视频会议，以很高的速率下载文件，还可以在这同一条电话线上使用电话而又不影响以上所说的其他活动。

2. ADSL 调制与解调

xDSL 常使用的调制方案有 QAM、CAP 和 DMT，它们都是一种通带传输方式，可以被应用在任何频率范围内。由于发展 ADSL 是为了服务于普通家庭用户，因此需要 ADSL 能够与现有的电话网络共存，而 ADSL 通带编码技术正是提供这种应用的先决条件。通过频分复用(FDM)技术，人们可以将 ADSL 所使用的频带范围与电话网络的频带分隔开来，同时将数据传输分为从服务提供商到用户方向的下行信道和从用户到服务提供商方向的上行信道。其中，DMT 编码采用回波抵消技术在一个频率范围内同时进行上行、下行的信号传输。这样可以使用较窄的频带范围减少衰减的影响，并达到更远的传输距离。当然这样做必然会加大干扰，特别是在一个线缆内提供多条这样的 DSL 线路时。采用频分复用 FDM 方式的 ADSL 的频带如图 8.5 所示，其中上行信道的最高频率 f_1、下行信道的最低频率 f_2 以及下行信道的最高频率 f_3 有待进一步确定。

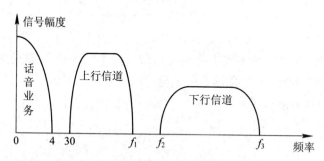

图 8.5　ADSL 的 FDM 技术使用的频谱

3. ADSL 技术的应用

ADSL 技术一般应用在以下几个方面：

(1) Internet 快速接入，直行速度达 7.1 Mb/s，比普通电话线快 200 倍，更可以在公司局域网内集体使用。

(2) 视频点播 VOD(Video On Demand)、点播卡拉 OK、网上游戏、交互电视、网上购物等宽带多媒体服务。

(3) 远程 LAN 接入、远地办公室、在家工作等高速数据应用。还可以实现远程医疗、远程教学、远地可视会议、体育比赛现场传送等。

8.2.4　VDSL

VDSL 是一种正在成长中的 DSL 技术。它的传输速率之高是其他 DSL 技术所不能比拟的。但是 VDSL 也有其技术上的局限性，比如距离较短、VDSL 的传输速率和性能不太均衡等，这些是今后的研究方向。

1. VDSL 的技术特点

(1) VDSL 下行速率的大小取决于传输线的长度，目前最大下行速率为 51～55 Mb/s，长度不超过 300 m，13 Mb/s 以下的速率可传输距离为 1.5 km 以上。这样的传输速率可扩大现有铜线传输容量达 400 倍以上。一般下行速率为 13～55 Mb/s，传输距离不超过 1.5 km。

(2) VDSL 的上、下行速率是不对称的，上行速率一般可以选择为 1.6 Mb/s、2.3 Mb/s、19.2 Mb/s 或者等同于下行速率。由于技术等因素，最初的 VDSL 产品采用较低的上行速率，较高的下行速率或对称的速率方式只适用非常短的线路，在换代产品中可以考虑。上、下行信道使用频分复用技术(FDM)，并与 POTS 和 ISDN 信号分开，从而在现有网上的业务基础上再额外提供 VDSL 业务，如果需要更高速的上行或对称的数据速率，VDSL 系统可以使用回波抵消技术。

(3) VDSL 必须能传输压缩的视频信号，由于该信号的实时性使它不适合采用在数据通信中普遍采用的连接或网络水平上的误差控制方案。为了使传输误码率与压缩的视频信号相适应，VDSL 必须采用前向误码纠错方案(FEC)，并采用交织技术以纠正由于脉冲噪声产生的误码，但交织会带来时延，这个时延估计为最大可纠错脉冲长度的 40 倍。

(4) 考虑用户分布的随机性以及要求服务的多样性，VDSL 系统最好能适用于不同数据速率的传输要求，并且能够自动识别新连接的用户和传输速率的变化。当一个新的 VDSL 终端单元进入网络时，无源网络接口界面必须具有热接入功能，以不影响正在进行的其他业务。

(5) 价格始终是一个重要的问题。考虑到用户的承受能力，VDSL 产品必须具有低廉的价格。

2. VDSL 的调制与解调

目前已提出的四种调制技术，即 CAP、DMT、DWMT 和 SLC 均可用于 VDSL。前两种已作介绍，这里简单介绍一下后两种。

DWMT(离散子波多音频)是一种使用子波变换进行调制与解调的多载波系统。DWMT 使用 FDM 复用上行数据，也可使用 TDMA。

SLC(简单线路编码)是一种四电平的基带传输技术。SLC 非常适合采用 TDMA 方式复用上行数据，当然，也有可能使用 FDM。

3. VDSL 存在的一些问题

(1) VDSL 最大可传输距离未知，即在给定的传输速率下，不知道 VDSL 能可靠传输的最大距离是多少。因为对于实际的线路，在 VDSL 所用的传输频带范围内，譬如线路桥接、室内支线如何安排等一些因素对普通电话、ISDN 或 ADSL 没有任何影响，而对 VDSL 可能就是致命性的影响。另外，VDSL 使用了业余电台的频率范围，VDSL 系统中的每一条电话线就是一个天线，辐射和吸收着能量。因而为防止辐射干扰，尽量使业余电台采用较低的信号发射能量；为防止被业余电台干涉，VDSL 又需要采用较高的信号发射能量，如何折衷可能是确定传输距离的一个决定性的因素。

(2) VDSL 的服务环境尚不清楚。VDSL 可能使用 ATM 信元格式传递视频和对称速率的数据，虽然还没有最后确定最优的上、下行数据速率。目前的困难是无法确定 VDSL 是否能以非 ATM 方式(譬如传统的 PDH 结构)传递信息以及在高于 T1/E1 的宽带速率情形下是否需要使用对称信道、如何配置用户区网络结构、与电话网络如何接口等问题。

8.3 混合光纤/同轴网 HFC

8.3.1 HFC 的概念

HFC 即混合光纤/同轴电缆网，是在有线电视网 CATV 的基础上发展起来的，除可以提供原 CATV 网提供的业务外，还能提供数据和其他交互型业务，也被称做全业务网。

HFC 是对 CATV 的一种改造。在干线部分用光纤代替同轴电缆传输信号，配线网部分仍然保留原来的同轴电缆网，但是这部分同轴电缆网还负责收集用户的上传数据，并通过放大器和干线光纤送到前端。HFC 和 CATV 的一个根本区别就是：HFC 提供双向通信业务，而 CATV 只是提供单向通信业务。

8.3.2 HFC 的系统构成和频谱分布

一套完整的 HFC 系统的构成如图 8.6 所示。

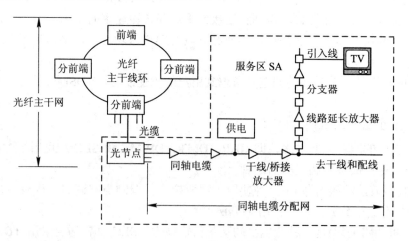

图 8.6 典型 HFC 网络的结构

1. 馈线网或分配网

HFC 的馈线网对应 CATV 网络中的干线部分，即前端至服务区(SA)的光纤节点之间的部分。与 CATV 不同的是，从前端到服务区的光纤节点是用一根单模光纤代替了传统的干线电缆和一连串的几十个有源干线放大器。从结构上说则相当于用星型结构代替了传统的树型—分支型结构。服务区又称光纤服务区，因此这种结构又称光纤到服务区(FSA)。目前，一个典型的服务区用户数为 500，将来可进一步降至 125 户或更少。

2．配线网

配线网是指服务区光纤节点与分支点之间的部分，大致相当于电话网中远端节点与分线盒之间的部分。在 HFC 网中，配线网部分还是采用与传统 CATV 网基本相同的同轴电缆网，而且很多情况常为简单的总线结构，但其覆盖范围已大大扩展，可达 5～10 km 左右，因而仍需保留几个干线/桥接放大器。这一部分非常重要，其好坏往往决定了整个 HFC 网的业务量和业务类型。

在设计配线网时采用服务区的概念可以灵活构成与电话网类似的拓扑，从而提供低成本的双向通信业务。将一个大网分解为多个物理上独立的基本相同的子网，每个子网为相对较少的用户服务，可以简化及降低上行通道设备的成本。同时，各子网允许采用相同的频谱安排而互不影响，最大程度地利用了有限的频谱资源。服务区越小，各个用户可用的双向通信带宽越大，通信质量也越好，并可明显地减少故障率及维护工作量。

3．用户引入线

用户引入线与传统的 CATV 网相同，都是指分支点到用户之间的部分。分支点上的分支器是配线网和用户引入线的分界点。分支器是信号分路器和方向耦合器结合的无源器件，功能是将配线的信号分配给每一个用户。每隔 40～50 m 就有一个分支器。引入线负责将分支器的信号引入到用户，传输距离只有几十米。它使用的物理媒质是软电缆，这种电缆比较适合在用户的住宅处敷设，与配线网使用的同轴电缆不同。

HFC 的频谱分配方案如图 8.7 所示。

图 8.7　宽带有线电视 HFC 系统频率配置

传统的 CATV 网保留低频端的 5～30 MHz(作为上行通道)以用于回传信号。这样分配是相当不合理的：CATV 网络的所有用户只能利用 25 MHz 的带宽上传数据，显然这是远远不够的。5～30 MHz 这一频段对无线设备和家用电器产生的干扰很敏感，而树型—分支型结构使各部分的干扰叠加在一起，使总的回传信道上的信噪比很低，通信质量很差。原来的这一方案是不可行的。HFC 将网络分成多个服务区，每个服务区的用户减少到几百。虽然缓解了一点带宽的压力，但是 25 MHz 的带宽是根本满足不了用户日益增长的业务需求的。为了抑制回传干扰，采用在用户接口处设置滤波器的方法来动态地统计屏蔽掉回传信道。近来，随着滤波器质量的改进和考虑点播电视的信令和监视信号及数据和电话等其他应用的需要，上行通道的频段倾向于扩展为 5～42 MHz，带宽为 37 MHz。

50～1000 MHz 频段用于下行通道，其中 50～550 MHz 频段用来传输现有的模拟 CATV 信号，每一通路的带宽为 6～8 MHz，因而总共可以传输各种不同制式的电视信号有 60～80 路。550～750 MHz 频段允许用来传输附加的模拟 CATV 信号或数字 CATV 信号，或用于传输双向交互型通信业务(VOD 业务)。如果采用 64QAM 调制方式和 MPEG-2 图像信号，则频谱效率可以达 5 b/s/Hz，从而能在一个 6~8 MHz 的模拟通路内传输约 30 Mb/s 速率的数字信号，若扣除必需的前向纠错等辅助比特数后，亦可大致相当于 6~8 路 4 Mb/s 速率的 MPEG-2 图像信号。因此这 200 MHz 带宽总共至少可传输约 200 路 VOD 信号，当然也可利用这部分频带传输数据或多媒体以及电话信号。若采用 QPSK 调制方式，每 3.5 MHz 带宽可传 90 路 64 kb/s 速率的话音信号和 128 kb/s 的信令和控制信息，适当选取 6 个 3.5 MHz 子频带单位置入 6~8 MHz 通路即可提供 540 路下行电话通路。通常这 200 MHz 频段用来传输混合型业务信号。将来随着数字编解码技术的进一步成熟和芯片成本的大幅度下降，550~750 MHz 频带可以向下扩展至 450 MHz，乃至最终全部取代模拟频段。届时 500 MHz 频段可能传输约 500 路数字广播电视信号。

高端的 750~1000 MHz 频段已明确仅用于各种双向通信业务，其中 2×50 MHz 频带用于个人通信业务，其他未分配的频段可用于各种应用以及应付未来可能出现的其他新业务。

Cable Modem(CM，电缆调制解调器)是一种基于 HFC 网络的宽带接入技术，用于在 HFC 网络上进行高速数据传输。Cable Modem 技术的数据传输是非对称的，下行数据传输速率可达 30~40 Mb/s，上行数据传输速率可达 10 Mb/s。其中，下行通道占用 6 MHz 带宽，上行通道占用带宽低于 2 MHz。下行信道工作频带为 50~862 MHz，上行信道工作频带为 5~50 MHz(或 65 MHz)。在 50~862 MHz 频带内，每增加一个 6 MHz 带宽就可增加一个下行数据信道。采用时分复用技术，可实现对上行通道的复用。Cable Modem 技术特别适合于传送 IP 业务，例如用户高速访问 Internet。采用 Cable Modem 的 HFC 的系统结构如图 8.8 所示。

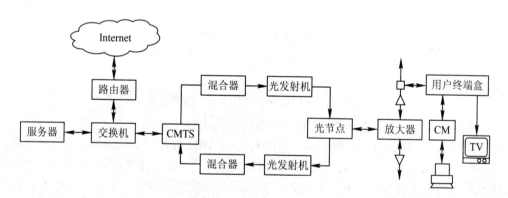

图 8.8　采用 Cable Modem 的 HFC 的系统结构

8.3.3　局端系统 CMTS

CMTS 一般在有线电视的前端或者在管理中心的机房，完成数据到射频 RF 转换，并与有线电视的视频信号混合，送入 HFC 网络中。除了与高速网络连接外，也可以作为业务接入设备，通过 Ethernet 网口挂接本地服务器提供本地业务。

作为前端路由器/交换集线器和 CATV 网络之间的连接设备，CMTS 维护的对象是两个接口，用来连接用户数据交换集线器的 10BaseT 双向接口和一个承载 SNMP(简单网络管理信息协议)信息的 10BaseT 接口。CMTS 也能支持 CATV 网络上的不同 CM 之间的双向通信。就下行来说，来自路由器的数据包在 CMTS 中被封装成 MPEG2-TS 帧的形式，经过 64QAM 调制后，下载给各 CM；在上行方向，CMTS 将接收到的经 QPSK 调制的数据进行解调，转换成以太网帧的形式传送给路由器。同时，CMTS 负责处理不同的 MAC 程序，这些程序包括下行时隙信息的传输、测距管理以及给各 CM 分配 TDMA 时隙。

CMTS 支持两种管理模式：

① 通过 RS-232 口，并利用基于专用 NMS 的 PC 进行本地管理；

② 利用基于 SNMP 的网管进行远程管理，完成此项功能是通过 CMTS 上增加一个 SNMP proxy 代理模块来进行的。

8.3.4 线缆调制解调器 CM

CM(Cable Modem)是放在用户家中的终端设备，用于连接用户的 PC 机和 HFC 网络，提供用户数据的接入。HFC 数据通信系统的用户端设备 CM 是用户端 PC 和 HFC 网络的连接设备。它支持 HFC 网络中的 CMTS 和用户 PC 之间的通信，与 CMTS 组成完整的数据通信系统。CM 接收从 CMTS 发送来的 QAM 调制信号并解调，然后转换成 MPEG2-TS 数据帧的形式，以重建传向 10BaseT Ethernet 接口的以太帧。在相反方向上，从 PC 机接收到的以太帧被封装在时隙中，经 QPSK 调制后，通过 HFC 网络的上行数据通路传送给 CMTS。CM 只是工作在物理层和数据链路层上。

8.4 FTTx

8.4.1 光纤接入的基本概念

所谓光纤接入网(OAN)，是指采用光纤传输技术的接入网，泛指本地交换机或远端模块与用户之间采用光纤通信或部分采用光纤通信的系统。通常，OAN 指采用基带数字传输技术，并以传输双向交互式业务为目的的接入传输系统，将来应能以数字或模拟技术升级传输带宽的广播式和交互式业务。光纤接入网具有以下特点：

(1) 带宽高。由于光纤接入网本身的特点，可以提供高速接入因特网、ATM 以及电信宽带 IP 网的各种应用系统，从而享用宽带网提供的各种宽带业务。

(2) 网络的可升级性能好。光纤网易于通过技术升级成倍扩大带宽，因此，光纤接入网可以满足近期各种信息的传送需求。以这一网络为基础，可以构建面向各种业务和应用的信息传送系统。

(3) 经验丰富。电信网的运营者具有丰富的基础网运营管理经验、经营经验和各种成熟的应用系统，并拥有分布最广的享用窄带交换业务的用户群。

(4) 双向传输。电信网本身的特点决定了这种组网方式的交互性能好这一优点，特别是在向用户提供双向实时业务方面具有明显优势。

(5) 接入简单，费用少。用户端只需要一块网卡，就可高速接入因特网，完成局域网到桌面的接入。

光纤接入网的结构如图 8.9 所示。

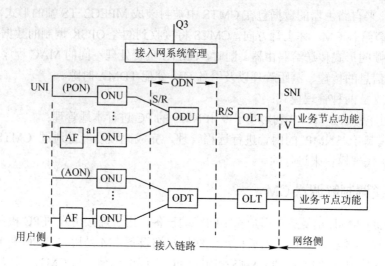

图 8.9　光纤接入网的结构

光纤接入网(OAN)从系统配置上可分为无源光网络(PON)和有源光网络(AON)。无源光网络由于在 OLT 和 ONU 之间没有任何有源电子设备，对各种业务呈透明状态，易于升级扩容，便于维护管理。该系统由于其较低的接入成本，受到很多电信主管部门和运营部门的重视。不足之处是 OLT 与 ONU 之间的距离和容量受到一定的限制。

有源光网络中，用有源设备或网络系统(如 SDH 环网)的 ODT 代替无源光网络中的 ODN，传输距离和容量大大增加，易于扩展带宽，网络规划和运行的灵活性大。不足的地方是有源设备需要机房、供电、维护等。两种网络的综合使用，构成能接入不同容量的用户，提供窄带业务、宽带业务的光纤接入网。

图 8.9 中的英文缩写含义为：

ODN：光分配网络，它是 OLT 和 ONU 之间的传输媒介，由无源光器件组成。

OLT：光线路终端，它提供 OAN 网络侧接口并且连接一个或多个 ODU。

ONU：光网络单元，它提供 OAN 用户侧接口，并且连接一个 ODU。

ODT：光远程终端，由光有源器件组成。

AF：适配功能。

UNI：用户网络接口，分为单个 UNI 和共享 UNI。在单个 UNI 的情况下，逻辑用户端口功能和 UNI 的传输媒质层终端被看成是一组相容的功能组。这与能支持多个逻辑用户端口功能的共享 UNI 不同。从 SNI 的观点来看，共享 UNI 被想象为一个单个的 UNI，每一个逻辑用户端口功能都能通过指配与不同的 SNI 关联。

SNI：业务节点接口，它是接入网和业务节点之间的接口。如果接入网的 SNI 侧和业务节点的 SNI 侧不在同一地方，应通过透明传输通道实现接入网和业务节点的远端连接。

S：光发送参考点。

R：光接收参考点。

V：与业务节点间的参考点。

T：与用户终端间的参考点。

a：AF 与 ONU 间的参考点。

8.4.2 无源光网络 PON

从安装和维护的角度来讲，光接入网的结构必须简单，并且网络必须易于操作和维护，这意味着无源的结构比有源的结构更加适合一些，因为无源网络不需要进行交换和控制。此外，光网络单元(ONU)必须保持简单以减少费用并提高可靠性，这使得 ONU 中不适宜使用复杂的激光器及其他复杂光器件。在 ONU 中使用的器件应是对温度不敏感的器件。中心局(CO)所使用的设备也可以复杂一些，因为它处在有良好条件的机房之中，而且它的成本也可以分摊给由它提供服务的所有用户。

适合于以上应用环境的光网络一般称为无源光网络(PON)，因为它采用无源结构。这类网络使用某些无源器件作为远端节点，例如光纤星型耦合器和静态波长路由器。使用无源结构的主要好处在于可靠性高、易于维护，并且网络中各个分散的远端节点(RN)均不需要供电，此外，无源光网络中光纤的基础结构对比特流和调制方式是透明的，因此全网可以在将来不改动基础结构的情况下进行升级。

PON 最简单的结构如图 8.10(a)所示。图中直接用一对光纤来连接 CO 和 ONU，这种方式的问题在于 CO 的价格要受到 ONU 个数的限制，此外还需要安装并维护这些光纤对。这种方式目前仅在较小范围内使用，主要用于向商业用户提供高速业务。在日本，NTT 的一个系统中在每根光纤上提供 8～32 Mb/s 的速率。尽管在逻辑上每个 ONU 用的是单独的一对光纤，但实际应用时可在物理上将之按环状结构连接，如图 8.10(b)所示。

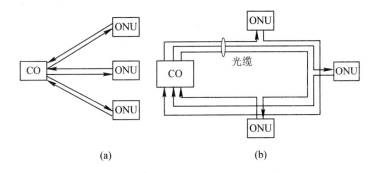

图 8.10 点到点连接的 PON 结构

(a) 点到点光纤连接；(b) 环状点到点光纤连接

图 8.11 给出了采用星型耦合器的 PON 的结构，星型耦合器的作用是在无源光网络中进行光功率分配，即对光信号进行分路。这是最常用的一种结构。如果将 CO 中的简单发送机用 WDM 发送机阵列或一个可调谐的发送机来代替，这种方式允许 ONU 的电子器件工作在它所收到的数据速率上，而不是工作于所有 ONU 的总速率上，不过它仍然受到星型耦合器功率分配的影响。这种结构称为 WDM-PON 结构。为了减少星型耦合器的损耗，可以用波长路由器代替星型耦合器，形成所谓的 WR-PON 结构，如

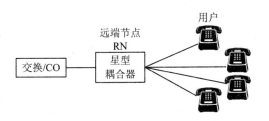

图 8.11 采用星型耦合器的 PON 的结构

图 8.12 所示。

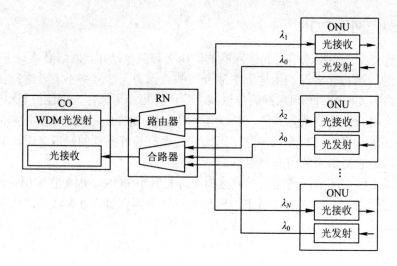

图 8.12　WR-PON 的结构图

8.4.3　家庭宽带 FTTH

根据 ONU 的位置不同，OAN 可以划分为四种基本的应用类型，即光纤到路边(FTTC)、光纤到楼(FTTB)、光纤到办公室(FTTO)、光纤到家(FTTH)。对于 FTTC，ONU 设置在路边的入孔或电线杆上的分线盒处，有时也可设置在交接箱处。此时，从 ONU 到用户之间采用双绞线铜缆。若要传送宽带业务，这一部分还需要高频电缆(如 5 号缆)或同轴电缆。对于 FTTB，不同之处是 ONU 直接放在楼内(如居民住宅公寓、小企业、事业单位办公楼内)，它比 FTTC 的光纤化程度更进一步，更适合未来宽带传输的要求。如果将设置在路边的 ONU 换成无源光分支器，将 ONU 移到用户家中或大企事业单位用户(如公司、大学、研究所、政府机关等)内，即为 FTTH 或 FTTO 方式。FTTH 是一种全光纤网，接入网成为全透明的光网络，因而对传输制式、带宽、波长等没有任何限制，适于引入新业务，是一种理想的业务传送网络。ONU 安装在用户处，环境条件、供电、维护安装等问题都得以简化。光纤直接通到用户，每个用户真正有了宽带网络，B-ISDN 的实现才有了最终的保证。

采用无源光网络的 FTTH 即"光纤到家"方式，是目前国际上十分热门的话题。无源光网络中，比较著名的有英国 BT 公司的 TOPN，澳大利亚电信研究所的多接入用户网 MACNET，美国贝尔通信研究所的无源光子网 PPL。从基本原理看，"光纤到家"方式可以分为采用光功率分路器方式和采用波分复用(WDM)器件方式。前者在交接箱和分线盒处分别用光功率分路器来完成功率分路作用。这种方式在网络拓扑上采用总线形式。由于是无源光网络，除了端局和用户处，在网络中没有任何有源器件，因此对传输带宽、波长和传输方法没有任何限制，也避免了在网络中设置复杂的有源远端设备。此外，只需借助软件即可改变不同用户的传输容量。但是，总线方式使保密性受损，故障定位较困难，用户侧的收发设备也较复杂。因而，总线式无源光网络对于那些目前仅有 3 线以上电话需求而宽带业务需求尚不清楚的小用户十分适合。

采用 WDM 器件来分配波长的方案只需在端局和远端节点(交接箱和分线盒)处采用

WDM 器件即可。采用这种方式的网络拓扑呈双星形状,用无源 WDM 器件来完成选路由和复用功能,省去了有源远端设备中的电/光和光/电转换等。原来远端设备中的交换和选路由电路均集中到端局,易于安装维护。采用 WDM 可以使通道互相独立,对传送的信息和数据格式完全透明,易于与未来的 B-ISDN 兼容。其缺点是目前高密度 WDM 器件和窄线宽 DFB-LD 仍较昂贵,而且光栅型 WDM 的通道数仅几十而已,所用馈线光纤数多。

基于 ATM 和以太网的宽带接入的无源光网络(即 APON 和 EPON)在众多的接入方案中脱颖而出,成为解决这“最后一英里”的首选方案。基于有线电视网的 HFC 接入技术在我国具有典型的现实意义和广阔的应用前景,并逐步引起业内人士的重视。HFC-PON 接入方案也是一种具有竞争力的宽带解决方案。

8.5　无线接入网

8.5.1　无线接入网的概念

BWA(宽带无线接入)技术目前还没有通用的定义,一般是指把高效率的无线技术应用于宽带接入网络中,以无线方式向用户提供宽带接入的技术。根据覆盖范围将宽带无线接入划分为 WPAN(无线个域网)、WLAN(无线局域网)、WMAN(无线城域网)和 WWAN(无线广域网)。从技术特征上划分,无线接入分为固定无线接入(FBWA)技术:802.16d 等和移动无线接入(MBWA)技术:802.16e 等。

IEEE802 标准组负责制定无限宽带接入 BWA 各种技术规范。IEEE 在其 802 工作组内与 802.3 以太网工作组并行发展了系列的固定/移动宽带无线接入技术,包括无线局域网 802.11、无线个域网 802.15、无线城域网 802.16 和无线广域网 802.20。它们的无线链路的物理层和 MAC 层的设计都专门为满足突发型的分组数据业务需要,以自适应无线信道的环境。共享的核心网是标准的 IP 网。IEEE802.21 被发展用来解决 802 系列中各种接入网、固定以太网以及蜂窝移动通信网之间的基于移动 IP 的漫游和切换问题。这种体制符合 IP 化和 NGN(下一代网络)的技术发展趋势,具有优越的性能。

宽带固定无线接入技术的发展趋势是:一方面充分利用过去未被开发,或者应用不是很广泛的频率资源(如 2.4G、3.5G、5.7G、26G、30G、38G 甚至 60G 的工作频段),以尽量实现更高的接入速率;另一方面融合微波和光纤通信领域成功应用的先进技术,如高阶 QAM(64QAM、128QAM)调制技术、ATM 技术、OFDM、CDMA、IP 等,以实现更大的频谱利用率、更丰富的业务接入能力、更灵活的带宽分配方法。

宽带无线接入技术发展主要体现在多址方式演变、调制方式、双工方式选择、对电路交换与分组交换支持、动态带宽分配以及业务接入能力等几方面。

8.5.2　WPAN 与蓝牙/ZigBee

WPAN 是一个服务于个人或小的工作组的网络,它的特征是有限距离、有限吞吐量和小体积。WPAN 传统上用于便携电脑或 PDA 与台式机或服务器及打印机之间传送数据。未来的应用将涉及可穿戴领域,所有这些都要求 WPAN 去实现它们的关键好处。

IEEE 802.15 WPAN 工作组的努力集中在 WPAN 一致标准的开发上。目前使用的有 IEEE 802.15.1(蓝牙)和 IEEE 802.15.4(ZigBee)两个标准。

1. IEEE 802.15.1(蓝牙)

蓝牙是一个基于 RF 连接的、针对个人便携设备的近距离产业规范。

蓝牙技术的重点是为低功耗设计提供一个标准,运行在小范围内,每个设备包含一个低成本的收发信微芯片。蓝牙设备可以相互通信。

蓝牙无线技术是目前市场上最主要的短距离无线技术。目前所用的是核心规范的第 4 版,并处于不断开发之中,建立在其内在优势之上——小型无线电、低功率、低成本、内置安全、健壮、易用和自组织网络能力。

蓝牙采用 FHSS,将 2.4 GHz ISM 频带分为 79 个 1 MHz 的信道。蓝牙设备在 79 个信道间按伪随机图案跳动,每秒 1600 次,跳频序列都源于主站的时钟,所有从站设备都必须保持与此时钟同步。

相连的蓝牙设备组成一类网络,称为"皮网",每个皮网包含一个主站和至多 7 个活动的从站。相互之间的通信距离取决于设备的发射功率,有三种功率级别:

级别 1:消耗 100 mW 的功率,支持的覆盖范围最大可达 100 m。这个级别的设备已可实用化。

级别 2:消耗 2.5 mW 的功率,允许在 10 m 的距离上进行传输。它是最普遍的设备级别。

级别 3:消耗 1 mW 的功率,支持传输的范围为 10 cm~1 m。该级别的设备很少用。

蓝牙 SIG 已为蓝牙技术确定了几个关键的市场,如汽车消费等。另外,蓝牙无线技术正开始在无线地震学和遥测遥感方面扮演着重要角色,将高速无线能力加入传感器市场,估计目前部署的传感器约 1 万亿。正在成长的新一代无线传感器将充当很多角色,包括监测路面的冰冻、测量桥梁的结构疲劳度和监测海滨地区的污染与垃圾等。

2. IEEE 802.15.4(ZigBee)标准

AigBee 完成于 2003 年 5 月,定义了 ZigBee PHY 和 MAC 层的技术规范。ZigBee 1.0 规范在 2004 年 12 月获得批准,版本 1.1 目前正在使用中。

ZigBee 设备运行在世界范围内的未授权频谱上,它们基于 DSSS 技术,2.4 GHz 频带,运行的最大数据速率为 250 kb/s,支持 16 个信道数,传输距离为 10~75 m。

ZigBee 运行于星型、树型和网状拓扑网络,主要涉及以下三种设备。

简化功能设备(RFD):最简单的 ZigBee 设备是 RFD,也称终端设备。RFD 有足够的智能同网络进行会话,但是没有路由能力,通常处于休眠状态,由电池驱动。典型的终端设备如温度调节器、湿度调节器、灯开关、烟雾检测器和其他传感器等。

全功能设备(FFD):RFD 之上的网络级别称为 FFD,或路由器。它具有全网状网能力和主电源供电。FFDs 接受(发送)数据给 RFD 设备,充当中间路由器的角色,可以同其他路由节点建立多个对等链路,也可作为连入互联网或其他网络的网关。。

ZigBee 协调器:主电源供电的协调器扮演了 ZigBee 网络中最重要的角色,充当网络树的根或连入其他网络的桥,它有权建立网络和执行任何可能需要的网络管理功能。协调器也具有路由能力,可以作为连入互联网或其他网络的网关,而且它可以储存有关网络的信息。

ZigBee 潜在的应用包括传感器、交互式玩具、智能证章、远程控制以及家庭与楼宇自动化。

8.5.3　无线局域网 WLAN

无线局域网(Wireless LAN，WLAN)本身并不是新概念、新技术，它已存在十多年了，但由于原来一直把 WLAN 单纯定位于有线 LAN 的延伸，加上无统一标准以及传输速率低，因此用的并不多，也推广不起来。直到 20 世纪末，随着 WLAN 技术的成熟及标准的统一，以及应用成本的下降，它被重新定位用做互联网高速无线接入技术之后才出现广泛使用的趋势，并应用于会议中心、办公室、机场、酒店、商场、咖啡屋等公共热点场所(Hotsports)，为通信的移动化、个人化和多媒体应用提供了潜在的手段。

顾名思义，WLAN 就是用无线通信技术构建的局域网，虽不采用缆线，但也能提供传统有线局域网的所有功能。与有线局域网相比，WLAN 具有一定的移动性，具有灵活性高、建网迅速、管理方便、网络造价低、扩展能力强等特点，对于难以布线的环境和需要频繁变动的动态环境，其优点就更为突出。WLAN 还有一个好处是，它使用不需许可证的 2.4 GHz 频段，其运营者不用花钱申请频段许可证，随时可以建网使用。

作为一种灵活的数据通信系统，无线局域网通常作为传统有线局域网的扩展或者替代。无线局域网使用无线技术通过自由空间发送和接收数据，尽可能减少对有线连接的需求。这样无线局域网就把数据连接与用户的移动性结合起来，使得用户可以在移动的状态下不中断进行中的数据通信。无线局域网的重要意义不仅仅局限于可以摆脱有线电缆的束缚，它的出现还代表了一种全新的网络体系定义。这种网络架构不再是固定且不变的，也不再是难以移动的，改变结构的成本也不再高不可攀。相反，它可以随用户而移动，根据组织结构的变动而迅速调整改变。目前，无线局域网已逐渐被广大用户作为一般的网络连接来使用。

无线局域网的覆盖半径取决于实际的系统使用环境，范围从混凝土建筑物内的 100 m 到室外直接视距的几千米。其传输速率范围通常为 1~11 Mb/s，目前最高已达到 54 Mb/s，这主要取决于实际系统。这些速率都是由 IEEE 为无线局域网制定的标准所支持的。IEEE 建立了无线局域网标准 802.11 系列和无线以太网兼容联盟(WECA)以确保各厂商生产的无线局域网产品的良好互操作性。任何局域网应用、网络操作系统和协议(包括 TCP/IP)运行在一个 802.11 系列兼容的无线局域网中就像在以太网中一样容易。

WLAN 的一种典型的应用实例如图 8.13 所示。

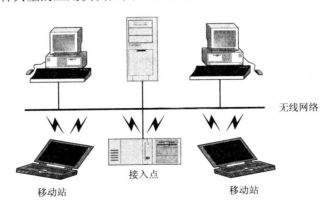

图 8.13　WLAN 的应用实例

1. 无线局域网的组成

构成无线局域网基础的三种主要连接设备分别是 WLAN 适配器、无线接入点 AP 和户外 WLAN 网桥。

1) WLAN 适配器

无线适配器与有线网络适配器的基本结构和功能是相同的，也具有标准的接口，如 PCMCIA、Cardbus、PCI 和 USB，可以用作同样的功能，允许终端用户访问以太网。有线局域网适配器提供了网络操作系统与有线网络线路的接口，与此对应的无线局域网适配器作为网络操作系统和天线的接口，建立了到网络的透明连接。

2) 无线接入点 AP

无线接入点相当于有线局域网的集线器(Hub)。一个接入点设备 AP 支持一组无线用户设备，在无线局域网和有线网络之间接收、缓冲和发送数据，接入点可以位于有线网的任意节点内。典型的是，一个 AP 通过一条标准的以太网电缆连接到有线局域网，通过一根天线与无线设备通信。AP 或它所连接的天线通常放置在墙上高处或者天花板上。就像蜂窝电话网的小区一样，当用户从一个区域移动到另一个区域时，多个 AP 可以支持从一个 AP 到另一个 AP 之间的漫游。AP 的覆盖范围为 20～500 m。单独一个 AP 可以支持 15～250 个用户，网络拓扑、配置和使用情况不同用户数量也不同。为了减少网络拥塞、扩大覆盖区域，可以通过增加更多的 AP 来很容易地扩展无线局域网。为了保持通信连接不中断，大型无线局域网络通常用多个 AP 构建重叠的小区。一个无线 AP 可以监视用户越区移动，允许或拒绝指定的业务种类和与之通信的用户。

3) 户外 WLAN 网桥

户外 WLAN 网桥用于连接不同建筑物中的局域网。如果考虑建筑物之间架设光纤的成本过高，尤其是在穿越路径上存在诸如高速公路等障碍物的情形下，无线局域网可能是一个经济划算的选择。一个户外 WLAN 网桥可能比租用线路更便宜。WLAN 网桥支持相当高的数据传输速率，如果使用视距方向性天线，则其通信距离可达数英里。对于相对近的建筑物之间，网桥也可以用 AP 代替。

2. 无线局域网的拓扑结构

无线局域网的拓扑结构可分为三类：无中心(或称对等式，Peer to Peer)拓扑、有中心(AP-based)拓扑和多点桥接。

1) 无中心拓扑

无中心拓扑的网络要求网中任意两个站点均可直接通信。采用这种拓扑结构的网络一般使用公用广播信道，每个站点都可竞争公用信道，而信道接入控制(MAC)协议大多采用 CSMA(载波监测多址接入)类型的多址接入协议。这种结构的优点是网络抗毁性好、建网容易且费用较低。但当网中用户数(站点数)过多时，信道竞争成为限制网络性能的要害；为了满足任意两个站点可直接通信，因而站点布局受环境限制较大、覆盖区域较小。因此这种拓扑结构适用于用户数相对较少的工作群，如图 8.14 所示。

图 8.14　无中心拓扑

2) 有中心拓扑

有中心拓扑又称基于 AP 的拓扑, 如图 8.15 所示, 这种拓扑结构应用得更广泛。在有中心拓扑结构中, 要求一个无线站点充当中心站(AP), 所有站点对网络的访问均由其控制(类似于 Hub)。这样, 当网络业务量增大时网络吞吐性能及网络时延性能的恶化并不剧烈。由于每个站点只需在中心站覆盖范围内就可与其他站点通信, 故网络中心站布局受环境限制亦较小。此外, 中心站为接入有线主干网提供了一个逻辑接入点。有中心网络拓扑结构的弱点是抗毁性差, 中心站点的故障容易导致整个网络瘫痪, 并且中心站点的引入增加了网络成本。在实际应用中, 无线局域网往往与有线主干网络结合起来使用, 这时, 中心站点充当无线局域网与有线主干网的转接器。

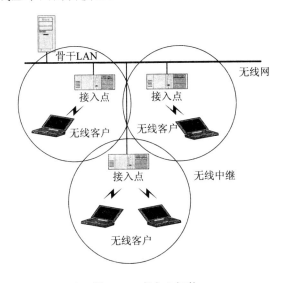

图 8.15　有中心拓扑

3) 多点桥接

另一种无线网络拓扑是点到多点桥接。无线网桥将一个建筑物中的局域网与另一个建筑物中的局域网连接起来, 即使这两个建筑物之间相距很远。条件是两个建筑物之间要有良好的通信视距。根据无线网桥和天线种类以及环境条件的不同, 视距范围也有所不同。

无线局域网可独立于有线网络而被使用, 它可以作为一个单独网络用于任何需要的区域, 而不需要建立或者扩展有线局域网。当然更多的是与有线局域网互连使用。

3. 无线局域网的关键技术

实现无线局域网的关键技术有三种: Infared(红外技术)、Narrow Band(窄带技术)、Spread Spectrum(扩频技术)。

1) 红外技术

红外频段是可见光电磁频谱低端的不可见辐射带。红外线局域网通常采用波长小于 1 μm 的红外线作为传输媒体, 有较强的方向性, 只有在收发两端存在近距离视距的条件下才最有效。

有两种类型的红外无线局域网解决方案: 散射波束和直射波束。目前, 直射波束无线局域网的传输速度比散射类型的高, 但是由于散射波局域网使用反射波束传输数字信号,

业的迅速发展与应用。

在我国，目前 WLAN 的应用主要以 802.11b 标准为主，这主要是因为 802.11b 工作的 2.4 GHz ISM 频段为国际上通用的免许可证频段，2001 年信息产业部颁布的"信部无 [2001]653 号通知"也明确了在 2400~2483.5 MHz 这 83.5 MHz 的频段内，室内 WLAN 可以无需审批地使用。而对于 802.11a 工作的 5 GHz 频段，在美国为 U-NII 频段，也是免许可证频段。但在我国，5725~5850 MHz 这一频段原则上用于公众网无线接入通信，运营企业须取得相应的基础电信业务经营许可。比较 2.4 GHz 频段与 5.8 GHz 频段在我国的这些政策，2.4 GHz 频段以其免许可性将在今后很长时间内被企业、家庭等用户广泛使用；而 5.8 GHz 频段，随着 802.11a 设备的成熟和市场规模的扩大，相信在今后一两年内基础电信运营商将会启动这一频段上 802.11a 无线局域网的建设。

目前，WLAN 主要是提供数据应用(如互联网接入、企业网接入等)。与有线网络相比，WLAN 具有很好的便携性、安装简易性、网络的灵活性，非常适合于由于种种原因不易安装有线网络的地方，如受保护的建筑物、机场等，或者经常需要变动布线结构的地方，如展览馆等；同样 WLAN 支持的便携性使它也非常适合在宾馆、写字楼、机场等移动办公者密集的地区向，携带笔记本电脑或 PDA 等便携设备的用户提供方便快速的数据业务。同蜂窝数据网络(GPRS、3G 等)相比，WLAN 具有更高的接入带宽，适合于面向带宽要求较高的移动商务办公者这类数据用户。当然，由于无线局域网通常只能覆盖几十米到一百多米这样的距离，因此它比较适合于做小范围的覆盖，覆盖机场、咖啡店、写字楼等所谓的"热点"地区，而并不适合进行跨城市的连续的广域覆盖。

从 WLAN 的实际应用市场来看，目前大致有以下两类。

一类是企业自己建立的面向企业内部用户的 WLAN 网络，以替代企业有线网或作为有线网的补充。比如一个大型超市，通过 WLAN 网络，可以在超市内的任何柜台，通过手持终端统计存货情况，交由中央系统处理，就可以快速、高效地掌握销售情况，适时进货。这类应用可以显著提高企业的信息化程度，促进企业的发展。随着企业对信息化的重视，这类应用必将得到迅速发展。

另一类是无线 ISP 在诸如写字楼、宾馆、机场等所谓的"热点"地区建设的 WLAN 网络，向公众移动数据用户提供互联网接入服务，并向用户收取网络接入费。这类 WLAN 网络一般还比较分散、独立。要建设可运营、可广域漫游的电信级 WLAN 网络，需解决诸如鉴权、计费等问题。目前在技术上主要有两种解决方案：一种是基于 SIM 卡的方案，以 GSM、CDMA 网络成功的漫游方案为基础，适合于拥有 GSM 或 CDMA 网络的运营商，如中国移动、中国联通；另一种是基于用户名/密码的方案，以互联网上成功应用的 RADIUS 协议为基础，可针对 WLAN 的特性做相应扩展，这种方案比较适合于有 ISP 运营经验的运营商，如中国电信、中国网通。这两种方案的可靠性、稳定性，还需在实际运营中进行检验。随着互联网的发展及移动办公、移动商务的快速普及，WLAN 的这类应用存在很大的市场潜力和发展机遇。

目前，国内的电信运营商对"热点"地区的 WLAN 应用给予了高度关注。中国网通是国内第一家 WLAN 接入服务商。中国网通在包括上海、深圳、广州、北京等城市的商务热点地区开通了被称做"无限伴旅"(Mobile Office)的无线局域网接入服务。中国电信也在上海、广东等地相继开通了"天翼通"服务，在咖啡厅、酒店、候机厅、会议中心、展览馆、体育场等地提供 WLAN 接入服务。而中国移动则在激烈竞争的环境中，根据自身的相对优势，也推出了"GPRS+WLAN"无线数据业务捆绑方案，它将促进 WLAN 和 GPRS 的协调发展，并将促进移动数据业务的普及与推广，从而在一定程度上也是在为 3G 的引入进行业务上的探索。国际上，3GPP 也已经把无线局域网作为热点地区的一种 3G 接入技术与 WCDMA 接入互补。

8.5.4　WMAN 与 WiMAX

IEEE 802 委员会在 1999 年设立了一个 802.16 工作组来开发宽带无线标准。第一个 IEEE 802.16 标准于 2002 年 4 月公布，它为无线 MAN 定义了无线 MAN 空中接口，为宽带无线接入制定了标准，用以提供高速、低成本、扩展光纤骨干网的可升级方案。自从引入了 802.16 标准以来，WMAN 舞台就变得兴旺起来了。

1. WiMAX(世界微波接入互操作性)

WiMAX 是基于在 MAN 中提供无线最后一英里宽带接入的层面而设计的，是第一个来自公认的标准主体的宽带无线接入标准，即 IEEE 802.16 标准，也称 IEEE 无线城域网空中接口标准。它代表了基于标准的、可互操作的、载波层方案的发展方向。

WiMAX 是作为运营商服务的基础开发的，与瞄准终端用户的 Wi-Fi 是不同的，WiMax 最令人振奋的方面是朝移动性方向的演进。

WiMAX 的信道带宽可在 1.25～20 MHz 之间调整，采用了六种调制技术：BPSK、QPSK、16-QAM、64-QAM、OFDM(256-子载波 OFDM 也符合 ETSI HiperMAN)和 OFDMA(2048 子载波 OFDM)，适应宽泛的无线信道条件，支持四种主要类型的 QoS：

(1) 主动提供认可服务的实时通信：基站根据预定的计划分配入站传输能力。

(2) 实时轮询服务：在这种实时话音和视频服务中，基站轮流询问各个用户设备。

(3) 非实时的可变比特速率：这种数据服务提供容量保证和可变时延。

(4) 尽力而为的可变比特速率：与住宅相关，提供类似 IP 的数据服务。

由于 WiMAX 计划用于公共网络，加密是一个关键的组成部分。最初的规范定义了 168 比特的三重数据加密标准(3DES)作为强制性规则。未来的计划包括将高级加密标准(AES)作为基本可选项。

WiMAX 标准集合了动态频率选择，它意味着无线设备自动搜索未用的信道。WiMAX 具有多种双工模式的优点，包括时分双工(TDD)动态不对称方式，它允许上行链路/下行链路带宽依据当前的业务流量条件来进行分配。WiMAX 标准也定义了一个可选的网状网结构。

2. WiMAX 的组成

一个 WiMAX 系统由以下两部分组成：

WiMAX 塔站通过一个高带宽传输介质连接到互联网中。此塔站通过微波链路(或 FSO 链路)连接到广播塔天线(称为回传)，或者通过自身的广播，范围达 8000 平方公里区域。要注意的是，在回传的情况下，它需要视线(LOS)。

一个 WiMAX 接收机和天线，尺寸小到适合放置在用户的笔记本电脑上。

根据 IEEE 802.16e-2005 协议，载波间隔是固定的，覆盖多个不同的信道带宽，是 1.25 MHz

的整倍数(典型的是 1.25 MHz、5 MHz、10 MHz 或 20 MHz)，以改善宽信道带宽的频谱利用率和降低窄信道带宽的开销。这被称为可扩展 OFDMA(SOFDMA)。此外，如果信道带宽不是 1.25 MHz 的倍数且载波间隔不可能完全相同，载波间隔是 10.94 kHz，那么 SOFDMA 与 OFDMA 不兼容，相应的设备也不具有互操作性。

尽管，对 WiMAX 没有全球统一的许可频谱(例如，在美国使用 2.5 GHz，而在亚洲使用 2.3、2.5、3.3 和 3.5 GHz)。WiMAX 论坛颁布了三个许可频谱、2.3 GHz、2.5 GHz 和 3.5 GHz。WiMAX 的频谱利用率是 3.7 bit/Hz。像其他无线技术一样，WiMAX 尽管可传输高数据速率，但是数据传输速率与传输距离的长度成反比。

WiMAX 被限定在离开基站(广播塔天线)50 km 的半径范围，速率至少可达 70 Mb/s(根据标准)。

与 WiMAX 网络建立连接可通过用户单元(SU)设备完成，诸如便携式手机、USB 加密狗、卡或可嵌入笔记本电脑的设备。另外，WiMAX 的网关在室内和室外都可找到，通常放置在客户住处，以便连接到室内的多个网络设备，如互联网的话音(VoIP)设备、以太网设备等。

3. WiMAX 的应用

WiMAX 典型应用包括 Internet 接入、局域网互联、数据专线、窄带业务或基站互联等，各种应用的实现方式如下：

(1) Internet 接入。针对有综合布线的小区和大楼，在楼顶安装 802.16 宽带固定无线接入系统的远端用户侧室外无线单元，并在建筑物内或小区内安装用户侧室内单元和以太网交换机，利用现有综合布线接入用户，通过无线空中接口提供宽带上网业务。

(2) 局域网互联。对于大型企业，如果在地域内有多个企业分部，利用 802.16 宽带固定无线接入系统可以方便实现总部和各分部之间的局域网连接。

(3) 数据专线。以 802.16 宽带综合无线接入系统提供 TDM 传输，在终端站上提供 E1 接口。为进一步提供 64 kb/s 和 N × 64 kb/s 的业务，可在用户端安装小型复用器，提供传统的数据传送业务。

(4) 窄带业务和基站互联。802.16 提供 E1 接口，可以满足 GSM 移动基站的接入，并在将来支持 3G 网络基站互连。通过 802.16 远端设备+窄带 0NU，可以提供话音业务。

8.5.5　RFID 与 NFC

1. RFID(Radio Frequency Identification，无线射频识别)

RFID 是一种非接触的自动识别技术，其基本原理是利用射频信号和空间耦合(电感或电磁耦合)传输特性实现对被识别物体的自动识别。RFID 技术的应用最早可以追溯到第二次世界大战时期英国的空军基地，近年来随着微电子、计算机和网络技术的发展，该技术的应用范围和深度也都获得得到了迅速发展。

根据工作频率的不同，RFID 系统大体分为中低频段和高频段两类，典型的工作频率为 135 kHz 以下、13.56 MHz、433 MHz、860～960 MHz、2.45 GHz 和 5.8 GHz 等。不同频率 RFID 系统的工作距离不同，应用的领域也有差异。低频段的 RFID 技术主要应用于动物识别、工厂数据自动采集系统等领域；13.56 MHz 的 RFID 技术已相对成熟，并且大部分以 IC

卡的形式广泛应用于智能交通、门禁、防伪等多个领域，工作距离＜1 m。较高频段的 433 MHz RFID 技术则被美国国防部用于物流托盘追踪管理；而 RFID 技术中当前研究和推广的重点是高频段的 860～960 MHz 的远距离电子标签，有效工作距离达到 3～6 m，适用于对物流、供应链的环节进行管理；2.45 GHz 和 5.8 GHz RFID 技术以有源电子标签的形式应用在集装箱管理、公路收费等领域。

RFID 系统由标签、阅读器、边缘服务器、中间件和应用软件几部分组成。RFID 技术的关键部件是一个 RFID 应答器，通常称为 RFID 标签。RFID 标签是一个小物体，如粘贴标签，它能被附加到或并入一个物体(从洗衣店清洁剂的盘子到赛车轮胎到宠物的项圈等任何东西)。RFID 标签内含一个微芯片，由处理器、存储器和一个安装在底部或周边的天线组成。存储器容量的大小在几字符至上千字节之间。RFID 标签的天线使它能接收和响应来自 RFID 阅读器的无线电询问。阅读器也称收发信机或询问者，它有自己的天线。

RFID 标签既可以是有源的，也可以是无源的。有源 RFID 必须有供电源，但它比无源标签有更长的工作距离和更大的存储器，因而有存储阅读器发送的额外信息的能力。有源标签，大约为一角硬币大小，是针对距 RFID 阅读器约 30 m 的通信而设计的，它由电池供电并一直工作。它们比无源 RFID 标签更大和更贵，但它们能保存关于被标签物体的更多信息，通常用于高价值资产的跟踪。有源 RFID 标签是可读/写的。许多有源标签的实际应用范围为数十米，电池寿命可达 10 年。有源标签的一个最普遍的应用是交通部门(如用于高速公路收费)。

RFID 阅读器用于询问 RFID 标签以获得辨识、位置和其他有关被植入了标签的物体的信息。另外，阅读器天线将 RF 能量发送给 RFID 标签天线，标签使用该能量为微芯片供电。

读取包含 RFID 标签的产品的数据无需接触，甚至是在非视距范围内。RFID 技术可以工作在雨、雪和其他环境中，这些地方条形码和光学扫描技术都无法使用。

2. NFC(近场通信)

NFC(近场通信)是一种利用磁场感应进行短距离非接触的通信方式，由 RFID、互联(即信息交互)和非接触识别技术发展而来。它是一种运行在全球可用和未管制的 13.56 MHz 频带的无线技术，典型的距离为几厘米，但最大工作距离可达 1.5～2 m。它支持三种数据传输速率：106 kb/s、212 kb/s 和 424 kb/s。

NFC 的成功依赖于开放的、可互操作的、基于标准的 NFC 环境。NFC 标准化于 ISO、Ecma 国际和 ETSI 标准的编号之中，提供最大的灵活性，为技术寻求与已有设备——尤其是智能卡的兼容性。

NFC 通信协议允许两个植入芯片的设备在很接近的状态下交换信息，没有中间设备，这意味着 NFC 担当了对等传输的作用。NFC 使手机或移动设备担当起非接触传输的媒介，它共有三种运行模式：

(1) 被动通信模式。在这种单向模式中，发起设备提供一个载波场，目标设备通过调制该场做出响应，并从发起者电磁场中汲取能量。

(2) 主动通信模式。在这种双向的模式之中，两个设备都需要能量供应，发起者和目标设备产生各自的场来通信。

(3) 应答机。该双向模式允许没有接入电子栅格或电池的标签与范围内的 NFC 设备,通过汲取来自 NFC 设备的能量进行通信。

NFC 的主要特征之一是提供了高带宽内容的获得与传输、非接触支付能力和智能物体的交互作用。NFC 技术正在改变消费商业模式、连通性和消费内容,加强终端用户体验,同时重新定义通信、内容和支付的商业模式。

8.5.6 超宽带(UWB)无线

UWB(Ultra Wideband,超宽带)技术是目前正被广泛研究的一种新兴无线通信技术,现在已经成为高速无线个人网(WPAN)的首选技术。一方面,由于它具有高达 100 Mb/s～1 Gb/s 的数据率以及低功耗和低费用等特点,为无线通信的发展开辟了新的机遇;另一方面,由于它占用极宽的带宽,与其他通信系统共享频段,给干扰、兼容等相关领域的研究带来了挑战。UWB 技术的标准化主要在致力于 WPAN 标准化工作的 IEEE 802.15 框架内进行。

UWB 最初的定义是来自于 20 世纪 60 年代兴起的脉冲通信技术,又称为 Impulse Radio(脉冲无线电)技术。与在当今通信系统中广泛采用的载波调制技术不同,这种技术用上升沿和下降沿都很陡的基带脉冲直接通信,所以又称为 Baseband Transmission(基带传输)或 Carrierless(无载波)技术。脉冲 UWB 技术的脉冲长度通常在亚 ns 量级,信号带宽经常达数 GHz,比任何现有的无线通信技术(包括以 3G 为代表的宽带 CDMA 技术)的带宽都大得多,所以最终在 1989 年被美国国防部称为超宽带技术。传统脉冲 UWB 信号通常具有很小的($10^{-2}\sim10^{-3}$)占空比,这决定了 UWB 设备的平均发射功率很低,甚至是现有的蓝牙(Bluetooth)系统发射功率的 1/100～1/1000。

如此低的发射功率带来了诸多好处:

(1) UWB 系统的发射功率可以降到背景噪声的水平,因此可以与其他无线通信系统"安静的共存"。

(2) 极低的发射功率使 UWB 设备具有很低的能耗,功率放大器通常可以被省去,因此 UWB 设备具有很低的成本。

(3) 极低的发射功率使 UWB 信号很难被监听,从而具有良好的保密性。

UWB 期望在 5～10 m 的距离上获得 100 Mb/s～500 Mb/s 的数据速率,并可以预期这种高比特率将会催生目前还不可能的应用。人们也期待 UWB 单元比现在的设备更便宜、体积更小和功率更小。

短距离技术是一种处理便携(电池供电)电子设备网络的理想方法,包括 PDAs、数字照相机、便携式摄像机、音频/视频播放器、移动电话、便携计算机和其他移动设备。有线连入互联网的不断增长是短距离无线技术的另一个驱动力。

UWB 的精确脉冲使它有能力辨别埋葬的物品或墙后面的移动物体。它也能用于确定室内发射机的位置。UWB 提供了一个位置发现功能,这类似于 GPS 的本地版。因而 UWB 的能力对于营救及法律强制性的任务至关重要。

UWB 的缺点之一是易受来自于其他发射机干扰的影响。UWB 接收机克服该问题的能力有时也称"干扰抵抗力"。这是好的接收机设计的一个关键特性。多径干扰也是一个问题,在接收机设计中需要解决。

UWB 应用覆盖了大量的情形，包括以下方面：

(1) 监视散布在有核、生物或化学威胁区域内的大量传感器；

(2) 对战士进行可视化地理信息登记；

(3) 支持勘查和建设的需要；

(4) 保持对地雷、武器、设备和车辆等的跟踪；

(5) 保持对小孩、宠物、轿车、钱包和行李等个人项目的跟踪；

(6) 对商店、仓库、船坞和铁路货场等的目录清单进行控制；

(7) 在体育事件中充当公断手段，提供训练情况的重放或观察事件的重建画面；

(8) 室内环境的自动化，如可调整灯光、温度和音乐声音的大小；

(9) 自动调整照相机焦距和在运动图像中动态追踪匹配的数字效果；

(10) 创造响应道路状况的汽车碰撞检测系统和中止系统；

(11) 执行医疗成像，类似于 X 射线与 CAT 扫描；

(12) 在法律强制与救援应用中执行透墙成像来检测人员和物体。

UWB 的支持者预计，UWB 可能成为 WPAN、WLAN 和 WWAN 中的主流技术。但是 UWB 在 WAN 中的优势限制因素是全球无线频谱分配标准的统一。UWB 所面临的最大挑战是 IEEE 中所争论的监管问题和死锁的 UWB 标准。

8.5.7　FSO/SHF

1. FSO(自由空间光通信)

FSO 允许使用激光通过空气传送数据，并能达到光缆中同样的速率。

FSO 是一种视距宽带通信技术，应用的距离范围从几百米到几千米(陆地应用)，到几千千米(地球到卫星和星际间应用)。由于其简单性，加上激光在未注册的电磁频谱内安全低功率激光器的事实，以及不需要麻烦的许可或街道挖沟，且能容忍中等大气现象(雪、雾、风、闪烁、光束发散角)，FSO 技术已展示出能与光纤网络相当的数据速率，提供快速服务。

FSO 采用调制的激光束作为发射机，灵敏的光检测器作为接收机，一束激光照射(视线范围内(LOS)无遮挡的)探测器就构成了一个简单的通信通道,两对激光器与探测器发射机和接收机就构成了双向、双工的 FSO 通道。

FSO 的典型应用主要有以下几个方面：

(1) 最后/最初一英连接到接入网；

(2) 校园或城域的 LAN 到 LAN 互连(1 Gb/s)；

(3) 移动基站到网络的连接；

(4) 应急通信网络布署；

(5) 容灾网络应用；

(6) 应急的或半永久的网络布署；

(7) 星间通信；

(8) 星与地面站之间通信；

(9) 移动与固定站之间通信；

(10) 深空通信。

第9章　通信网络新技术

IP技术和Internet给现代通信网络的变革带来了深刻的影响。随着Internet的高速发展，IP事实上已成为统一的网络标准协议。宽带数据网络是未来通信网络的核心，它将成为各种网络融合的结合点，也就是成为各种现有业务和以后各种新业务的综合传输和应用平台。

本章介绍宽带IP网、智能网、虚拟专用网、NGN等通信网络的新技术。

9.1　宽带IP网

9.1.1　IP网的现状

宽带数据网络是现代通信发展的方向，信息技术，包括话音通信、视频传输和数据通信技术一直是一种热点技术。以话音通信为目的而建立的PSTN电话网络经过大概100年的发展，现在基本已经覆盖了世界的各个角落，它对人们的生活和社会的发展起着重要的推动和促进作用。

目前，除PSTN网络外，信息网络还包括有线电视网和计算机通信网络，可以这样认为，电话网、有线电视网和计算机网络代表着当前信息产业的三个主要方面。传统上，由于PSTN网络悠久的历史和庞大的规模，其主要的业务，即话音业务在通信网络各种业务中占据着绝对的主导地位。但由于计算机和传输等各种技术的发展以及用户需求的多样性，这种格局正在发生着重大的变革。在信息网络的各种业务中，以IP业务为主导的数据业务占据着越来越重要的地位。

据统计，话音业务与数据业务的流量在2003年持平，而在此后的发展中，网络上数据业务的流量已超过传统的话音业务的流量，并成为网络的第一大业务。数据业务的高速增长对原先的PSTN电话网络造成了巨大的压力。

PSTN网络是为话音业务而设计的电路交换网络，其基本依据是恒定的对称的话务量。与此相反的是，数据业务的最大特性是非对称性，并具有突发性强的特点，所以一般采用的是分组交换模式，而并不适合在传统的PSTN网络上进行传输。正是因为这样，发达国家有些传统的电信运营商开始缩减对PSTN网络的投资，转而大力发展其数据通信网络。

实际上，通信网络正由电路交换向分组交换转化，未来的通信网络是一个以数据业务为主导的宽带数据网络，它除了支持包括现在的IP业务在内的所有数据业务外，同样支持传统电话网络上的典型业务如话音、传真和视频业务等，并且，随着市场的拓展和技术的进步，还将产生各种基于宽带数据网络的新的业务。

在宽带数据通信网络技术发展的过程中出现了两种不同的技术，即ATM和IP技术。这使得宽带数据网络的设计和建设(特别是骨干网络)存在两种不同思路。采用这两种技术均可以构建宽带数据网络，分别为 ATM 宽带数据网络和 IP 宽带数据网络。ATM 网络的核心节点设备为系列 ATM 交换机，它采用异步时分复用的快速分组交换技术，将信息流分成固定长度的信元，并实现信元的高速交换；IP 网络核心结点为千兆位或 T 位路由器。

由于 ATM 网络和 IP 网络有着各自的特点和优势，在目前的技术情况和实际条件下，不同的运营商在构建其网络时有着不同的态度和考虑。对于传统的电信业务运营商而言，他们本身有着规模巨大的电话网络 PSTN 和传统的数据网络资源(如 X.25、DDN 和 FR 等)，ATM 网络可以最大限度地兼顾其原有的各种话音、数据和视频业务，从而保护现有网络的投资和客户资源，并实现由窄带到宽带网络的平滑过渡。在此基础上，通过叠加如 IP OVER ATM 或集成模式等多种方式可以支持绝大多数的 IP 业务。虽然 ATM 网络投资成本较高、网络层次较多且管理复杂，但在现在的技术条件下 ATM 网络仍然是传统电信运营商建设其宽带数据网络的优先选择。与传统电信运营商不同的是，新兴的运营商没有电话网络等固有的投资，因而其发展不受原有的各种业务束缚，而可以将精力集中于各种极具市场潜力的 IP 新业务的拓展。以此为目的，考虑到网络建设成本、网络管理成本和网络结构复杂程度等诸多因素，构建以千兆比特路由器为核心的 IP 网络是其最佳的选择。

对新的运营商而言，在其宽带 IP 网络上，除开展传统的 E-mail、WEB 浏览和文件下载等普通 IP 业务外，可以大力开展有着巨大的发展前景的电子商务、远程医疗、远程教学、会议电视等新兴的 IP 业务，这些业务都能够为新兴运营商的发展壮大提供无穷的机会。话音、传真等传统的电信业务是传统电信运营商收入的主要来源。虽然 IP 网络在完全支持传统的电信业务上目前还存在诸多的难题，但 IP 电话、IP 视频图像也已经得到了较大程度的应用，这些属于传统电信运营商的业务正在为新兴网络的拥有者带来大量财富。由于 TCP/IP 协议完善是 ITU-T 的首要任务，其他各种组织对 IP 的研究正在取得相当的进展，各种新的协议标准(如 MPLS 的产生)增强了 IP 网络进行流量控制和自愈恢复的能力，为支持更多的业务提供了新的保证，并使得各种业务在 IP 网络上的实现(Everything Over IP)有了真正的可能。这样，宽带 IP 网络同样能够构筑成为多业务传送平台，并成为未来通信网络的核心，在网络建设中占据着主要的地位。

新一代的通信网络——IP 宽带数据网络的构建使得现在的各种信息网络有了统一的基础。并且，技术的发展和市场的需求又使得各种基于 IP 的应用和服务层出不穷，这样，IP 网络最终就会演变为一个以 IP 业务为核心的综合信息传送平台。

9.1.2　宽带 IP 技术

因特网的高速发展带来了对带宽的巨大需求，原有的提供话音业务的电路交换网络已远远不能适应 IP(网际协议)业务的需求。为此，各种宽带 IP 技术应运而生。

1. IP over ATM(异步转移模式)

IP 是因特网的基础技术，是一个为高级传输协议提供无连接服务的网络协议。它与传输控制协议(TCP)一起构成因特网协议族的核心单元。IP 有相应的地址和选路功能，在进行任何数据传输之前，必须在两个通信实体之间建立一条端到端的连接。IP 结构简单，容易实现异型网络互联。ATM 是一种以定长信元为单位进行信息复用和交换的技术，可为不同等级的业务提供相应的服务质量。ATM 面向连接，有自己的地址结构、选路方式和信令。

IP over ATM 工作方式是将 IP 数据包在 ATM 层，且全部封装为 ATM 信元，以 ATM 信元形式在信道中传输。当网络中的交换机接收到一个数据包时，先根据 IP 数据包中的 IP 地址通过某种机制进行路由地址处理，随后，按已计算的路由在 ATM 网上建立虚电路(VC)，转发数据包。

在 ATM 上运载 IP 业务有两种模型：重叠模型和集成模型。重叠模型是指 IP 网络的主干部分引入了 ATM 交换，在其他部分是路由器。IP 和 ATM 仍然保持各自标准的地址分配策略和信令协议，两层之间具有特定的映射关系。IP 路由协议由 IP 路由器来实现。ATM 网络需要实施 ATM 路由协议，在寻址方式上需要进行地址解析。IP 路由器和 ATM 交换机在功能上分离，ATM 网络作为 IP 网的传输骨干网。ATM 网上的设备需要分配 IP 地址，也要分配 ATM 地址，而且需要两套维护和管理功能。集成模型是将 IP 协议与 ATM 层集成在一起，使得 ATM 交换机和 IP 路由器成为一体，两者采用完全相同的协议体系和地址分配策略，不需要进行地址解释，ATM 网络作为传输网络使用，用虚通路协议(VPI)/虚通道标识符(VCI)的信元传送代替传统的分组传送。

IP over ATM 的优势是：采用固定长度的短分组，能灵活地综合传输与交换不同速率的业务；采用虚电路，能较细地分配不同速率的逻辑信道，支持多种连接，调度较灵活；保持 ATM 支持多业务、提供服务质量保证的优点；具有良好的流量控制均衡能力以及故障恢复能力，网络可靠性高。其不足之处是：在数据传输时，发端要将 IP 分组分割成 ATM 信元，收端再将其恢复为 IP 分组，这降低了利用率；采用交换式虚电路(SVC)作为 ATM 信元的传输路径；ATM 和 IP 之间存在的差异，使协议变得复杂；随着速度的提高，ATM 拆装信元的实现成本有所增加。

2. IP over SDH(同步数字系列)

IP over SDH 的工作原理是，先将 IP 分组按认证请求(RFC)的要求放入点到点协议(PPP)的分组中，实现差错控制和链路初始化控制，启动和配置链路层和网络层协议，再将 PPP 分组放入高级数据链路控制(HDLC)的帧结构中，最后将 HDLC 帧放入 SDH 的净荷区。

IP over SDH 具有较高吞吐量、较低协议开销、较高带宽利用率，兼容性好；采用同步复接技术，便于从高次群数字流中分离出低次群的数字流；对 IP 路由支持能力强，具有很高的 IP 传输效率，适用于 IP 业务为主的网络环境；SDH 技术本身所具有的环路和网络自愈功能有助于达到纠错的目的。但是，它也有不足之处。首先，由于 SDH 的提出主要是为了传输多路数字电路，其基本帧重复频率为 8 kHz，而现在的 IP 分组传送未使用 8 kHz 频率，这样，映射就显得不够合理；其次，SDH 设备多为双向对称工作，而 IP 网络中不同方向的业务量往往不同，因此需要考虑如何有效地配置设备；最后，SDH 网络有抗毁能力，IP 网络和其下面的物理光层也有抗毁能力，重复会形成浪费。

3. IP over DWDM(密集波分复用)

DWDM 技术由于在一根光纤上利用不同的波长可以传送多路光信号，因此能满足快速增长的数据通信的需求，特别适应大流量 IP 业务对于传输带宽的冲击。IP over DWDM 发挥了 IP 技术和基于 DWDM 的光网络技术的优势，主要表现在以下几个方面：充分利用了光纤的巨大带宽资源，提高了网络传输容量；IP 骨干路由器和 DWDM 波长直接相连，降低了对 IP 高速网络控制和管理的复杂度，同时也减少了设备操作、维护和管理费用，降低了成本；对传输码率、数据格式及调制方式透明，可以与现有通信网络兼容，还可以支持未来的宽带业务网，方便网络升级。但是，这种技术的标准尚未完全制订，而且 DWDM 设备价格很高，光放大器、光转发器、光分插复用器等价格也很高。DWDM 系统的网络拓扑结构是点到点方式，还没有形成光网络。

4. 宽带 IP 技术比较

在高性能、高宽带的 IP 业务应用方面，IP over ATM 技术充分利用了已经存在的 ATM 网络和技术，适合于提供高性能的综合通信服务，能够避免不必要的重复投资，但相对技术复杂，网络运行和维护成本较高；而 IP over SDH 技术由于去掉了 ATM 设备，因此投资少，见效快，且线路利用率高，但它缺乏带宽管理、服务质量和灵活的网络工程设计能力。因此，当对速度要求较高时，可以选择 IP over SDH，而当灵活的带宽管理、服务质量和网络工程比较重要时，应选择 IP over ATM。IP over DWDM 是一种比较理想的宽带 IP 业务传送技术，能够极大地拓展现有的网络带宽，最大限度地提高线路利用率。在外围网络以吉比特以太网为主的情况下，这种技术能真正地实现无缝接入。

9.1.3　多协议标记交换(MPLS)技术

多协议标记交换 MPLS(Multi Protocol Label Switching)由 Internet 网络工程部 IETF(Internet Engineering Task Force)提出，它主要基于 Cisco 公司的标记交换，并吸收了 IBM 公司的 ARIS(基于集中路由的 IP 交换)和其他各种方案的优点，有望成为 IP 与 ATM 相结合的最佳解决方案。

MPLS 是一种基于网络层选路、适用于多种协议的标记交换，能提高选路的灵活性，扩展网络层选路功能，简化路由器和基于信元交换的集成，提高网络性能。MPLS 既可以作为独立的选路协议兼容，支持 IP 网络的各种操作、管理、维护功能，使 IP 网络通信的 QoS、路由、信令等性能大大提高，达到或接近统计复用定长分组交换(ATM)的水平，而又比 ATM 简单、高效、便宜、适用。

MPLS 中的关键概念是将路由控制和分组转发分离：

(1) 用标签来识别和标记 IP 分组，并把标签封装后的报文转发到已升级改善过的交换机或路由器，由它们在第二层进行标签交换，转发分组。

(2) IP 报文标签的产生和分配所需的网络拓扑和路由信息则是通过现有的 IP 路由协议获得的，不用进行二层地址和三层地址之间的转换就可以实现 IP 地址和标签之间的映射。这就避免了在 IP/ATM 重叠模型中存在的地址解析问题。而且通过等价转发类(FEC)，这种映射是汇聚性的，可以实现标签及路径的复用，提高了可扩展性。

MPLS 属于多层交换技术，图 9.1 是一个 MPLS 网络的示意图。

MPLS 网络由标签边缘路由器 LER(Label Edge Router)和标签交换路由器 LSR(Label Switch Router)组成。在 LSR 内，MPLS 控制模块以 IP 功能为中心，转发模块基于标签交换算法，并通过标签分配协议(LDP)在节点间完成标签信息以及相关信令的发送。LDP 信令以及标签绑定信息只在 MPLS 相邻节点间传递。LSR 之间或 LSR 与 LER 之间依然需要运行标准的路由协议，并由此来获得拓扑信息。通过这些信息 LSR 可以明确选取报文的下一跳并可最终建立特定的标签交换路径 LSP(Label Switch Path)。

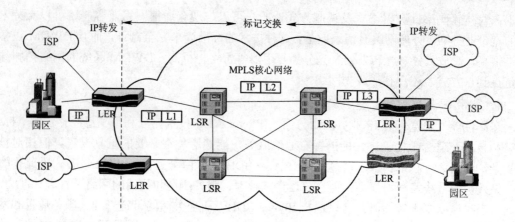

图 9.1 MPLS 网络结构示意图

MPLS 网络执行标记交换需经历以下步骤：

(1) LSR 使用现有的 IP 路由协议获取到目的网络的可达性信息，维护并建立标准 IP 转发路由表 FIB。

(2) 使用 LDP 协议建立 LIB。

(3) 入口 LER 接收分组，执行第三层的增值服务，并为分组打上标记。

(4) 核心 LSR 基于标记执行交换。

(5) 出口 LER 删除标记，转发分组到目的网络。

9.1.4 新一代 IP 协议 IPv6

随着技术和应用的发展，特别是 Internet 用户的迅猛增加，现在使用的 IP 协议(即 IPv4)的 32 位地址空间很快会耗尽，迫切需要对 IPv4 地址进行扩展。除此，还有一些其他因素也要求改变现有 IP 协议的设计，主要是日益增加的各种新的应用需求。例如，实时话音和图像通信要求低的时延，新版的 IP 协议应当提供一种机制，能为特定应用预留资源。又如一些新的应用需要安全通信，新版的 IP 协议应具有鉴别发送者的安全机制。

在这种情况下，IETF 于 1992 年 6 月提出要制定下一代的 IP 协议，即 IPng(IP Next Generation)。由于 Ipv5 打算用作面向连接的网际协议，因此 IPng 被正式命名为 IPv6。

IPv6 保留了 IPv4 中的大多数选项，包括分段和源端路由选择。在一些细节上作了修改，大体上可归纳为五大类：

(1) 更大的地址空间。IPv6 将原来的 32 位地址空间增大到 128 位地址空间。

(2) 灵活的报头格式。IPv6 使用一种全新的、不兼容的数据报格式。在 IPv4 中，使用固定格式的数据报报头，在报头中，除选项外，所有的字段都在一个固定的偏移位置上占用固定数量的八位组数，而 IPv6 使用一组可选的报头。

(3) 增强的选项。IPv6 允许数据报包含可选的控制信息，包含了 IPv4 不具备的选项，提供新的功能。

(4) 允许对网络资源的预分配。IPv6 提供了一种新的机制，允许对网络资源预分配，取代了 IPv4 的服务类型说明。这些新的机制支持实时话音和视像等应用，保证一定的带宽和时延。

（5）支持协议扩展。IPv6 允许新增特性，不需描述所有细节。这种扩展能力使 IPv6 能适应底层网络硬件的改变和各种新的应用需求。

IPv6 数据报的一般格式是一个 40 字节的基本报头，其后可允许有 0 到多个扩展报头，扩展报头后面是数据。

在 IPv6 中，每个地址有 128 位，庞大的地址空间使 IPv6 能适应各种地址分配策略。

IPv6 的地址可分为三种类型：单点通信地址、任意点通信方式地址和组播地址。单播通信地址即目的地址指明一台计算机或路由器，数据报选择一条最短的路径到达目的站。任意点通信方式地址即目的站是共享一个网络地址的计算机的集合，数据报选择一条最短路径到达该组，然后传递给该组最近的一个成员。组播地址即目的站是一组计算机，它们可以在不同的地方，数据报通过硬件组播或广播传递给该组的每一个成员。

9.1.5　宽带 IP 与光网络融合

当前通信网络采用多层多域网络承载业务，设备种类繁多，海量数据的分组处理能力呈指数级别提高，同时对超大容量路由运算能力提出越来越高的要求，导致机房空间紧张、能耗高、效率低。

在 IP 层，集群路由技术的发展极大地提升了骨干路由器的性能和交换容量。集群技术在路由器领域的引入，目的是将两台或两台以上普通核心路由器通过某种方式连接，使得这些核心路由器能够进行设备间协同工作和并行处理，实现系统容量的平滑扩展，并且对外只表现为一台逻辑路由器。集群路由技术又称为路由器矩阵技术或多机箱组合技术，通过采用并行交换技术(PPS)，将多个独立的交换网级联，共同组成一个多级多平面的交换矩阵系统，从而突破单机箱在交换容量、功耗、散热等方面的限制，实现更大容量的路由交换系统。

在传输层，基于光纤构建的光网络，不仅实现了大容量、超长距的传输，并且通过控制平面技术实现了智能化。光网络从网络分层的角度可理解为光层，传输容量每 4 年就增长 10 倍。100G 技术于 2010 年首次部署于现网，目前 200G 技术已经进入总体部署阶段，接下来即将部署的是 400G 技术。

一直以来 IP 层与光层都是各自独立发展，使得骨干网整体建设维护复杂度、成本、功耗越来越高。因而未来网络将是 IP 和光网络的智能融合，网络性能和管理能力也将不断地提高。

IP 与光层的融合有两类标准，一是重叠模型，光层只对上层的多业务提供支持；二是对等模型，IP 参与光网络的路由。对等模型相对复杂，其标准可能需很长时间才能成熟，作为对等模型子集的重叠模型进展迅速。重叠模型有如下三种方案。

1）IP 层与光层的静态融合

首先通过统一网管系统建立光通路，然后通过网管系统触发源节点数据设备，在之前建立好的光通路上建立数据 LSP 通道(Label Switch Path 标签交换通道)。

目前的设备支持此方案，现网可以开展部署。但是该方案需要全网通过离线静态全手动配置，复杂程度高，需要运维人员熟悉现有网络拓扑。同时，离线规划不能动态适应分流需求，且无法动态调整带宽，部署成本大且不能动态更新，网络维护性也较差。

2) IP 层与光层的动态融合

在 IP 层和光层之间加载 GMPLS UNI(用户网络接口)，业务可以从 IP 层发起，同时建立 IP 层和光层 LSP，不需要子接口方式映射，提供动态带宽调整，同时，离线多层规划 IP 和光层网络资源以及分流流量。

此方案借助 IP 层和光层统一的智能控制平面技术，在对业务的保护恢复方面也更胜一筹。在传统的骨干网中，通过光层的快速重路由可以解决传送网的多点故障，但由于缺乏和路由器之间的配合，可能存在保护不成功或多重保护的情况。采用 GMPLS UNI 接口和路由器配合，可以实现多层网络的协同保护，一方面可以加快业务的保护速度，另一方面可以节省过多的保护资源。另外，在进行多层的网络规划时，通过共享风险链路组的约束，也可以提高骨干网的可靠性。

采用 GMPLS UNI 的方式，可以达到 IP 与光层的统一实时调度，采用标准协议，技术成熟度高，现网设备只需要升级软件版本即可满足要求，因此部署成本较低，同时给后续网络维护带来了便利。

3) IP 层与光层的设备融合

无论是静态融合方式还是动态融合方式，从设备形态上还是分为路由器设备和光传送 (OTN)设备。在不考虑成本因素的情况下，可以将路由器和 OTN 融合成一个产品形态即边缘路由器。边缘路由器集成路由器、光数据单元(ODU)交叉、光连接控制(OCC)三大模块，其中 OCC 实现路由、信令和链路资源的管理。实际中采用了安全逻辑方式存储 IP 网络和光网络的拓扑信息，以防止网络之间的拓扑信息泄露。

此方案统一了 IP 层和光层的设备，给网络后续维护带来了一定的便利，但是融合设备的成本较高，且现网设备需要替换，大规模部署尚不成熟。

对比以上三种解决方案，不难发现，从部署维护和成本角度来考虑，GMPLS UNI 动态融合方式适合当前 IP 与光网络的统一承载。

9.1.6　云计算

对云计算的定义有多种说法。现阶段广为接受的是美国国家标准与技术研究院(NIST)的定义：云计算是一种按使用量付费的模式，这种模式提供可用的、便捷的、按需的网络访问，进入可配置的计算资源共享池(资源包括网络，服务器，存储，应用软件，服务)，这些资源能够被快速提供，只需投入很少的管理工作，或与服务供应商进行很少的交互。

云计算是通过使计算分布在大量的分布式计算机上(而非本地计算机或远程服务器中)，企业数据中心的运行将与互联网更相似。这使得企业能够将资源切换到需要的应用上，根据需求访问计算机和存储系统。

云计算意味着计算能力也可以作为一种商品进行流通，就像煤气、水电一样，取用方便，费用低廉。最大的不同在于，它是通过互联网进行传输的。被普遍接受的云计算特点如下：

(1) 超大规模："云"具有相当的规模，Google 云计算已经拥有 100 多万台服务器。"云"能赋予用户前所未有的计算能力。

(2) 虚拟化：云计算支持用户在任意位置、使用各种终端获取应用服务。所请求的资源来自"云"，而不是固定的有形的实体。用户无需了解、也不用担心应用运行的具体位置，只需要一台笔记本或者一个手机，就可以通过网络服务来实现需要的一切。

(3) 高可靠性："云"使用了数据多副本容错、计算节点同构可互换等措施来保障服务的高可靠性，使用云计算比使用本地计算机可靠。

(4) 通用性：云计算不针对特定的应用，在"云"的支撑下可以构造出千变万化的应用，同一个"云"可以同时支撑不同的应用运行。

(5) 高可扩展性："云"的规模可以动态伸缩，满足应用和用户规模增长的需要。

(6) 按需服务："云"是一个庞大的资源池，你按需购买；云可以像自来水、电、煤气那样计费。

(7) 极其廉价：由于"云"的特殊容错措施，可以采用极其廉价的节点来构成云，"云"的自动化集中式管理使大量企业无需负担日益高昂的数据中心管理成本，"云"的通用性使资源的利用率较之传统系统大幅提升，因此用户可以充分享受"云"的低成本优势，经常只要花费几百美元、几天时间就能完成以前需要数万美元、数月时间才能完成的任务。

(8) 潜在的危险性：云计算服务除了提供计算服务外，还必然提供了存储服务。但是云计算服务当前垄断在私人机构(企业)手中，而他们仅仅能够提供商业信用。对于政府机构、商业机构(特别像银行这样持有敏感数据的商业机构)，选择云计算服务应保持足够的警惕。一旦商业用户大规模使用私人机构提供的云计算服务，无论其技术优势有多强，都不可避免地让这些私人机构以"数据(信息)"的重要性挟制整个社会。对于信息社会而言，"信息"是至关重要的。另一方面，云计算中的数据对于数据所有者以外的其他云计算用户是保密的，但是对于提供云计算的商业机构而言确实毫无秘密可言。所有这些潜在的危险，是商业机构和政府机构选择云计算服务、特别是国外机构提供的云计算服务时，不得不考虑的一个重要的前提。

云计算系统运用了许多技术，其中以编程模型、数据管理技术、数据存储技术、虚拟化技术、云计算平台管理技术最为关键。

云计算资源规模庞大，服务器数量众多并分布在不同的地点，同时运行着数百种应用，如何有效地管理这些服务器，保证整个系统提供不间断的服务是巨大的挑战。

云计算系统的平台管理技术能够使大量的服务器协同工作，方便的进行业务部署和开通，快速发现和恢复系统故障，通过自动化、智能化的手段实现大规模系统的可靠运营。

9.2　智能网 IN

9.2.1　IN 的概念

1. 智能网的基本思想

随着电话业务的迅速普及，人们对通信的要求不仅仅局限于建立简单的通话功能，而希望得到更多的信息服务，不但要求网络能够迅速准确地提供多种多样的吸引人的新业务，而且试图对电信网有更强的控制能力。如被叫集中付费的 800 号业务，密码记账的 200、300 号业务，电话投票业务的 900 号业务，虚拟专用网业务，这些新业务的开展对用户和网络经营者都带来了极大的好处。

传统的电话网中，提供新的电话业务都是在交换系统中完成的。程控交换机由于计算机的控制，可以提供一定的电话新业务。但每提供一种新的业务都要修改交换机软件，显得十分不方便，所需的时间也较长。最好交换机只完成接续功能，而实现新业务功能另由具有业务控制功能的计算机系统完成，把交换、接续与业务分开。这就引入了智能网IN(Intelligent Network)的概念。

智能网概念是由美国首先提出来的，而后由 CCITT 在 1992 年公布了建议。它的核心是如何高效地向用户提供各种新业务。按照过去传统的技术和软件编程方法，一个新的业务从定义到最后可上网使用，周期一般要 1.5～5 年。智能网的目标是将此减少到最多 6 个月。如何达到快速、经济、方便地向用户提供新业务的目的呢？必须对现有网络结构、网络的管理、业务的控制和生产的方法进行变更。

智能网的基本思想是：在现有程控交换机的电话网上设置一叠加网，以处理各种新业务。新业务的提供、修改及管理等功能全部由智能网来完成，程控交换机则仅提供交换这一基本功能，而与业务提供无直接关联。这样，新业务的设计或原业务的修改等，均与程控交换机无关，交换机的软、硬件可以不作任何改变。这样可大大缩短新业务投入的费用和时间。

2. 智能网的特点

智能网具有如下特点：

(1) 结构上的灵活性。智能网的结构不是固定不变的。在业务控制点的控制下，它的结构可以随着业务的改变及路由选择程序的改变而改变。在很多情况下，路由选择程序是自动地、动态地确定的。

(2) 快速提供业务。智能网大大缩短了新业务从提出到实施的时间。一旦用户需要就能及时、经济地引入新业务，而不必改变原有的交换机。到用户可以自己控制时，甚至可以立即得到自己所需要的业务。

(3) 先进的信令系统。采用先进的 7 号共路信令系统，可以连接各种智能部件，迅速准确地传送大量信息，对分布的智能功能进行控制。

(4) 网中有大型的、集中的数据库。数据库中存储着全网(包括用户网)信息，各网络结点能迅速访问它。大量地采用信息处理技术可有效地利用网络资源。

(5) 采用标准接口。网络各结点之间、各功能之间，都通过标准接口及其相应的协议通信，这些接口与某种特定业务无关。

(6) 呼叫处理模块化。呼叫处理被分成若干最基本的功能单元，并模块化。使用这些基本功能即可生成不同的业务。既有效地利用了网络资源，又可以降低网络成本。

(7) 支持移动通信的漫游功能。移动通信网要实现全国漫游，必须以智能网为基础。从长远来说，智能网是移动通信系统及全球个人通信系统的必要基础条件。

综上所述，智能网的产生一方面能以较低的成本很快地开辟新业务，另一方面便于电信业务管理部门进行业务管理。

智能网出现之前，网络的智能是由网络结点交换机和网络终端实现的。社会经济和科学技术的发展，促进了智能网概念的形成与发展。

3. 智能网的发展背景

智能网的提出与发展，主要受到四种因素的推动，它们是：

(1) 用户的需求。随着社会、经济、技术的发展，电信用户的需求越来越高，这表现在：

① 用户要求多种多样的服务；

② 一旦提出要求，电信部门很快就能满足；

③ 服务质量高，使用方便、灵活，最好自己能控制所需的业务；

④ 电信费用低廉。

(2) 电信经营企业竞争的需要。电信企业为了在竞争中求得生存与发展，就要敏感地捕捉用户的新需求，而原有的电信网每提供一种业务，交换机的软、硬件都要做相应的改动，这个过程既费资又耗时。从电信经营企业的角度来看，智能网就是使之能尽快满足用户需求的电信网。这样，电信企业与用户才能产生共鸣，从而能迅速占领市场。

(3) 技术进步的促进：

① 微电子技术的进步为增加智能网结点的数量和增加其能力提供了必要条件；

② 计算机与通信的结合，使用户可编程入网；

③ 光电技术的发展，如光纤传输速率达几个 Gb/s 到上百上千 Gb/s，意味着在短时间内能传大量信息；

④ 7 号信令系统的推广使用。

(4) 巨大效益的吸引力加快了智能网建设步伐。

9.2.2　IN 的构成

智能网的基本结构如图 9.2 所示。它由业务管理和生成、智能业务控制及业务交换三级组成。其中主要的部分是业务管理系统 SMS(Service Management System)、信令转接点 STP(Signaling Transfer Point)、业务交换点(Service Switching Point)、业务控制点 SCP(Service Control Point)及智能外设 IP(Intelligent Pre)等。

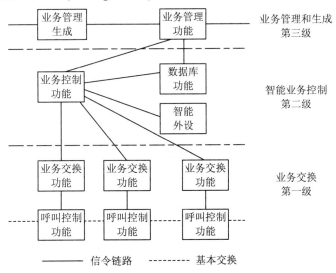

图 9.2　智能网的基本结构

智能网的目标是为所有的通信网络服务，这些网络包括公用电话交换网、公用分组交换数据网、移动通信网、窄带综合业务数字网、宽带综合业务数字网、IP 网等。下面以智能网在公用电话交换网 PSTN 上的应用为例来说明，即讨论电话智能网的有关情况。

1．电话智能网的结构

电话智能网由业务交换点(SSP)、业务控制点(SCP)、信令转接点(STP)、业务管理系统(SMS)、业务生成环境(SCE)、智能外设(IP)等几个基本部分组成，其结构如图9.3所示，图中LS为市内交换电话局，PABX为用户自动小交换机。

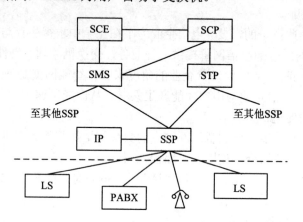

图9.3　电话智能网的结构

1) 业务交换点(SSP)

SSP 驻存在交换系统中，其主要功能是从用户接收驱动信息，识别其是否是对智能网的呼叫，若是，则通过7号信令网送至SCP。SSP是面向用户端的入口，有六种接入形式：① 模拟用户线；② 数字用户线；③ R_2 多频互控信号；④ N_7 TUP 交换网信令；⑤ N_7 ISUP 用户端信令；⑥ 十进制脉冲。

2) 业务控制点(SCP)

SCP 是实现智能网业务的控制中心。主要功能是接收 SSP 送来的查询信息，并查询数据库，验证后进行地址翻译和指派传送信息，最后向相应的 SSP 发呼叫处理指令。SCP 包括一个实时可容错处理的数据库和逻辑解释程序。SCP 是智能网的中心，要求安全可靠性高，一般都是双备份。

3) 信令转接点(STP)

STP 实质上是分组交换机，转接对象是7号信令。

4) 业务管理系统(SMS)

SMS 是一个支持系统，它用于保持网络服务用户的记录。它可以做为语言传送器，把服务需要的公共语言状态转换到 SCP 语言。

5) 业务生成环境 SCE(Service Creation Environment)

根据用户需求提供所需的业务。生成的业务数据与逻辑程序应存入 SCP，并通知 SMS。

智能网中各个功能部件间全部采用7号信令系统，但 SSP 与 IP 可以采用7号信令，亦可使用随路信令。当网中 SSP 的数目较多时，就需要通过 STP 来进行信令的转接，其功能与一般7号信令系统中的 STP 相同。

6) 智能外设(IP)

就结构而言，IP 是独立的，它是 SSP 的一部分，在 SCP 的控制下，IP 可提供服务逻辑程序所指定的通信能力，如话音合成、播放录音等。

2．电话智能网提供的业务

从理论上说，智能网所能提供的业务种类是无限的。但实际工作中要考虑到实用性和经济效益等原因。下面介绍几种常用的电话智能网业务。

1) 800 号业务

800 号业务是被叫集中付费业务。它是针对那些与公众联系多的企事业单位而开设的。这些单位为了加强与公众的联系，使公众对自己的产品或事业有更多的了解，希望公众多给他们的机构打电话，话费由他们来付。

目前，800 号业务主要有以下的服务：

① 根据主叫地区和时间的不同，智能网自动将呼叫经不同长途路径送至被叫话机；

② 遇被叫忙或电路忙时，智能网自动启动录音设施；

③ 付费用户可随时了解呼叫自己的话务量和费用。

下面举一个简单的例子：

假设某一公司公布的 800 号业务号码是8008289279，当用户拨号码 8008289279 时，连接该用户的 SSP 收到这一号码后，即向 SCP 发出查询，SCP 找出 800 号码的用户记录，将呼叫的有关信息与处理呼叫指令进行比较，最后确定该呼叫应选择的路由，并将该"800"号码转换成普通电话号码(4621234 或 3739876)，其过程如图 9.4 所示。

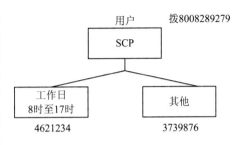

图 9.4　800 号业务的工作原理示意图

2) 900 号业务

该类业务又分为下列三种：

(1) 大众呼叫业务：新闻界(报业、广播、电视等部门)通过电信与广大读者、听众、观众沟通联系的一种服务方式。

(2) 大众播音服务：把昂贵的录音设备集中在一起，用户拨指定的号码，就可以分别听到交通情况、订票消息、天气预报、报时、新闻、娱乐等节目。

(3) 转发信息服务：当大量用户同时拨叫同一被叫，应答人员无法及时处理时，智能网一方面记录主叫号码，另一方面由录音通知主叫，记录其号码，稍后会回叫答复，然后应答者按记录的号码顺序再逐个回叫用户。

3) 可选择记账业务

这种业务提供多种记账办法，一般有以下几种：

(1) 主叫用户呼叫卡或信用卡记账。该卡在数据库管理系统中存有信息，通过信令系统向数据库查询，验证确实后，允许其通话并计费。

(2) 被叫付费。用户向话务员说明被叫付费的电话号码后，经向数据库查证后，提供通话并在被叫用户上计费。

(3) 第三方付费。主被叫皆不付费，而由第三方付费的业务。使用时经向数据库查证后，提供通话，并在第三方计费。

(4) 主被叫分担。有些企事业单位只愿意承担部分电话费用，则智能网可按其要求分担，在主被叫账单上分别计费。

4) 专用虚拟网业务 PVN

电话智能网能够按用户意愿灵活组建非永久性的专用网。该网有接收拨入的账号、特殊号码的功能。另外对某些用户可以给予优先级服务。这种业务既利用了公用网的方便，又具有按用户意愿组网的灵活性，两全其美。利用此种业务，用户可节省建设和维护费用。电信公司也可扩大服务市场(相应缩小专用网市场)，对双方都有好处。

5) 广域集中小交换机业务

用户不需设置专用小交换机，电话智能网能够为用户提供在一个城市范围内小交换机的一切功能。

6) 用户本地信令业务

该业务主要包括：① 自动回叫；② 自动重叫；③ 选择性呼叫等待；④ 选择性呼叫受理；⑤ 选择性呼叫拒受；⑥ 选择性呼叫转移；⑦ 有区别的振铃；⑧ 呼叫等待；⑨ 主叫跟踪；⑩ 传送或不传送主叫号码(对于来电显示话机)等。

7) 通用号码业务

对于本地范围内设有多个业务点的用户，只公布一个呼叫号码。针对主叫用户在不同日期、不同时间和/或不同地点对这同一号码的呼叫，根据用户指定的方案，智能网将其分配至不同的终端。此类业务与 800 号业务在分配呼叫的功能方面很相似，所不同的是，通用号码业务为主叫付费。

8) 通用个人号码业务

在智能网中可以为那些工作或停留地点流动性很大、没有固定的电话号码可用的人员分配一个"个人号码"。向智能网申请此类业务的用户不论移动到哪里，每到一处就将其所处位置之电话号码向智能网进行登记。这样，所有对此"个人号码"的呼叫，都能接到该人员最后登记的地点，使主叫用户得以与其建立通话。凡想呼叫该人员的用户不必需要知道他的具体电话号码，只要知道其"个人号码"，就可与其通话。即在任何情况下，电信业务都能通达到他新的住处。

9) 附加计费业务

该业务是针对那些既向公众提供信息，又收取一定费用的业务提供者开放的。所记载的费用，少部分留作电信部门的服务费，大部分将由电信部门转给各业务提供者。

10) 移动电话业务

智能网向移动通信提供漫游功能。移动通信所需要的蜂窝小区管理功能及访问者登记器、本地位置登记器等功能都由 SCP 来完成，智能网与基站的通信及接续工作由 SSP 来完成。

11) 话音信箱业务

当被叫忙或久叫不应时，能自动将呼叫转至话音信箱。信箱存有留言时，能立即以特别拨号音或指示灯通知信箱用户的话机。该业务可以向邮箱的租用者提供邮箱的电话号码，以供该用户用作话音留言或话音提取，这样既可解决出差在外办事或暂时装不上电话的待装用户使用，也可以疏通忙时的话务量。

12) 200 号(300 号)业务

200 号(300 号)业务(简称为 200、300 业务)是一种电话卡(记账卡)密码长途直拨电话业务，是电信部门为改善服务，满足用户需求而开设的一项新的增值业务。

需要使用 200、300 业务的用户，事前只需向当地电信部门购置 200、300 业务专用电话卡，并选择一个密码，即可在本地电话网内任一双音频电话机上拨打国际国内长途电话，(当然也可拨打本地网内的市话用户)。话费和服务费从电话卡中累计减去，该话机用户不需另外付费。

9.2.3　智能光网络(ASON)

1. 概念

随着 IP 业务的快速增长，对网络带宽的需求不仅变得越来越高，而且由于 IP 业务量本身的不确定性和不可预见性，对网络带宽的动态分配要求也越来越迫切。传统的方法主要靠人工配置网络连接，耗时费力易出错，不仅难以适应现代网络和新业务提供拓展的需要，也难以适应市场竞争的需要。一种能够自动完成网络连接的新型网络概念——自动交换光网络(ASON)应运而生。这是一种利用独立的 ASON 控制面，通过各种传送网(包括 OTN 等)来实施自动连接管理的网络，这种具有独立控制面的光网络称为智能光传送网。

ASON (Automatically Switched Optical Network) 的概念是国际电联在 2000 年 3 月提出的，基本设想是在光传送网中引入控制平面，以实现网络资源的按需分配从而实现光网络的智能化。ASON 首次将信令和选路引入传送网，通过智能的控制层面来建立呼叫和连接，使交换、传送、数据三个领域又增加了一个新的交集，实现了真正意义上的路由设置、端到端业务调度和网络自动恢复，是光传送网的一次具有里程碑意义的重大突破，被广泛认为是下一代光网络的主流技术。

智能光网络采用分层体系结构，将使未来网络出现三个平面：数据传送面、管理面和控制面，最终实现由业务层提出带宽需求，通过标准的控制面来使数据传送面提供动态自动的路由，控制面可以通过信令 UNI / NNI(网络网络接口)接口的方式或通过管理系统接口的方式来实现，而网络管理平面将仍然对全网进行管理。

构成智能光网络 ASON 的三个逻辑平面，即传送平面(TP)、控制平面(CP)和管理平面(MP)的功能如下。

(1) 传送平面(TP)完成连接/拆线、交换(选路)和传送等功能，为用户提供从一个端点到另一个端点的双向或单向信息传送，同时，还要传送一些控制和网络管理信息。

(2) 控制平面(CP)是 ASON 的核心层面，负责完成网络连接的动态建立以及网络资源的动态分配。基本功能可以归纳为信令功能和路由功能两个主要的功能，规定了三种路由计算方法，即分级路由、源路由和逐跳路由。

(3) 管理平面(MP)的主要功能是建立、确认和监视光通道，并在需要时对其进行保护和恢复。

2. 特点

ASON 具有以下特点：

(1) 允许将网络资源动态地分配给路由，缩短了业务层升级扩容时间，明显增加业务层节点的业务量负荷。

(2) 具有可扩展的信令能力。

(3) 结构透明，与所采用的技术无关，具有灵活组网和扩展能力，为电信运行商节约网络扩展的费用。

(4) 光层的快速业务恢复能力减少了新技术配置管理运行支持系统软件的需要，只需维护一个动态数据库，也减少了人工出错的机会。

(5) 能实现路由重构，具有快速的故障恢复能力，提供自动化的、快速的点对点配置能力，增强了运营商快速提供优质服务的能力。

(6) 可以引入新的业务类型，诸如按需带宽业务、波长批发、波长出租、分级的带宽业务、动态波长分配租用业务、带宽交易、光拨号业务、动态路由分配、光层虚拟专用网(VPN)等。

9.3 虚拟专用网 VPN

9.3.1 VPN 的概念

1. 定义

VPN(Virtual Private Network)是指业务提供者(电信运营公司)利用公众网的资源为客户(一个企业或公司的电信管理者)构建的专用网络。它是一个虚拟的网，没有固定的物理连接，网路只在用户需要时才建立，是介于公众网与专用网之间的一种网，如图 9.5 所示。

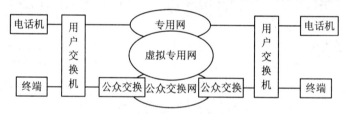

图 9.5 VPN 的定位

从某种意义上说，只要一个专用网不是由专门的物理链路连接构成，而是利用某种公众网的资源动态组成的，就可以称其为虚拟专用网。VPN 的客户利用公众网的"智能"组成自己的专用网，这些智能都是从存储在网络的各个交换点中的软件程序中得到的。由于业务和性能都是由软件定义的，比起以硬件为基础实现的业务来说，客户有更大的灵活性来配置自己的网络。例如 VPN 可以使一个企业或公司利用公众网的资源将分散在各地的机构动态地连接起来，如图 9.6 所示。

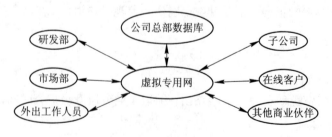

图 9.6 虚拟专用网

VPN 所依托的公众网可以是公众电话交换网(PSTN)，也可以是公众分组交换数据网(PSPDN)和数字数据网(DDN)以及因特网(Internet)。

2．优点

VPN 对电信运营公司和使用者有好处。对于电信公司，利用 VPN 可以增强自己的竞争能力，将一部分专用网的用户吸引到公众网中，提高网络的利用率，实施全网的管理和操作维护。对于使用者，一方面可利用公众网资源与电信部门共享通信新技术和新业务，不用对网络资源专门进行管理和维护，节省人力和物力；另一方面可以有自己的专用编号方案、拨号方式、路由控制和计费清单，同时还能得到资费的优惠。

另外，采用 VPN 还有以下优点：

(1) 为虚拟专用网中所有地点的用户提供标准的性能集合和呼叫处理过程，具有统一的网络功能。

(2) 可以将用户已有的专用网与 VPN 无缝地综合在一起，实施混合的 VPN 方案。

(3) 可以满足各种需要，如交换型话音和数据、电话卡、蜂窝呼叫等。

(4) 可以有多种接入方式，如交换接入，专线接入，电话卡接入等。

(5) 可以为用户提供详细的管理报告，并具有灵活的计费方式。

(6) 用户只需购置终端设备。

3．应用方式

VPN 的使用者可根据其自身已采用的通信手段的不同，以各种方式来配置 VPN，一般有混合配置、VPN 和专用网补充三种方式。

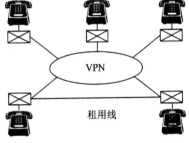

1) 混合配置

当用户已在业务量大的地点之间建立了专用网或租用线，但需要将网络扩展到其他业务不是很大的地点时，可以采用这种方式，如图 9.7 所示。

图 9.7　混合配置

2) VPN

当用户要连到网上的地点分散在许多地方，业务量不足以安装专用网来连接各个地点时，这种情况下可以采用 VPN 将各个地点连接起来，如图 9.8 所示。

3) 专用网补充

当专用网中的业务量很大，在高峰时有业务溢出现象时，专用网本身不能有效地处理这种情况，这时可以利用 VPN 来处理高峰时的溢出业务，如图 9.9 所示。

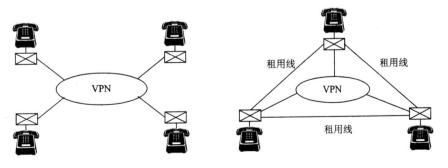

图 9.8　VPN　　　　　　　　　　　　　图 9.9　专用网的补充

9.3.2　VPN 的实现方法和接入方式

目前，VPN 的实现方法主要有交换机方式和智能网方式两种。

(1) 交换机方式。在智能网实施以前，VPN 是利用交换机方式实现的。这种方式主要是在提供业务的汇接交换机的软件内设定 VPN 业务的逻辑，增加专用模块单元，将用户的 PBX 通过专线接入此交换机。

这种以交换机方式提供的 VPN 比较简单，一般只能利用专线接入 PBX，用户不能从端局接入。网络的性能也比较单一，选路不灵活。

(2) 智能网(IN)方式。由于 VPN 的网路应是根据用户的实时需要动态地组织，因此非常适合于利用 IN 来实现。IN 业务的特点与用户对 VPN 的要求很相符，利用 IN 来提供 VPN 可以最好地满足用户的需求。

用户可以通过交换、专线或电话卡这三种方式接入 VPN，如图 9.10 所示。

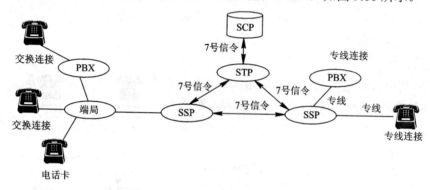

图 9.10　VPN 的接入方式

(1) 交换方式接入。用户由用户线或中继线接入端局，由端局交换机识别用户输入的接入码，将呼叫送到 VPN 交换机或 SSP 进行处理。通常当用户是单个用户且业务量不是很大时，采用这种比较简单的接入方式。

(2) 专线方式接入。用户通过专线直接接到 VPN 交换机或 SSP，用户一摘机，交换机就可以通过主叫线路识别判定有 VPN 呼叫发生，由网络建立连接，对呼叫进行处理。当接入 VPN 的单个用户的业务量较大，或者是 PBX 接入 VPN 时，采用专线接入方式较适宜。

(3) 电话卡方式接入。当用户离开办公室或到外地出差时，可以利用 VPN 电话卡接入 VPN。用户拨 VPN 卡接入号码、密码和被叫号码，就可进行 VPN 呼叫。

9.3.3　VPN 的业务类型

在智能网的支持下，VPN 可以为用户提供多种业务，这些业务包括基本业务和任选业务两大类，主要有以下几种：

(1) 专用编号方案。VPN 客户可以根据自己的具体情况制定专用编号方案，在专线接入方式下，VPN 内部呼叫只需拨专用号码即可。例如，一个公司在几个不同的地点设有办事处，可以将 6 位电话号码中的前 2 位用来区分不同的地点，如上海为 11，南京为 22，广州为 33 等。后 4 位号码分配给不同的部门，如研发部为 4000，市场部为 5000。这样，公司的 VPN 号码就非常容易记忆。

　　　上海办事处：研发部　11－4000
　　　　　　　　　市场部　11－5000
　　南京办事处：研发部　22－4000
　　　　　　　　　市场部　22－5000

　　(2) 闭合用户群。VPN 的用户归属于某一个用户群，这个群内的用户只允许在群内进行呼叫，即既不允许该闭合用户群用户呼叫闭合用户群以外的用户，也不允许闭合用户群以外的用户呼叫闭合用户群内的用户。

　　(3) 业务话务员。VPN 网中可以设定一个话务员座席，向网内用户提供有关业务信息。

　　(4) 缩位拨号。VPN 用户可以用缩位拨号呼叫 VPN 网外的用户。

　　(5) 呼叫转移。VPN 用户可以把呼叫转移到另一个 VPN 号码或公众网号码。

　　(6) 授权码。可以用于判别用户是否有权进行某种呼叫，也可用于分配不同的业务等级。

　　(7) 呼叫筛选。可以利用这项功能决定哪类呼叫可以在网内或从远端接入进行，如只允许进行国内呼叫。

　　(8) 标准终端通知和用户规定的终端通知。可以选择向用户提供标准和定制的话音通知。如向拨打某个号码的用户发出"欢迎使用某某公司的专用网"之类的录音通知。

　　(9) 业务量报告和统计报告。可提供详细的业务量(网内呼叫、网外呼叫、虚拟网内呼叫)报告，包括主叫号码、被叫号码、账单数据等。

9.3.4　VPN 业务的典型应用

　　VPN 业务的应用包括话音业务和数据业务两方面。

　　1) 话音业务

　　VPN 的最基本应用是话音业务，它可用于代替普通的长话业务。另外，利用 VPN 还可以组织临时性的电话会议。

　　2) 数据业务

　　(1) 低速数据业务。利用调制解调器拨号上网，在 VPN 上可进行电子信箱(E-Mail)、电子数据交换 EDI、信箱传真、信息服务等低速数据业务。

　　(2) 高速数据业务。利用交换机上的 ISDN 接口，或在分组交换公众数据网 PSPDN 上组建的 VPN，可以提供 LAN 互连、图像传送、视频会议等高速数据业务。

　　总之，VPN 给用户的感觉是与专用网一样方便，用户可以灵活运用它来进行多种多样的应用。

9.3.5　软件定义网络(SDN)

　　2006 年，SDN 诞生于美国 GENI 项目资助的斯坦福大学 Clean Slate 研究课题，斯坦福大学 Nick McKeown 教授为首的研究团队提出了 Openflow 的概念用于校园网络的试验创新，其出发点是由于研究人员无法改变现有网络设备进行创新网络架构和协议的研究和实验，而这些新的网络创新思想恰恰需要在实际的网络上才能更好地验证。斯坦福大学因此提出了控制转发分离架构，将控制逻辑从网络设备中分离出来，交给中央控制器集中统一控制，实现网络业务的灵活部署，并且设计了 OpenFlow 协议作为控制器与交换机通信的标准接口。后续基于 Openflow 给网络带来可编程的特性，SDN 的概念应运而生。

SDN 是一种新型的网络架构，核心特点是抽象出网络操作系统平台，屏蔽底层网络设备物理细节差异，并向上层提供统一的管理和编程接口，以网络操作系统平台为基础开发出应用程序，通过软件来定义网络拓扑、资源分配、处理机制等。SDN 的发展大致可分为广义和狭义两种，广义 SDN 泛指向上层应用开放资源接口，可实现软件编程控制的各类基础网络架构；狭义 SDN 则专指符合 ONF 组织定义的基于标准 Openflow 协议实现的软件定义网络。

SDN 的典型架构共分三层，最上层为应用层，包括各种不同的资安、管理、云端虚拟化服务和应用；中间的控制层主要负责处理数据平面资源的编排，维护网络拓扑、状态信息等；最底层的基础设施层负责基于流表的数据处理、转发和状态收集。

传统架构的网络，根据业务需求部署上线以后，如果业务需求发生变动，重新修改相应网络设备(如：路由器、交换机、防火墙)上的配置是一件非常繁琐的事情。在互联网/移动互联网瞬息万变的业务环境下，网络的高稳定与高性能还不足以满足业务需求，灵活性和敏捷性反而更为关键。

SDN 具有如下优势：

(1) SDN 所做的事是将网络设备上的控制权分离出来，由集中的控制器管理，无须依赖底层网络设备，屏蔽了来自底层网络设备的差异。而控制权是完全开放的，用户可以自定义任何想实现的网络路由和传输规则策略，从而更加灵活和智能。

(2) SDN 无需对网络中每个节点的路由器反复进行配置，网络中的设备本身就是自动化连通的。只需要在使用时定义好简单的网络规则即可。如果你不喜欢路由器自身内置的协议，可以通过编程的方式对其进行修改，以实现更好的数据交换性能。

(3) SDN 可以将流量整形，临时让流媒体的"管道"更粗一些，让流媒体的带宽更大些，甚至关闭 SIP 和 FTP 的"管道"，待流媒体需求减少时再恢复原先的带宽占比。对于传统网络，假如网络中有 SIP、FTP、流媒体几种业务，网络的总带宽是一定的，那么如果某个时刻流媒体业务需要更多的带宽和流量时，在传统网络中很难处理，在 SDN 中且容易实现。

正是因为这种业务逻辑的开放性，使得网络作为"管道"的发展空间变为无限可能。如果未来云计算的业务应用模型可以简化为"云—管—端"，那么 SDN 就是"管"这一环的重要技术支撑。

9.4　NGN

9.4.1　NGN 技术概述

所谓下一代网络(NGN)，是在网络业务量和电信外部环境几乎同时发生巨大变化的前提下，电信业试图利用最新技术成果适应发展、变革和竞争需要而提出的下一步网络发展的总体设想和思路。从广义上看，NGN 是泛指一个以 IP 为中心的全业务网络，可以支持话音、数据和多媒体业务的融合或部分融合，支持固定接入和移动接入。一方面，NGN 不是现有电信网和 IP 网的简单延伸和叠加，也不是单项结点技术和网络技术，而是整个网络框架的变革，是一种整体解决方案。另一方面，NGN 的出现与发展不是革命，而是演进，即在继承现有网络优势的基础上实现的平滑过渡。

ITU-T 认为 NGN 是全球信息基础设施 GII(Global Information Infrastructure)的具体体现。2004 年 2 月，ITU-T 对 NGN 给出的描述是：NGN 是一个分组网络，它提供包括电信业务在内的多种业务，能够利用多种带宽和具有 QoS 能力的传送技术，实现业务功能与底层传送技术的分离；它提供用户对不同业务提供商网络的自由接入，并支持通用移动性，实现用户对业务使用的一致性和统一性。ETSI 则将 NGN 定义为一种规范和部署网络的概念，通过使用分层、分面和开放接口的方式，给业务提供商和运营商提供一个统一的平台，借助这一平台逐步演进，以生成、部署和管理新的业务。

直观来看，NGN 泛指一个不同于前一代的、大量采用创新技术，以 IP 为中心同时可以支持话音、数据和多媒体业务的网络体系结构。NGN 涉及的内容十分广泛，不同专业和背景的人都在应用这一概念。从网络角度看，NGN 涉及了从干线网、城域网、接入网、用户驻地网到各种业务网的所有网络层面。从传输网络的角度看，目前的网络是以 TDM 为基础，以 SDH 和 WDM 为代表的传输网络，NGN 则是以自动交换光网络(ASON)为核心的光传送网络；从计算机网络的角度看，目前的网络是以 IPv4 为基础的互联网，NGN 则是以高带宽和 IPv6 为代表的下一代互联网 NGI；从移动网角度看，目前的网络以 GSM 为代表，NGN 则采用第三代移动通信 3G 和超 3G 系统；从电话网角度看，目前的网络是以 TDM 时隙交换为基础的程控交换电话网，NGN 则是以软交换为核心的电话网络。

总体来讲，NGN 是一种基于分组传送的通信模式，提供包括话音、数据和多媒体等各种业务的综合开放的网络结构。它是一种目标网络结构，一种具有分组化、宽带化、移动性、呼叫与承载分离、业务与控制分离等特征的理想网络结构。各类通信网(电信网、互联网、移动网等)将按下一代网络(NGN)框架，在接入、传送、控制、业务等层面进行融合。

显然，相对于现有的网络，NGN 具有许多优势和特征，ITU-T 将 NGN 的主要特征归纳为：基于分组传送；控制功能与承载能力、呼叫/会晤、应用/服务分离；业务提供与网络分离，并提供开放接口；支持广泛的业务，包括实时/流/多媒体和非实时业务；具有端到端透明传递的宽带能力；与现有传统网络互通；具有通用移动性，即允许用户作为单个人始终如一地使用和管理其业务而不管采用什么接入技术；提供用户自由选择业务提供商的功能等。

当前，Internet 正以令人难以预料的速度在膨胀，据统计，平均每年 Internet 的规模都扩大一倍，推动 Internet 发展的动力是日益成熟的个人电脑市场。更高的性能和更低的价格使得个人电脑市场成为 Internet 发展的巨大引擎，这是在 Internet 发展初期所没有预料到的情况。尤其值得注意的是，Internet 下一阶段发展的动力将不仅仅只是个人电脑市场，个人移动计算设备、网上娱乐服务、网络设备控制、家电等多个市场的共同推动，将使网络无所不在。而与之不相适应的是，Internet 当前使用的 IP 版本 IPv4 正因为各种自身的缺陷而举步维艰。尽管使用 NAT 技术和 CIDR 技术在一定程度上延缓了 IP 地址的紧张局面，但是移动通信技术的发展对 IP 地址空间提出了更大的需求，引入并采用新的地址方案势在必行。同时，多媒体数据流的加入，对数据流真实性的鉴别以及出于安全性等方面的需求都迫切要求新一代网络的出现。

9.4.2 NGN 的功能分层结构

根据业务与呼叫控制相分离、呼叫控制与承载相分离的思想，一般认为 NGN 的功能分层结构可取三层或四层。ETSI、3GPP 提出的 NGN 分层结构包括传送层、会话控制层和应用层，如图 9.11 所示。

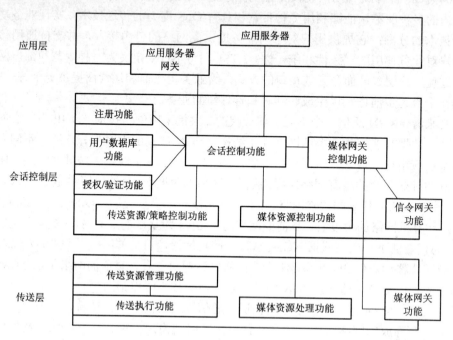

图 9.11   ETSI 和 3GPP 提出的 NGN 分层结构

ITU 以 ETSI 和 3GPP 提出的 NGN 分层结构为基础，进一步明确区分各层的功能，提出了各层的细化模型，如图 9.12 所示。

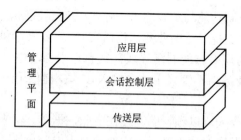

图 9.12   ITU 提出的 NGN 功能分层的细化模型

9.4.3 NGN 的进展

基于软交换技术的 NGN 有了长足的发展，有些产品也在局部市场开始部署，但 NGN 在技术和市场上还在继续完善发展中。

第一，NGN 的技术标准还在不断发展，许多问题，诸如软交换与传统交换网的信令互通等许多问题都还没有彻底解决。第二，不同厂家对标准以及相关协议的理解还有很大的不同。不同厂家设备的互操作等许多问题的解决也需要时间。第三，NGN 网络业务标准的制定也是比较困难的问题。业务标准的不成熟，运营商推出的业务就难以大范围推广，网络的效益也就难以真正发挥。目前 NGN 的应用形式更像是一些"孤岛"。第四，软交换网络虽然在业务提供方面比传统网络有优势，但这种优势目前看并没有达到令传统交换网络无法比拟的程度。第五，更为重要的问题在于，现有传统电信交换网络所提供的话音业务目前仍然是运营商主要的收入来源，并且以往巨大的投资仍然在发挥作用。对于固定网运营商来说，这种收入结构不改变，他们就不会抛弃原有的网络。因此，有专家认为，只有电路交换的收益对于运营商不再具有吸引力时，软交换才有可能被使用，而这个时间可能需要几年左右。

　　IP 网络中原有的 QoS 问题，NGN 中也同样存在。因为 NGN 承载的是 IP 流，IP 流的质量将决定网络的好坏。如果 QoS 质量得不到提高，软交换也将承受相当大的压力。当然，软交换技术在将来还会进一步发展下去，如何将上层的服务质量控制消息有效传递到网络下层并由下层执行，将是下一步技术研究要做的事情。

　　IP 网络中原有的安全性问题，NGN 中也同样存在。并由于信令的文本化、业务的开放性和分布式处理，使得软交换系统中的控制设备受到新的威胁。NGN 接入层安全方面的问题也比较严重，再加上接入层 QoS 还没有完全解决，故目前在智能终端和软终端的发展不是特别快。

　　但总体上看，软交换作为发展方向已经获得业界的认同，并且其技术路线已很清晰。IP 网的飞速发展、巨大市场扩展、全球覆盖的现实，其开放性及可经济地支持多业务运行的特点，使人们容易接受在 IP 基础上进一步演进提高，以较好地融合现有网络，平滑地向期望中的 NGN 发展。

习　　题

1．试述传统 IP 网的现状及其面临的问题。
2．宽带 IP 传输技术主要有哪几种？各自有何特点？
3．试述 MPLS 的含义及特点。
4．IPv6 与 IPv4 相比，主要有哪些改进之处？
5．试说出宽带 IP 与光网络融合方案？哪一种将成为主流技术？
6．云计算的定义及特点是什么？。
7．什么是智能网？发展智能网的主要目的是什么？所谓"智能"体现在哪些方面？
8．智能光网络主要有几个平面？写出各平面的功能。
9．试说出 2～3 项智能业务？
10．试述虚拟专用网的含义及特点。
11．VPN 可以提供哪些业务？举例说明。
12．在软交换的体系结构中，网络从底向上按纵向划分成哪几个层次？

参 考 文 献

[1]   郭世满，叶奕和，钱德馨. 数字通信原理、技术及应用. 北京：人民邮电出版社，1994
[2]   陈启美，李嘉. 现代数据通信教程. 南京：南京大学出版社，2000
[3]   张曙光，李茂长. 电话通信网与交换技术. 北京：国防工业出版社，2002
[4]   张宝富，刘忠英，万谦. 现代光纤通信与网络教程. 北京：人民邮电出版社，2002
[5]   鲜继清，张德明. 现代通信系统. 西安：西安电子科技大学出版社，2003
[6]   达新宇，孟涛. 现代通信新技术. 西安：西安电子科技大学出版社，2001
[7]   郭梯云，李建东. 移动通信. 西安：西安电子科技大学出版社，2000
[8]   陈德荣，周继成. 通信新技术续编. 北京：北京邮电大学出版社，1997
[9]   谢希仁. 计算机网络. 2 版. 北京：电子工业出版社，1999
[10]   陈锡生，糜正琨. 现代交换技术. 北京：北京邮电大学出版社，1999
[11]   刘少亭，卢建军，李国民. 现代信息网. 北京：人民邮电出版社，2000
[12]   张宝富，等. 全光网络. 北京：人民邮电出版社，2002
[13]   Uyless Black 著. 现代通信最新技术. 苏贺宁译. 北京：清华大学出版社，2000
[14]   李晓峰，勾学荣. 智能网. 北京：人民邮电出版社，1996
[15]   熊伟等. 多媒体技术应用基础. 西安：西安电子科技大学出版社，2000
[16]   林福宗. 多媒体技术基础. 北京：清华大学出版社，2000
[17]   肖定中，肖萍萍. 数字通信终端及复接设备. 北京：北京邮电大学出版社，1991
[18]   韦乐平. 接入网. 北京：人民邮电出版社，1997
[19]   钱宗珏，区惟煦. 光接入网技术及应用. 北京：人民邮电出版社，1998
[20]   蒋林涛. 多媒体通信网. 北京：人民邮电出版社，1998
[21]   田华，方涛等译. 现代通信概论. 2 版. 北京：电子工业出版社，2010.6